序与格论基础

姚 卫 路玲霞 编著

清華大學出版社

北 京

内 容 简 介

本书系统介绍序与格论的基本知识，内容涉及序与格基础、Frame 理论、Domain 理论、完全分配格和逻辑代数等。全书共分 7 章：第 1 章讲解偏序集与格的基础知识，第 2 章是 Galois 伴随和 Galois 连接理论，第 3 章讲述 Heyting 代数，第 4 章介绍 Frame 与拓扑表示定理，第 5 章介绍具有理论计算机背景的 Domain 与连续格理论，第 6 章系统介绍完全分配格理论，第 7 章是具有模糊逻辑背景的剩余格理论。

本书可作为序拓扑、序代数、模糊数学、粗糙集与概念格等数学方向和信息科学相关专业的研究生教材，也可供数学与信息科学等相关专业的高年级本科生、教师与研究人员阅读参考。

图书在版编目（CIP）数据

序与格论基础 / 姚卫, 路玲霞编著.—北京：清华大学出版社，2023.11
ISBN 978-7-302-64341-8

Ⅰ．①序… Ⅱ．①姚… ②路… Ⅲ．①格-理论 Ⅳ．①O153.1

中国国家版本馆 CIP 数据核字（2023）第 144619 号

责任编辑：陈　明
封面设计：傅瑞学
责任校对：欧　洋
责任印制：刘海龙

出版发行：清华大学出版社
　　　　　网　　　址：https://www.tup.com.cn, https://www.wqxuetang.com
　　　　　地　　　址：北京清华大学学研大厦 A 座　　　　邮　　编：100084
　　　　　社 总 机：010-83470000　　　　　　　　　邮　　购：010-62786544
　　　　　投稿与读者服务：010-62776969, c-service@tup.tsinghua.edu.cn
　　　　　质量反馈：010-62772015, zhiliang@tup.tsinghua.edu.cn
印 装 者：三河市铭诚印务有限公司
经　　销：全国新华书店
开　　本：170mm×230mm　　　印　张：11　　　字　　数：203 千字
版　　次：2023 年 11 月第 1 版　　　　　　　印　　次：2023 年 11 月第 1 次印刷
定　　价：49.00 元

产品编号：074191-01

  世间万物互有差异，同时相关。这种关联，尤其是非对称性，往往可以用某种序关系来表示，比如实数之间的大小关系、整数之间的整除关系、集合之间的包含关系等。序关系广泛存在于物理学、化学、理论计算机科学及人文科学里，在数学各分支里更是到处都有序的踪迹。所以序结构被法国 Bourbaki 学派定为数学的三大母结构之一，这一点的确没有言过其实。

  具有一般性且广泛使用的序结构是偏序集。正如拓扑学和代数学那样，一些更特殊的偏序集的提出和研究常常先于一般的偏序集，比如 Boole 代数、分配格、Heyting 代数、完全分配格等。相对于纯粹的一般偏序集的研究，有关特殊的偏序集，及序结构与其他诸如拓扑、逻辑和代数结构关系的研究要深刻丰富得多。由于研究 Hilbert 空间算子的需要，M. Stone 由任一 Boole 代数出发构造了一个拓扑空间，并进一步刻画了这种空间（现在被称作 Stone 空间）；反之，给定一个 Stone 空间，其全体开闭集构成一个 Boole 代数。由此建立了 Boole 代数与 Stone 空间之间的范畴对偶等价，这样每个抽象的 Boole 代数都同构于由某些集合构成的具体的格。当给定了一个任意的拓扑空间，其全体开集构成一个特殊的完备格，这个完备格携带了原空间的很多重要信息。人们发现在某些情况下，起关键作用的就是那些开集，而不只是集合中的点，由此导致了无点化拓扑或 Frame 的提出与研究。另外，对任一偏序集，人们可以定义各种不同的所谓的内蕴拓扑，如区间拓扑、序拓扑、Scott 拓扑和 Lawson 拓扑等。Scott 拓扑是由 Domain 理论创始人 Dana Scott 提出来的，其中一个经典结论是一个偏序集是连续的当且仅当其 Scott 开集格是完全分配的。完全分配格也被用于不变子空间的研究，如 P.R. Halmos 已证明：若 Hilbert 空间的一族闭子空间构成一个原子的 Boole 代数，则它是反射的（即是一族算子的公共不变子空间）。后来，W.E. Longstaff 把这结论推广到了完全分配格。此外，人们还证明了一个拓扑空间是 C-空间当且仅当其开集格是完全分配的。完全分配格也是模糊集理论的基本框架，其作用类似于实数集中的单位区间。基于逼近思想而建立的 Domain 理论是个较新的数学方向，它以序结构为基础，连接计算机科学、拓扑学、代数学、逻辑学和范畴论等枢纽学科分支。近年来，由于国内更多学者的参与，Domain 理论在数个较新的方向都有了长足发展，有关这方面的研究日新月异，新的结果不断涌现。

序与格是数学中广泛出现的基本结构，了解和掌握序与格理论对理解其他领域及其联系十分重要。本书作者多年来活跃在与序结构相关的研究领域，并作出了重要贡献。本书参考文献列出了国内外已出版的涉及序结构的主要专著，使读者可以更全面地了解序与格论的相关理论知识。作者比较完整地呈现了该领域几个重要方面的基础理论和一些最新的研究成果，涉及面广，视角新颖。序结构及相关理论的研究突飞猛进，需要不断有新的专著出版，为读者及时呈现最前沿的研究成果。本书可为高年级大学生、研究生及相关专业人士提供又一个新的关于序与格理论的重要教科书和参考文献。

撰写数学类专业图书不仅需要对所涉及知识有整体、全面、深刻的理解，更需要极大的耐心、毅力和辛苦的坚持。但如果能让广大读者从中受益，让更多同行学习和了解这方面的知识，作者的辛苦一定是值得的。衷心祝贺作者！

南洋理工大学　赵东升

2022 年 6 月

法国 Bourbaki 学派认为，数学特别是纯数学是研究抽象结构的理论，现代数学有三大母结构：代数结构、序结构、拓扑结构。从单结构的初始公理体系出发通过添加公理条件的方式可以得到各种特殊结构，从多种结构出发通过设置公理体系之间的协调性条件可以得到各种多结构系统。

> *At the center of our universe are found the great types of structures, of which the principal ones were called the mother-structures: algebraic structures, ordered structures and topological structures. Each of these types has the smallest number of axioms, and by enriching with supplementary axioms, it comes a harvest of new consequences. Those of multiple structures involve two or more of the great mother-structures simultaneously, combined organically by one or more axioms which set up a connection between them.*[①]

序结构是带有偏序关系的集合，格结构是带有某种完备性的序结构。序与格论起源于 19 世纪末群论中的一个问题：设 A, B, C 是 Abel 群 G 的子群，问 A, B, C 通过加法运算和交运算可以生成多少个互不相同的子群？换成格序术语，即由三个元素生成的自由模格具有多少个元素[②]？1900 年，R. Dedekind 回答了这个问题[12]。20 世纪 30 年代，G. Birkhoff 和 O. Ore 开始系统研究序与格论。由 Birkhoff 撰写的世界上第一部格论专著 *Lattice Theory* 于 1940 年出版，后来又分别在 1948 年和 1967 年再版。序与格论及其相关领域重要的英文书目主要有：

- *Lattice Theory* (Birkhoff, 1940, 1948, 1967)[5]
- *Lattice Theory* (Grätzer, 1971)[27]
- *Distributive Lattices* (Balbes, Dwinger, 1974)[3]
- *General Lattice Theory* (Grätzer, 1978, 1998)[27]
- *A Compendium on Continuous Lattices* (Gierz, et. al., 1980)[23]

---

① 摘自 [Bourbaki N. L'architecture des mathématiques, 1948] 的英文版 [Bourbaki N. The architecture of mathematics. Amer. Math. Monthly, 1950, 57(4): 221–232].

② 群的正规子群之集构成模格，见文献 [10] 中例 4.6（5）。

– *A Course in Universal Algebra* (Burris, Sankappanavar, 1981)[8]

– *Stone Spaces* (Johnstone, 1982)[40]

– *Introduction to Lattices and Order* (Davey, Priestley, 1990, 2002)[10]

– *Continuous Lattices and Domains* (Gierz, et. al., 2003)[24]

– *Lattices and Ordered Algebraic Structures* (Blyth, 2005)[6]

– *Lattices and Ordered Sets* (Roman, 2008)[68]

– *Frames and Locales* (Picado, Pultr, 2012)[60]

– *Spectral Spaces* (Dickmann, Schwartz, Tressl, 2019)[14]

中文书目主要有 (按年份排序, 同一年份的按作者姓名字母排序):

– 《格论》(中山正 (董克诚译), 1964)[101]

– 《格论基础》(胡长流, 宋振明, 1990)[36]

– 《拓扑分子格理论》(王国俊, 1990)[83]

– 《格论初步》(张杰, 1990)[99]

– 《Frame 与连续格》(郑崇友, 樊磊, 崔宏斌, 1994, 2000)[100]

– 《模糊集与剩余格》(方进明, 2012)[19]

– 《一般格论基础》(李海洋, 2012)[47]

– 《格论导引》(方捷, 2014)[18]

– 《Quantale 理论基础》(韩胜伟, 赵彬, 2016)[30]

– 《序与拓扑》(徐晓泉, 2016)[90]

– 《概率计量逻辑及其应用》(周红军, 2016)[102]

中国的序与格论及其相关领域的学术研究发展基本上可分为三个阶段:

第一阶段: 解放初期的萌芽阶段。解放后的中国满目疮痍、百废待兴, 学习和研究资料十分匮乏。1964 年, 河北大学董克诚教授将日本学者中山正的《格论: 格的代数理论》翻译为中文, 成为格论的第一部中文书籍。

第二阶段: 20 世纪 90 年代的发展阶段。这是改革开放的十余年后, 离第一部中文格论书籍的出版已过去近三十年。伴随着各种新思潮的涌入, Bourbaki 学派的结构主义思想深深地影响了中国数学工作者, 20 世纪 60 年代末 70 年代初提出的 Domain 理论中格序结构与拓扑结构相融合的内容及研究方法更是引起了中国学者极大的兴趣。1990 年全国共出版了三部格论著作, 1994 年 Frame 和 Domain 理论方面的专著《Frame 与连续格》的出版将中国序与格论研究推向一个高度, 该书在 2000 年进行了修订, 添加了很多国内学者的重要工作。格论领域内的数学工作者从此拥有了开展学习和研究的丰富资料, 为后续发展奠定了坚实的基础。

第三阶段: 21 世纪的繁荣阶段。20 世纪 90 年代后, 中国学者学习和积淀了二十多年, 逐步形成了若干个在国际上具有一定影响力的研究团队, 研究水平和成果得到了全面发展和提升。这一阶段的特征是, 各研究团队结合自身特点和优势，将格序结构作为基础结构进行了不同方面、不同层面和不同方向的深入研究，期间共有五部专著出版，特别是 2016 年就有三部，从此格论研究达到了一个新的高度。

　　编写本书的目的是：（1）阐述序与格等相关内容，加强相关概念和结论的代数性的表述，为国内学者和研究生的学习和研究提供素材；（2）细致处理诸多细节，使得理论体系更具严密性①；（3）强调格论在其他方向的应用，加入部分与粗糙集理论、形式概念分析相关的格论知识；（4）将完全分配格和剩余格列为重要内容，单独成章，为模糊数学理论的研究者提供全面的基础知识；（5）将作者近年来的相关研究成果纳入其中，充实格论内容。读者可能会注意到本书在结构和内容的安排上与 B.A. Davey 和 H. Priestley 的 *Introduction to Lattices and Order* 具有一定的相似性，此书也是我们非常推崇的序与格论著作，建议初学者将此书选为入门学习的英文读本。

　　现代数学发展到今天，任何一个单一结构的数学理论在纵向方面的发展都已经相对比较完善，所以逐步向多结构交叉，或者与其他数学分支甚至与其他领域进行横向交叉研究将是今后数学研究的主旋律。本书以格序结构为主体，将它与代数结构、拓扑结构的内在联系作为主线贯穿全书，逐步展开序与格论的相关基础理论知识的讲述。下面分章节介绍全书内容。

　　第 1 章给出偏序集、格与完备格等基本结构的定义，介绍序同态与格同态等保结构映射、分配格与 Boole 代数等常见格结构、理想与滤子等重要子结构，以及交素元与并素元等特殊元素。

　　第 2 章介绍 Galois 伴随和 Galois 连接。Galois 伴随和 Galois 连接都可以看作互逆映射对的一种泛化或推广，但这两个名词在许多文献中存在混用现象，实际上它们是两个不同的概念。Galois 连接是一种逆序的映射对，其历史渊源可以追溯到法国数学家 E. Galois 开创的 Galois 理论，其偏序集框架下的确切定义是由 O. Ore 在 1944 年提出的[55]。而 Galois 伴随则是一种保序的映射对，首先由 J. Schmidt 在 1953 年提出[71]。特别指出，由 T.S. Blyth 和 M.F. Janowitz 发展的剩余理论[7] 是 Galois 伴随的另一种表现形式。无论是 Galois 伴随还是 Galois 连接，都在代数学、序与格论、Domain 理论、形式概念分析和逻辑学等学科分支中具有重要的应用[13]。

　　第 3 章是 Heyting 代数，它由荷兰数学家 A. Heyting 在 1930 年引入[32]，是经典命题演算的 Tarski-Lindenbaum 代数的推广，或直觉主义演算的 Tarski-

　　① 如诸表示定理中的分配格范畴实际上是指有界分配格和保界格同态构成的范畴，这一点大部分格论著作都没有指出。

Lindenbaum 代数。在数学方面，Heyting 代数是 Boole 代数的一般化，曾被称作伪 Boole 代数或 Brouwer 格[44]。从范畴论的角度来看，一个偏序集是 Heyting 代数当且仅当它作为范畴是笛卡儿闭的[52]。本章介绍 Heyting 代数的基本性质及其与 Boole 代数的关系、滤子与同余关系之间的一一对应、相对极大滤子等特殊滤子，以及 Heyting 代数的同态和直积等内容。

第 4 章介绍 Frame 与拓扑表示定理。拓扑结构和格序结构之间有着非常自然的联系，从拓扑结构出发，如果我们"忘掉"基础集，则开集族构成一个特殊的完备格，另外还可以利用开集族诱导基础集上的预序关系（即特殊化序）；反过来，从格序结构出发，我们可以在上面定义很多内蕴拓扑，如序拓扑、Alexandrov 拓扑和 Scott 拓扑等。20 世纪 30 年代末期，M.H. Stone 关于 Boole 代数与分配格的拓扑表示定理出现后[75-77]，人们开始广泛关注和重视这方面内容的研究。1938 年，H. Walman 提出可以利用格论方法来研究拓扑空间的性质[80]；1957 年，C. Ehresmann 认为具有某种分配性的格本身就可以作为一种广义拓扑空间来研究[15]，其中 frame 是替代拓扑空间的开集格的较直接而有效的格结构。后来的研究表明，这种融合拓扑结构和格序结构于一体的研究是极具特色的，并逐步形成了"序与拓扑"的稳定研究方向。P.T. Johnstone 的著作 *Stone Spaces* 是对该领域的研究工作的系统总结[40]，郑崇友、樊磊和崔宏斌的专著《Frame 与连续格》则是该领域内国内学生和研究人员的必读书目[100]，徐晓泉的专著《序与拓扑》侧重论述该领域的一些最新进展[90]。

第 5 章介绍基本的 Domain 结构和连续格理论。Domain 理论由图灵奖得主 D.S. Scott 于 20 世纪 70 年代开创[72,73]，来源于两个不同的背景：一个是理论计算机中的函数式语言的研究；另一个是纯数学方面的研究。在理论计算机科学的语义学特别是指称语义学的研究中，基本思想是在输入集和输出集上基于所含信息量的多少赋予序结构，构成定向完备偏序集；而作为程序的映射则是 Scott 连续映射，Scott 拓扑恰是使得映射的 Scott 连续性和拓扑连续性等价的那个拓扑结构。在纯数学方面，20 世纪 70 年代中期，J.D. Lawson, K.H. Hofmann 和 A.R. Stralka 等人发现，连续格等价于紧的 Lawson 交半格，从而可以从拓扑代数的角度研究 Domain 理论[34,45]。1980 年，Scott 等 6 位作者共同撰写了 Domain 理论的第一部专著 *A Compendium of Continuous Lattices*，2003 年再版的 *Continuous Lattices and Domains* 一书将后来 20 多年的许多研究成果收入其中。J. Goubault-Larrecq 的专著 *Non-Hausdorff Topology and Domain Theory* 以广义度量空间为基本结构对 Domain 理论进行了专题式研究[26]。现如今，Domain 理论已被广泛应用到拓扑学、逻辑学、积分理论、动力系统等研究领域中。

第 6 章全面讲述完全分配格及等价刻画。完全分配格是集代数特征、序特征和拓扑特征于一体的一种数学结构。其早期研究主要集中在代数结构和序结构方面[4,64-66]，后来随着 Domain 理论的兴起，人们发现完全分配格实际上是连续 dcpo 上的 Scott 拓扑的开集格[33,46]，再后来王国俊先生更是把完全分配格当作一种特殊的无点化的拓扑结构，直接将它作为研究对象，创立了拓扑分子格理论[83]。另外，在模糊数学中，完全分配格通常被选作赋值格[48,82]，它在一些概念的表述过程和一些结论的证明方法中所起的作用类似于单位区间 [0,1]，因此以 [0,1] 为赋值格的模糊数学结构的相关内容和结论大多可以被推广到以完全分配格为赋值格的框架下。本章讲述完全分配格的基本概念和各种刻画方法，包括三角小于刻画、极小集刻画、Domain 式刻画、拓扑式刻画和关系型刻画等。

第 7 章介绍模糊逻辑的公共代数结构——剩余格。剩余格是由 M. Ward 和 R.P. Dilworth 在 1939 年为研究交换环的理想格而引入的一种代数结构[86]，它是子结构命题逻辑的语义代数[20]。模糊逻辑的语义代数，如 MTL-代数、BL-代数、MV-代数、R_0-代数和 Heyting 代数等都是特殊的剩余格。关于剩余格的名称在很多文献中不太统一，本书指最狭义的剩余格，即有界的整的交换的剩余格。剩余格和完备剩余格因其完善的逻辑背景和丰富的演算能力，被广泛应用到模糊数学等相关领域的研究中。本章介绍剩余格基本理论及 MTL-代数、可除剩余格、正则剩余格和 MV-代数等特殊剩余格。

本书中常有一些结论被"显然"和"容易证明"等词一笔带过，主要目的是要给读者留下发挥的空间。但我们也建议读者将更多的精力放在这些地方，不要轻易"放过"它们，同时争取把每章后面的习题都做一遍。如此，会收到非同一般的学习效果.

本书的成稿离不开作者学习和科研道路上的三位导师：陕西师范大学李生刚教授、赵彬教授、北京理工大学史福贵教授，特别是 2002 年赵彬教授在担任副校长期间，百忙之中每周抽出固定时间系统地完整地讲授了格论和 Domain 理论，引领作者进入了这绚丽多彩的格论世界。特别感谢新加坡南洋理工大学赵东升教授为本书作序，为本书增色添彩。本书写作过程中得到了湖南大学李庆国教授、扬州大学徐罗山教授、广州大学李海洋教授、中国海洋大学岳跃利教授、盐城师范学院奚小勇教授、北京理工大学庞斌副教授、北京邮电大学沈冲博士、烟台大学王凯博士等的支持和帮助，他们在阅读书稿时提出了很多建设性的意见和建议。本书部分内容作为讲义在河北科技大学和南京信息工程大学格论学习班上讲授过，感谢王荣欣老师、赵蕾老师，博士后石毅，博士生张光旭、吴国俊、硕士生陶久鑫、陈晓庆、陈烨、杨俊、韩新月、孙佳、张亚宁，本科生任蜚白和张珊等，感谢北京理工大学教师和学生团队，他们在学习过程中发现了书稿中的很多错误。特别感谢吴国俊同学详细地通读了全书，指出了书中各种类型的问题。感谢南京信息工程大学数学与统计学院学院办公室宋润琦老师在我们查找和阅读法文材料时给予的帮助。同时也非常感谢清华大学出版社高效而细致的工作。

感谢国家自然科学基金项目 (12231007，11871189) 对本书的资助。本书近一半内容是第一作者任职于河北科技大学期间完成的，在此感谢河北科技大学特别是理学院领导、同事和学生多年来的支持与帮助，感谢南京信息工程大学数学与统计学院的领导和同事的支持与鼓励，本书成果可由两校共享。

限于作者的水平，书中的不妥之处乃至谬误在所难免，希望各位专家与读者提出宝贵意见。有任何问题可发送邮件至作者邮箱①，作者不胜感激。

作　者

2022 年 1 月

---

① yaowei@nuist.edu.cn。

目 录
CONTENTS

第 1 章

偏序集与格

"序",顾名思义是"次序、顺序"的意思,它存在于我们生活中的方方面面,诸如 $1, 2, 3, \cdots$,大与小,高与低,胖与瘦,美与丑等。通俗来讲,序描述的是对象之间的某种大小关系,在数学上可以用满足一定条件的二元关系来表示。偏序集,又称为部分序集,是与全序集相对应的一个概念,指只有部分元素之间才有次序或顺序关系的集合;而格则是指具有某种完备性的偏序集。

本章我们给出偏序集、格与完备格等基本结构的定义,介绍序同态与格同态等保结构映射、分配格与 Boole 代数等常见格结构、理想与滤子等重要子结构,以及交素元与并素元等特殊元素。

1.1 偏序集

定义 1.1.1 设 P 是一个非空集合,$\leqslant$ 是 P 上的一个(二元)关系。如果 $\leqslant$ 满足

(O1) **自反性**(reflexivity):$\forall x \in P$, $x \leqslant x$;

(O2) **传递性**(transitivity):$\forall x, y, z \in P$, 若 $x \leqslant y$, $y \leqslant z$, 则 $x \leqslant z$,则称 $\leqslant$ 为 P 上的一个**预序**(preorder)或**拟序**(quasi-order),称偶对 $(P, \leqslant)$ 为**预序集**(preordered set)或**拟序集**(quasi-ordered set)。

如果 P 上的预序 $\leqslant$ 还满足

(O3) **反对称性**(anti-symmetry):$\forall x, y \in P$, 若 $x \leqslant y$ 且 $y \leqslant x$, 则 $x = y$,则称 $\leqslant$ 为 P 上的一个**偏序**(partial order),称偶对 $(P, \leqslant)$ 为**偏序集**(partially ordered set, 简写为poset)。

本书以偏序集为基本研究对象,即使有些定义和结论可以建立在更一般的预序集的框架下,一般也不再特别指出。

例 1.1.1 (1)实数集 $\mathbb{R}$、有理数集 $\mathbb{Q}$、整数集 $\mathbb{Z}$、自然数集 $\mathbb{N}$ 和非负整数集 $\mathbb{N}^*$ 在通常的小于等于关系下都构成偏序集。

(2)用 | 表示自然数集 $\mathbb{N}$ 上的整除关系, 即 $m|n$ 表示 m 整除 n, 则 $(\mathbb{N}, |)$

是一个偏序集。

（3）在实数集 $\mathbb{R}$ 上定义二元关系 $\preceq$ 如下：$x \preceq y \Longleftrightarrow [x] \leqslant [y]$（$[\cdot]$ 表示实数的整数部分），则 $(\mathbb{R}, \preceq)$ 是一个预序集，但不是偏序集。

（4）设 X 是一个非空集合，$\varnothing \neq \mathcal{S} \subseteq \mathcal{P}(X)$，则 $(\mathcal{S}, \subseteq)$ 是一个偏序集。

（5）设 G 是一个群，$\mathrm{Sub}(G)$ 是 G 的所有子群的全体，则 $(\mathrm{Sub}(G), \subseteq)$ 是一个偏序集。

（6）设 Σ^* 是由 $0, 1$ 构成的有限字符串的全体，定义 $a \leqslant b$ 当且仅当 a 是 b 的前缀（$\forall a, b \in \Sigma^*$），则 $(\Sigma^*, \leqslant)$ 是一个偏序集。

（7）设 P 是一个偏序集，X 是一个非空集合。定义 P^X 上的二元关系 $\leqslant$ 为：$f \leqslant g \Longleftrightarrow f(x) \leqslant g(x)\ (\forall x \in X)$，则 $\leqslant$ 是一个偏序，称为 P^X 上的**逐点序**（pointwise order）。

（8）设 $I(\mathbb{R}) = \{[a, b] \mid a \leqslant b,\ a, b \in \mathbb{R}\}$，定义

$$[a_1, b_1] \sqsubseteq [a_2, b_2] \Longleftrightarrow [a_2, b_2] \subseteq [a_1, b_1],$$

则 $(I(\mathbb{R}), \sqsubseteq)$ 是一个偏序集，称 $\sqsubseteq$ 为 $\mathbb{R}$ 上的**区间序**（interval order）或**信息序**（information order）。

（9）设 $(X, \mathcal{O}(X))$ 是一个拓扑空间，定义

$$\leqslant_{\mathcal{O}(X)} = \{(x, y) \in X \times X \mid x \in \{y\}^-\},$$

则 $\leqslant_{\mathcal{O}(X)}$ 是 X 上的一个预序，称为 X 的**特殊化序**（specialization order）。记 $\Theta(X, \mathcal{O}(X)) = (X, \leqslant_{\mathcal{O}(X)})$，或简记为 $\Theta(X)$。容易证明，$\leqslant_{\mathcal{O}(X)}$ 是偏序当且仅当 X 是 T_0 空间。

设 $(P, \leqslant)$ 是一个偏序集，Q 是 P 的一个非空子集。记

$$\leqslant_Q = \{(x, y) \in Q \times Q \mid x \leqslant y\},$$

则 $\leqslant_Q$ 是 Q 上的偏序，称为 Q 在 P 中的**继承序**（induced order）或**限制序**（restricted order），称 $(Q, \leqslant_Q)$ 为 $(P, \leqslant)$ 的**子偏序集**（subposet）。比如，$[0, 1]$ 是 $\mathbb{R}$ 的子偏序集；设 $n \in \mathbb{N}$，记 $\boldsymbol{n} = \{0, 1, 2, \cdots, n - 1\}$ 为 $\mathbb{N}^*$ 的子偏序集，如 $\boldsymbol{2} = \{0, 1\}$。

在偏序集中，我们经常将 $x \leqslant y$ 写作 $y \geqslant x$；如果 $x \leqslant y$ 不成立，则记作 $x \nleqslant y$ 或 $y \ngeqslant x$；如果 $x \leqslant y$ 但 $x \neq y$，则记作 $x < y$ 或 $y > x$，称 x 小于 y 或 y 大于 x；如果既有 $x \nleqslant y$ 又有 $y \nleqslant x$，则称 x 和 y 互相**平行**（parallel），记作 $x \parallel y$。

在偏序集 P 中，若对于任意两个元素 x,y 都有 $x \leqslant y$ 或 $y \leqslant x$ 成立，则称 P 为一个**链**（chain）或**全序集**（totally ordered set）；如果任意两个元素 x,y 都有 $x \leqslant y$ 蕴含 $x = y$，则称 P 是一个**反链**（antichain）。

设 $(P, \leqslant)$ 是一个偏序集，定义

$$\leqslant^{op} = \{(x,y) \in P \times P \mid y \leqslant x\},$$

则 $(P, \leqslant^{op})$ 也是一个偏序集，记作 $(P, \leqslant)^{op}$ 或 P^{op}，称为 $(P, \leqslant)$ 的**对偶偏序集**（dual poset）。

给定一个关于偏序集的陈述 Φ，其对偶陈述 Φ^{op} 是将 Φ 中的 $\leqslant$ 和 $\geqslant$ 互换的陈述。如果 Φ 是一个概念（结论），则称 Φ^{op} 为 Φ 的对偶概念（结论）。

对偶原理（duality principle）　如果陈述 Φ 对所有偏序集都成立，那么其对偶陈述 Φ^{op} 也对所有偏序集都成立。

定义 1.1.2　设 P 是一个偏序集，$A \subseteq P$。

（1）如果对于任意的 $x \in A, y \in P$ 都有 $x \leqslant y$ 蕴含 $y \in A$，则称 A 为**上集**（upper set）；

（2）如果对于任意的 $x \in A, y \in P$ 都有 $y \leqslant x$ 蕴含 $y \in A$，则称 A 为**下集**（lower set）。

分别记 P 的所有下集和上集为 $\mathcal{D}(P)$ 和 $\mathcal{U}(P)$，它们都是 P 上的 Alexandrov 拓扑。

设 P 是一个偏序集，$A \subseteq P$。令

$$\uparrow A = \{x \in P \mid \exists a \in A \text{ s.t. } a \leqslant x\},$$

$$\downarrow A = \{x \in P \mid \exists a \in A \text{ s.t. } x \leqslant a\}。$$

则 $\uparrow A$（相应地，$\downarrow A$）是包含 A 的最小的上集（相应地，下集）。当 A 是单点集 $\{x\}$ 时，分别将 $\uparrow\{x\}$ 和 $\downarrow\{x\}$ 简记为 $\uparrow x$ 和 $\downarrow x$。集族 $\{\downarrow x \mid x \in P\}$（相应地，$\{\uparrow x \mid x \in P\}$）是拓扑 $\mathcal{D}(P)$（相应地，$\mathcal{U}(P)$）的最小基。

定义 1.1.3　设 P 是一个偏序集，$x,y \in P$。如果 $x < y$，且对于任意的 $z \in P$，$x \leqslant z \leqslant y$ 蕴含 $z = x$ 或 $z = y$，则称 y **覆盖**（cover）x，或 x 被 y 覆盖，或 y 是 x 的一个覆盖，记作 $x \prec y$。

一般来说，偏序集可以用 **Hasse 图**（Hasse graph）来描述：对于某偏序集，我们用点表示其元素，将具有覆盖关系的两个点用直线段或曲线段连接起来，较小的元素对应的点位于低处，较大的元素对应的点位于高处，互相平行的元素对应

的点尽可能地处于同一高度。如偏序集 N, $(\{1,2,3,4,6,12\},|)$, $(\mathcal{P}(\{x,y,z\}),\subseteq)$, $M_n = \{0,a_1,a_2,\cdots,a_n,1\}$ 的 Hasse 图如图 1.1 所示。

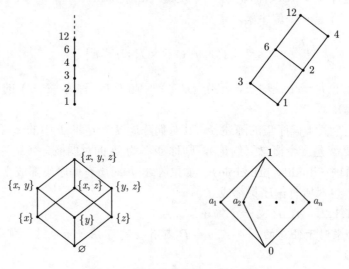

图 1.1　四个偏序集的 Hasse 图

设 P 是一个偏序集，$a \in P$。若 a 小于任意其他的元素，则称 a 为 P 的**最小元**（the smallest/least element）或**底元**（bottom element），记作 0_P 或简写为 0；若 a 大于任意其他的元素，则称 a 为 P 的**最大元**（the greatest/largest element）或**顶元**（top element），记作 1_P 或简写为 1。有最大元和最小元的偏序集称为**有界偏序集**（bounded poset）。若对于任意的 $x \in P$ 都有 $a \leqslant x$ 蕴含 $a = x$，则称 a 为 P 的**极大元**（maximal element）；若对于任意的 $x \in P$ 都有 $x \leqslant a$ 蕴含 $a = x$，则称 a 为 P 的**极小元**（minimal element）。显然，最大元（相应地，最小元）一定是极大元（相应地，极小元），但反之不然。设 S 是 P 的一个子偏序集，将 S 的极大元（相应地，极小元）之集记作 $\max(S)$（相应地，$\min(S)$）。注意，$\max(S)$（相应地，$\min(S)$）有可能是空集。如果 S 有最大元（相应地，最小元），则将该最大元（相应地，最小元）记作 $\text{Max}(S)$（相应地，$\text{Min}(S)$），此时有 $\text{Max}(S) \subseteq \max(S)$（相应地，$\text{Min}(S) \subseteq \min(S)$）。

例 1.1.2　在图 1.2 表示的两个偏序集中，偏序集 P 有极大元 b_1,b_2，有极小元 a_1,a_2，但没有最大元和最小元；偏序集 Q 有最大元 d，有极小元 c_1,c_2,c_3，但没有最小元。

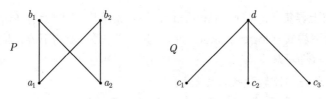

图 1.2 偏序集中的最大（小）元和极大（小）元

定义 1.1.4 设 $\{(P_i, \leqslant_i)\}_{i\in I}$ 是一族偏序集，在笛卡儿积 $\prod_i P_i$ 上定义关系 $\leqslant$ 如下：

$$(x_i)_{i\in I} \leqslant (y_i)_{i\in I} \Longleftrightarrow x_i \leqslant_i y_i \ (\forall i \in I)。$$

易证 $\leqslant$ 是 $\prod_i P_i$ 上的一个偏序，称为其上的 **逐点序**（pointwise order）[①]，偶对 $(\prod_i P_i, \leqslant)$ 称为 $\{(P_i, \leqslant_i)\}_{i\in I}$ 的 **直积**（direct product）。

例 1.1.3 图 1.3 是两组偏序集的直积。

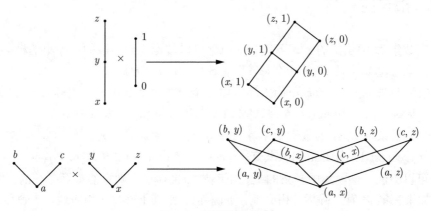

图 1.3 偏序集的直积

设 P 是一个偏序集，$A \subseteq P$。定义

$$A^u = \{x \in P \mid A \subseteq {\downarrow}x\},$$

$$A^l = \{x \in P \mid A \subseteq {\uparrow}x\}。$$

---

① 此处名称同例 1.1.1（7）中的逐点序，理由见定理 1.3.2 和定理 1.3.3。

称 A^u 为 A 的**上界集**（upper bound set），其元素称为 A 的**上界**（upper bound）；称 A^l 为 A 的**下界集**（lower bound set），其元素称为 A 的**下界**（lower bound）。请注意，$\varnothing^u = \varnothing^l = P$。

下面的定理证明比较直接，留给读者。

定理 1.1.1　设 P 是一个偏序集，$A, B \subseteq P$，则

（1）$A \subseteq B \Longrightarrow B^u \subseteq A^u$，$B^l \subseteq A^l$；

（2）$A \subseteq A^{ul} \cap A^{lu}$；

（3）$A^u = A^{ulu}$，$A^l = A^{lul}$。

本节最后我们来看格论中非常重要的"Zorn 引理"，它和选择公理相互等价。因其证明需要用到超限归纳法，有一定难度，这里只进行陈述而不给出证明。

Zorn 引理　设 P 是一个偏序集，如果 P 中每个非空链都有上界，则 P 必有极大元。

1.2　格与完备格

实数集 $\mathbb{R}$ 中子集的上、下确界的概念可以被推广到一般的偏序集的框架下。

定义 1.2.1　设 P 是一个偏序集，$S \subseteq P$，$a \in P$。

（1）如果 a 是 S 的最小的上界，即 a 是 S^u 中的最小元，则称 a 为 S 的**上确界**（least upper bound）或**并**（join），记作 $a = \sup S$ 或 $a = \bigvee S$。

（2）如果 a 是 S 的最大的下界，即 a 是 S^l 中的最大元，则称 a 为 S 的**下确界**（greatest lower bound）或**交**（meet），记作 $a = \inf S$ 或 $a = \bigwedge S$。

可以验证，偏序集中子集的上、下确界如果存在，则它们都是唯一的。特别地，如果空集 $\varnothing$ 有上确界（相应地，下确界），则其上确界（相应地，下确界）是最小元 0（相应地，最大元 1）。

注 1.2.1　设 P 是一个偏序集，$S \subseteq P$，$a \in P$。

（1）$a \in S^u$ 等价于 a 是 S 的上界，$a \in S^{ul}$ 等价于 a 小于等于 S 的任意上界，故 $\bigvee S$ 存在当且仅当 $S^u \cap S^{ul}$ 恰为单点集 $\{\bigvee S\}$。

（2）$a \in S^l$ 等价于 a 是 S 的下界，$a \in S^{lu}$ 等价于 a 大于等于 S 的任意下界，故 $\bigwedge S$ 存在当且仅当 $S^l \cap S^{lu}$ 恰为单点集 $\{\bigwedge S\}$。

定义 1.2.2　设 L 是一个偏序集。

（1）如果对于任意的 $x, y \in L$ 都有 $\bigvee\{x, y\}$ 存在，则称 L 为**并半格**（join-semilattice）。

（2）如果对于任意的 $x, y \in L$ 都有 $\bigwedge\{x, y\}$ 存在，则称 L 为**交半格**（meet-semilattice）。

（3）如果 L 既是并半格又是交半格，则称 L 为**格**（lattice）。

在偏序集 L 中，当子集 $\{x, y\} \subseteq L$ 有上确界（相应地，下确界）时，我们常将其记作 $x \vee y$（相应地，$x \wedge y$）。请注意，定义 1.2.2 中允许 x 与 y 为同一个元素，显然 $\bigvee\{x, x\} = x = \bigwedge\{x, x\}$。

定理 1.2.1　设 L 是一个格，则对于任意的 $a, b, c \in L$，运算 $\vee$ 和 $\wedge$ 满足

（L1）幂等律：$a \vee a = a$，$a \wedge a = a$；

（L2）交换律：$a \vee b = b \vee a$，$a \wedge b = b \wedge a$；

（L3）结合律：$(a \vee b) \vee c = a \vee (b \vee c)$，$(a \wedge b) \wedge c = a \wedge (b \wedge c)$；

（L4）吸收律：$a \vee (a \wedge b) = a$，$a \wedge (a \vee b) = a$。

换言之，$\wedge$ 和 $\vee$ 是 L 上的满足吸收律的两个交换幂等半群运算。

例 1.2.1　（1）每个链都是格，比如实数集、有理数集和自然数集等。

（2）设 $(X, \mathcal{O}(X))$ 是一个拓扑空间，则 $(\mathcal{O}(X), \subseteq)$ 是一个格；幂集 $\mathcal{P}(X)$ 作为 X 上的离散拓扑也是一个格。

（3）$(\mathbb{N}, |)$ 是一个格，对于任意的 $m, n \in \mathbb{N}$，$m \vee n$ 是 m, n 的最小公倍数，$m \wedge n$ 是 m, n 的最大公约数。

定理 1.2.2　设 L 是一个偏序集，则

（1）L 是格当且仅当 L 的任意非空有限子集有上确界和下确界；

（2）L 是格当且仅当 L^{op} 是格。

定理 1.2.3　非空集合 L 可作为一个格当且仅当存在 L 的两个运算 $\otimes, \oplus$ 使得

（1）$(L, \otimes)$ 和 $(L, \oplus)$ 都是交换幂等半群；

（2）L 满足吸收律：$x \otimes (x \oplus y) = x = x \oplus (x \otimes y)$（$\forall x, y \in L$）。

证明　必要性：令 $\otimes = \wedge$，$\oplus = \vee$，即为定理 1.2.1。

充分性：定义序关系 $\leqslant$ 为：$x \leqslant y$ 当且仅当 $x = x \otimes y$（当且仅当 $y = x \oplus y$，由（2）易得）。由 $\otimes$ 的幂等性，自反性成立；如果 $x \leqslant y \leqslant z$，则 $x = x \otimes y = x \otimes (y \otimes z) = (x \otimes y) \otimes z = x \otimes z$，传递性成立；如果 $x \leqslant y \leqslant x$，则 $y = x \oplus y = y \oplus x = x$，反对称性成立。故 $(L, \leqslant)$ 是一个偏序集。

下证 $x \otimes y = x \wedge y$，$x \oplus y = x \vee y$。事实上，由（2）易证 $x \otimes y$ 是 $\{x, y\}$ 的一个下界；设 z 也是 $\{x, y\}$ 的一个下界，即 $z = z \otimes x = z \otimes y$，则 $z = z \otimes z = (z \otimes x) \otimes (z \otimes y) = (z \otimes z) \otimes (x \otimes y) = z \otimes (x \otimes y)$，从而 $z \leqslant x \otimes y$。这说明 $x \otimes y$ 是 $\{x, y\}$ 的下确界。类似方法可证，$x \oplus y$ 是 $\{x, y\}$ 的上确界。　□

定理 1.2.3 说明除了序的方式外，我们还可以用代数的方式描述格结构，将其看作代数系统来研究。

定义 1.2.3   设 L 是一个格，S 是 L 的一个非空子集。

（1）如果对于任意的 $x, y \in S$ 都有 $x \wedge y,\ x \vee y \in S$，则称 S 为 L 的**子格**（sublattice）。

（2）如果 L 是有界格，S 是 L 的子格且 $0, 1 \in S$，则称 S 为 L 的**保界子格**（bound-inherited sublattice）。

这里要避免采用"S 的有限子集的上确界和下确界都含于 S"的方式定义子格，因为空子集可看作一个特殊的有限子集，但是推理过程中常常被人"遗忘"，从而导致论述不严密。

例 1.2.2   如图 1.4，在格 $L = \{0, a, b, c, d, e, f, 1\}$ 中，$S_1 = \{0, b, e, 1\}$ 是 L 的保界子格，$S_2 = \{0, a, c, e\}$ 是 L 的子格但不是保界子格，$S_3 = \{0, a, c, 1\}$ 在继承序下是一个格，但不是 L 的子格。

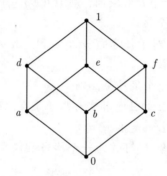

图 1.4   格 $L = \{0, a, b, c, d, e, f, 1\}$

定义 1.2.4   设 L 是一个偏序集，如果 L 的每个子集（包括空集）都有上确界和下确界，则称 L 为一个**完备格**（complete lattice）。

例如，$[0, 1]$ 和任意非空集合的幂集都是完备格，但实数集 $\mathbb{R}$ 不是。显然，在一个完备格 L 中，L 本身作为子集具有上、下确界，其上确界为最大元 1，下确界为最小元 0。再次强调，空子集 $\varnothing$ 也有上、下确界，其上确界为 0，下确界为 1。

定理 1.2.4   设 L 是一个偏序集，则下列条件等价：

（11）L 是完备格；

（12）L^{op} 是完备格；

（21）L 的每个子集都有上确界；

（22）L 有最小元 0 且每个非空子集都有上确界；

（31）L 的每个子集都有下确界；

（32）L 有最大元 1 且每个非空子集都有下确界。

证明　显然，（$K1$）等价于（$K2$）（$K = 1, 2, 3$），且如果（11）和（22）相互等价，那么由对偶原理，（12）和（32）也相互等价。由于（11）$\Longleftrightarrow$（22）+（32），下面只需证（22）蕴含（32）。

（22）$\Longrightarrow$（32）：L 的上确界即为 L 的最大元 1。如果 A 是 L 的一个非空子集，由于 L 有最小元 0，A^l 是非空集，从而存在上确界 $a = \bigvee A^l$。下证 $a = \bigwedge A$。事实上，对于任意的 $x \in A$，x 是 A^l 的一个上界，从而 $a \leqslant x$。由 x 的任意性，a 是 A 的一个下界，从而 $a \in A^l$，故 $a = \mathrm{Max}(A^l) = \bigwedge A$。$\square$

推论 1.2.1　在偏序集 P 中，对于子集 A，如果 $\bigvee A$ 存在，则 $\bigwedge A^u$ 也存在，且 $\bigvee A = \bigwedge A^u = \mathrm{Min}(A^u)$；如果 $\bigwedge A$ 存在，则 $\bigvee A^l$ 也存在，且 $\bigwedge A = \bigvee A^l = \mathrm{Max}(A^l)$。

定义 1.2.5　设 P, Q 是两个偏序集，$f : P \longrightarrow Q$ 是一个映射。

（1）如果对于任意的 $x, y \in P$ 都有 $x \leqslant y$ 蕴含 $f(x) \leqslant f(y)$，则称 f 为**保序的**（order-preserving 或 monotone 或 isotone），或称 f 为从 P 到 Q 的**序同态**（order-homomorphism）；

（2）如果对于任意的 $x, y \in P$ 都有 $x \leqslant y$ 蕴含 $f(y) \leqslant f(x)$，则称 f 为**逆序的**（order-inversing 或 antitone）。

定理 1.2.5（Knaster-Taski 不动点定理）　设 L 是一个完备格。若 $f : L \longrightarrow L$ 是一个保序映射，则 f 有最大和最小不动点。

证明　令

$$A = \{x \in L \mid x \leqslant f(x)\},$$

则 $A \neq \varnothing$（因为 $0 \in A$）。记 $a = \bigvee A$。对于任意的 $x \in A$，有 $x \leqslant a$，从而 $x \leqslant f(x) \leqslant f(a)$。由 x 的任意性，$a \leqslant f(a)$。由 f 的保序性，$f(a) \leqslant f(f(a))$，故 $f(a) \in A$，从而 $f(a) \leqslant a$。因此，$f(a) = a$。如果 $f(y) = y$，则 $y \in A$，从而 $y \leqslant a$，这说明 a 是 f 的最大不动点。由对偶原理，f 有最小不动点 $b = \bigwedge \{x \in L \mid f(x) \leqslant x\}$。$\square$

定义 1.2.6　设 P 是一个偏序集，$f : P \longrightarrow P$ 是一个自映射。如果

（C1）**保序性**（monotonicity）：$x \leqslant y$ 蕴含 $f(x) \leqslant f(y)$（$\forall x, y \in P$）；

（C2）**增值性**（increasement）：$x \leqslant f(x)$（$\forall x \in P$）；

（C3）**幂等性**（idempotency）：$f(f(x)) = f(x)$（$\forall x \in P$），

则称 f 为 P 上的一个**闭包算子**（closure operator）。

定义 1.2.7 设 P 是一个偏序集，$g : P \longrightarrow P$ 是一个自映射。如果

（I1）保序性：$x \leqslant y$ 蕴含 $g(x) \leqslant g(y)$ $(\forall x, y \in P)$；

（I2）**减值性**（decreasement）：$g(x) \leqslant x$ $(\forall x \in P)$；

（I3）幂等性：$g(g(x)) = g(x)$ $(\forall x \in P)$,

则称 g 为 P 上的一个**内部算子**（interior operator）。

设 $h : P \longrightarrow P$ 是偏序集 P 上的一个自映射，记 $\mathrm{Im}\, h = \{h(x) \mid x \in P\}$，则当 h 满足幂等性时，$\mathrm{Im}\, h$ 恰是 h 的不动点构成的集合。满足幂等性的保序自映射有时也称为**投射**（projection）。

定理 1.2.6 设 L 是一个完备格，$f : L \longrightarrow L$ 是一个闭包算子，则 $\mathrm{Im}\, f$ 也是完备格，其中对于 $\mathrm{Im}\, f$ 的任意非空子集 A，都有 $\bigwedge_f A = \bigwedge A$, $\bigvee_f A = f(\bigvee A)$，这里 $\bigvee_f, \bigwedge_f$ 分别表示 $\mathrm{Im}\, f$ 中子集的并和交。

证明 由 f 的幂等性知 $\mathrm{Im}\, f$ 是 f 的不动点集，由定理 1.2.5 知，$\mathrm{Im}\, f$ 是一个有界偏序集。设 A 是 $\mathrm{Im}\, f$ 的一个非空子集，令 $a = \bigwedge A$，若 $a \in \mathrm{Im}\, f$，则 $\bigwedge_f A = \bigwedge A$，从而由定理 1.2.4 知 $\mathrm{Im}\, f$ 是完备格，下证之。实际上，我们有

$$f(a) = f\left(\bigwedge A\right) \leqslant \bigwedge \{f(x) \mid x \in A\} = \bigwedge A = a。$$

由 f 是闭包算子知，$a = f(a)$，从而 $a \in \mathrm{Im}\, f$。下证 $f(\bigvee A)$ 是 A 在 $\mathrm{Im}\, f$ 中的上确界。显然，$f(\bigvee A)$ 是 A 在 $\mathrm{Im}\, f$ 中的一个上界。设 b 也是 A 在 $\mathrm{Im}\, f$ 中的一个上界，则 $\bigvee A \leqslant b$，从而 $f(\bigvee A) \leqslant f(b) = b$。 $\square$

推论 1.2.2 设 L 是一个完备格，$g : L \longrightarrow L$ 是一个内部算子，则 $\mathrm{Im}\, g$ 也是完备格，其中对于 $\mathrm{Im}\, g$ 的任意非空子集 A，都有 $\bigvee_g A = \bigvee A$, $\bigwedge_g A = g(\bigwedge A)$。

定义 1.2.8 设 P 是一个偏序集，$S \subseteq P$。

（1）如果对任意的 $x \in P$ 都有 $x = \bigvee(S \cap \downarrow x)$，则称 S 为 P 的**并生成集**（join-generating subset），或称 P **可由 S 并生成**（join-generated by S），或称 S 为 P 的**并稠密子集**（join-dense subset）。

（2）如果对任意的 $x \in P$ 都有 $x = \bigwedge(S \cap \uparrow x)$，则称 S 为 P 的**交生成集**（meet-generating subset），或称 P **可由 S 交生成**（meet-generated by S），或称 S 为 P 的**交稠密子集**（meet-dense subset）。

（3）如果 S 在 P 中既是并稠密子集又是交稠密子集，则称 S 为 P 的**稠密子集**（dense subset）。

例 1.2.3　（1）$\mathbb{Q}$ 同时是 $\mathbb{R}$ 的并生成集和交生成集。

（2）在图 1.4 中，$\{a,b,c\}$ 是 L 的并生成集，$\{d,e,f\}$ 是 L 的交生成集。

1.3　序同构与格同构

定义 1.3.1　设 P,Q 是两个偏序集，$f:P\longrightarrow Q$ 是一个映射。

（1）如果对于任意的 $x,y\in P$ 都有 $x\leqslant y$ 当且仅当 $f(x)\leqslant f(y)$，则称 f 为从 P 到 Q 的**序嵌入**（order-embedding），记作 $f:P\hookrightarrow Q$；

（2）如果 f 是一个序嵌入的满射，则称 f 为一个**序同构**（order-isomorphism）或称 P 与 Q 序同构，记作 $P\cong Q$。

注 1.3.1　（1）每一个序嵌入都是单射，故在定义序嵌入和序同构时没有专门强调"单射"这一条件。

（2）一般地，一个保序映射 $f:P\longrightarrow Q$ 即使是双射，它的逆映射 $f^{-1}:Q\longrightarrow P$ 也未必保序，如图 1.5 所示。

（3）如果 $f:P\longrightarrow Q$ 是一个序同构，则其逆映射 $f^{-1}:Q\longrightarrow P$ 也是一个序同构。

（4）偏序集 P,Q 是序同构的当且仅当存在保序映射 $\varphi:P\longrightarrow Q$ 和 $\psi:Q\longrightarrow P$ 使得 $\varphi\circ\psi=\mathrm{id}_Q$，$\psi\circ\varphi=\mathrm{id}_P$。

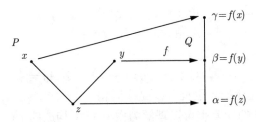

图 1.5　f 保序但 f^{-1} 不保序

定理 1.3.1　设 P,Q 是两个有限偏序集，$f:P\longrightarrow Q$ 是双射，则下列条件等价：

（1）f 是一个序同构；

（2）$x<y$ 当且仅当 $f(x)<f(y)$；

（3）$x\prec y$ 当且仅当 $f(x)\prec f(y)$。

证明　（1）$\Longrightarrow$（2）：如果 $x<y$，则必有 $f(x)<f(y)$；否则 $f(x)=f(y)$，从而 $x=y$，矛盾。由于 f^{-1} 也是序同构，同样方法，如果 $f(x)<f(y)$，那么

$x < y$。

（2）$\Longrightarrow$（3）：如果 $x \prec y$，则 $f(x) < f(y)$。设存在 $c \in Q$ 使得 $f(x) \leqslant c \leqslant f(y)$，则 $x \leqslant f^{-1}(c) \leqslant y$，由 $x \prec y$ 知 $x = f^{-1}(c)$ 或 $y = f^{-1}(c)$，于是 $f(x) = c$ 或 $f(y) = c$，这说明 $f(x) \prec f(y)$。同样方法，如果 $f(x) \prec f(y)$，那么 $x \prec y$。

（3）$\Longrightarrow$（1）：设 $x \leqslant y$。如果 $x = y$，则 $f(x) = f(y) \leqslant f(y)$；如果 $x < y$，则存在 $z_1, \cdots, z_n$ 使得 $x \prec z_1 \prec \cdots \prec z_n \prec y$，从而 $f(x) \prec f(z_1) \prec \cdots \prec f(z_n) \prec f(y)$，故 $f(x) \leqslant f(y)$。同样方法，如果 $f(x) \leqslant f(y)$，那么 $x \leqslant y$。$\square$

推论 1.3.1　两个有限偏序集是序同构的当且仅当它们具有相同的 Hasse 图。

很多时候，我们常把幂集 $\mathcal{P}(X)$ 写成 2^X，然而从严格的角度来说这是有问题的。实际上，$\mathcal{P}(X)$ 是 X 的所有子集的全体，而 2^X 应该写成 $\mathbf{2}^X$，它是从 X 到偏序集 $\mathbf{2} = \{0, 1\}$ 的映射的全体。而 $\mathcal{P}(X)$ 和 $\mathbf{2}^X$ 并不直接相等，应是序同构的两个偏序集。

定理 1.3.2　设 X 是一个集合。定义 $\varphi : \mathcal{P}(X) \longrightarrow \mathbf{2}^X$ 为：$\forall x \in X$，

$$\varphi(A)(x) = \begin{cases} 1, & x \in A; \\ 0, & x \notin A, \end{cases}$$

则 φ 是序同构。

证明　设 $A, B \subseteq X$，则
$$\begin{aligned} \varphi(A) \leqslant \varphi(B) &\Longleftrightarrow \varphi(A)(x) \leqslant \varphi(B)(x) \ (\forall x \in X) \\ &\Longleftrightarrow x \in A \text{ 蕴含 } x \in B \ (\forall x \in X) \\ &\Longleftrightarrow A \subseteq B, \end{aligned}$$
这说明 φ 是序嵌入。另外，对于任意的 $p \in \mathbf{2}^X$，令 $A_p = \{x \in X \mid p(x) = 1\}$，则 $\varphi(A_p) = p$，故 φ 是满射。因此，φ 是序同构。$\square$

实际上，$\mathbf{2}^X$ 中的元素也可以理解为由 0 和 1 构成的 $|X|$ 维向量，用 $\mathbf{2}^{|X|}$ 来表示，于是有下面定理。

定理 1.3.3　设 X 是一个集合，定义 $\psi : \mathbf{2}^X \longrightarrow \mathbf{2}^{|X|}$ 为：$\forall p \in \mathbf{2}^X$，

$$(\psi(p))_x = p(x) \ (\forall x \in X),$$

则 ψ 是序同构。

证明　设 $p, q \in \mathbf{2}^X$，
$$\begin{aligned} \psi(p) \leqslant \psi(q) &\Longleftrightarrow (\psi(p))_x \leqslant (\psi(q))_x \ (\forall x \in X) \\ &\Longleftrightarrow p(x) \leqslant q(x) \ (\forall x \in X) \\ &\Longleftrightarrow p \leqslant q, \end{aligned}$$

这说明 ψ 是序嵌入。又显然 ψ 是满射，因此 ψ 是序同构。 $\square$

定义 1.3.2 设 $f:L \longrightarrow M$ 是两个格之间的一个映射。

（1）如果对于任意的 $x, y \in L$ 都有

$$f(x \vee y) = f(x) \vee f(y), \ f(x \wedge y) = f(x) \wedge f(y),$$

则称 f 为**格同态**（lattice homomorphism）。

（2）如果 $f:L \longrightarrow M$ 是有界格之间的一个格同态，且 $f(0) = 0$，$f(1) = 1$，则称 f 为**保界格同态**（bound-preserving lattice homomorphism）。

定义 1.3.3 设 $f:L \longrightarrow M$ 是两个完备格之间的一个映射。

（1）如果对于任意的 $S \subseteq L$ 都有 $f(\bigvee S) = \bigvee f(S)$，则称 f 为**保并映射**（join-preserving mapping）。

（2）如果对于任意的 $S \subseteq L$ 都有 $f(\bigwedge S) = \bigwedge f(S)$，则称 f 为**保交映射**（meet-preserving mapping）。

（3）如果 f 既保并又保交，则称 f 为**完备格同态**（complete lattice homomorphism）。

显然，如果 $f:L \longrightarrow M$ 是完备格同态，那么 $f(0) = 0$，$f(1) = 1$，从而完备格同态一定是保界格同态。

注 1.3.2 设 $f:L \longrightarrow M$ 是一个格同态，如果 f 还是双射，则称 f 为**格同构**（lattice isomorphism）；同样，设 $f:L \longrightarrow M$ 是一个完备格同态，如果 f 还是双射，则称 f 为**完备格同构**（complete lattice isomorphism）。虽然有格同构和完备格同构的概念，但是这里我们并不将它们单独列为定义，因为当 L, M 都是格时，$f:L \longrightarrow M$ 是格同构等价于 f 是序同构；当 L, M 都是完备格时，$f:L \longrightarrow M$ 是完备格同构等价于 f 是序同构。

1.4　分配格与 Boole 代数

定理 1.4.1 设 L 是一个格，则下面两个有限分配律相互等价：

（D1）$\forall x, y, z \in L$，$x \wedge (y \vee z) = (x \wedge y) \vee (x \wedge z)$；

（D2）$\forall x, y, z \in L$，$x \vee (y \wedge z) = (x \vee y) \wedge (x \vee z)$。

证明 （D1）$\Longrightarrow$（D2）：设 $x, y, z \in L$，则

$$(x \vee y) \wedge (x \vee z) = [(x \vee y) \wedge x] \vee [(x \vee y) \wedge z]$$
$$= x \vee [(x \wedge z) \vee (y \wedge z)]$$
$$= [x \vee (x \wedge z)] \vee (y \wedge z)$$
$$= x \vee (y \wedge z).$$

同理可证 (D2)$\Longrightarrow$(D1)。 $\square$

定义 1.4.1　设 L 是一个格。如果 L 满足定理 1.4.1 中（D1）或（D2），则称 L 为**分配格**（distributive lattice）。

例 1.4.1　（1）每个链都是分配格。

（2）$(\mathbb{N}, |)$ 是分配格。

（3）设 $(X, \mathcal{O}(X))$ 是一个拓扑空间，则 $(\mathcal{O}(X), \subseteq)$ 是分配格。

定理 1.4.2（Birkhoff 判别定理）　设 L 是一个格，则 L 是分配格当且仅当 L 不含有形如 M_3 或 N_5 的子格。

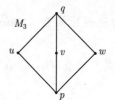

图 1.6　M_3 和 N_5

证明　由于 M_3 和 N_5 都不满足分配律，故必要性是显然的。充分性的证明过程较复杂，具体证明过程可参见文献 [18]。这里罗列一下基本思路。

第一步: 证明 L 是**模格**（modular lattice），即 L 满足

（**模律**）$x \leqslant z$ 蕴含 $x \vee (y \wedge z) = (x \vee y) \wedge z$ ($\forall x, y, z \in L$)。

否则，存在 $x \leqslant z$ 使得 $x \vee (y \wedge z) < (x \vee y) \wedge z$。令

$$a = y,\ b = x \vee (y \wedge z),\ c = (x \vee y) \wedge z,\ d = y \wedge z,\ e = x \vee y,$$

则 $\{d, a, b, c, e\}$ 构成形如 N_5 的子格。

第二步: 证明 L 是分配格，否则可假设 L 是一个非分配的模格，则存在 $x, y, z \in L$ 使得 $(x \wedge y) \vee (x \wedge z) < x \wedge (y \vee z)$。令

$$p = (x \wedge y) \vee (y \wedge z) \vee (z \wedge x),$$
$$u = [x \wedge (y \vee z)] \vee (y \wedge z),$$
$$v = [y \wedge (z \vee x)] \vee (z \wedge x),$$
$$w = [z \wedge (x \vee y)] \vee (x \wedge y),$$
$$q = (x \vee y) \wedge (y \vee z) \wedge (z \vee x),$$

则 $\{p,u,v,w,q\}$ 构成形如 M_3 的子格。□

定理 1.4.3　设 L 是一个格，则 L 是分配格当且仅当

$$z \wedge x = z \wedge y,\ z \vee x = z \vee y \Longrightarrow x = y\ (\forall x,y,z \in L)。$$

证明　必要性：设 $x,y,z \in L$ 满足 $z \wedge x = z \wedge y,\ z \vee x = z \vee y$，则

$$x = x \wedge (x \vee z) = x \wedge (y \vee z) = (x \wedge y) \vee (x \wedge z)$$
$$= (x \wedge y) \vee (y \wedge z) = y \wedge (x \vee z) = y \wedge (y \vee z) = y。$$

充分性：如果 L 不是分配格，则由 Birkhoff 判别定理，L 含有形如 M_3 或 N_5 的子格。如图 1.6 所示，在 M_3 中，$u \wedge v = p = u \wedge w$，$u \vee v = q = u \vee w$，但 $v \ne w$；在 N_5 中，$a \wedge b = d = a \wedge c$，$a \vee b = e = a \vee c$，但 $b \ne c$，都与假设矛盾。因此，L 是分配格。□

定义 1.4.2　设 L 是一个有界格，$x \in L$。如果存在 $y \in L$ 使得

$$x \wedge y = 0,\ x \vee y = 1,$$

则称 y 为 x 的**补元**（complement）。如果 L 中的每个元素都有补元，则称 L 为**有补格**（complemental lattice）。

注 1.4.1　补元是相互的，但不一定唯一，图 1.6 的格 M_3 中，u,v,w 互为补元。

定理 1.4.4　如果 L 是一个有界分配格，则 L 中元素的补元（如果存在）唯一。

证明　设 b,c 是 a 的补元，则

$$b = b \wedge 1 = b \wedge (a \vee c) = (b \wedge a) \vee (b \wedge c) = 0 \vee (b \wedge c) = b \wedge c,$$

这说明 $b \leqslant c$。同理，$c \leqslant b$。因此，$b = c$。□

定理 1.4.5　设 L 是一个有界分配格，a',b' 分别为 a,b 的补元，则

$$(a \vee b)' = a' \wedge b',\ (a \wedge b)' = a' \vee b'。$$

证明

$$(a \vee b) \vee (a' \wedge b') = [(a \vee b) \vee a'] \wedge [(a \vee b) \vee b'] = 1 \wedge 1 = 1,$$

$$(a \vee b) \wedge (a' \wedge b') = [a \wedge (a' \wedge b')] \vee [b \wedge (a' \wedge b')] = 0 \vee 0 = 0,$$

则 $a' \wedge b'$ 是 $a \vee b$ 的一个补元。由补元的唯一性，$(a \vee b)' = a' \wedge b'$。同样方法可证，$(a \wedge b)' = a' \vee b'$。□

定义 1.4.3 有补分配格称为 **Boole 代数**（Boolean algebra）或 **Boole 格**（Boolean lattice），常记作 $(B; ')$。

例 1.4.2 （1）集合 X 的幂集格 $\mathcal{P}(X)$ 是一个 Boole 代数，子集 A 的补元就是其补集。

（2）设 X 是一个非空集合，则集族

$$\mathrm{FC}(X) = \{A \subseteq X \mid A\text{有限或}A'\text{有限}\}$$

是一个 Boole 代数。

（3）设 $(X, \mathcal{O}(X))$ 是一个拓扑空间，则其既开又闭的子集构成的集族在包含序下是一个 Boole 代数。

定理 1.4.6 设 $(B; ')$ 是一个 Boole 代数，则对于任意的 $x, y \in B$，有

（1）$1' = 0,\ 0' = 1$；

（2）$x'' = x$；

（3）$x \leqslant y \Longleftrightarrow y' \leqslant x'$；

（4）$x \wedge y = 0 \Longleftrightarrow x \leqslant y'$；

（5）$x \vee y = 1 \Longleftrightarrow x' \leqslant y$。

证明 （1）显然。

（2）由于 x' 是 x 的补元，x'' 是 x' 的补元，由补元的相互性和唯一性知，$x'' = x$。

（3）如果 $x \leqslant y$，则 $y' = (x \vee y)' = x' \wedge y'$，从而 $y' \leqslant x'$。如果 $y' \leqslant x'$，则 $x = x'' \leqslant y'' = y$。

（4）若 $x \wedge y = 0$，则 $y' = y' \vee 0 = y' \vee (x \wedge y) = (y' \vee x) \wedge (y' \vee y) = (y' \vee x) \wedge 1 \geqslant x$；若 $x \leqslant y'$，则 $x \wedge y \leqslant y' \wedge y = 0$。

（5）$x \vee y = 1$ 当且仅当 $x' \wedge y' = 0$ 当且仅当 $x' \leqslant y'' = y$。□

Boole 代数之所以被称为代数，是因为它可以用纯代数语言来描述。

定义 1.4.4 设 $(R; \cdot, +)$ 是一个有单位元 1 的环。如果 R 的每个元素都是幂等元，则称 R 为一个 **Boole 环**（Boolean ring）。

定理 1.4.7　设 R 是一个 Boole 环，则 R 是交换的，且 $x+x=0$ $(\forall x \in R)$。

证明　对于任意的 $x,y \in R$，有 $x+y = (x+y)^2 = x^2 + y^2 + xy + yx = x+y+xy+yx$，从而 $xy+yx=0$。令 $y=1$ 即得 $x+x=0$，从而 $xy = -yx = yx$。　□

定理 1.4.8　设 $(B;')$ 是一个 Boole 代数，定义 B 上的乘法和加法运算如下：

$$x \cdot y = x \wedge y,\ x+y = (x \wedge y') \vee (x' \wedge y)\ (\forall x,y \in B),$$

则 $(B;\cdot,+)$ 是一个 Boole 环。

证明　显然，乘法运算和加法运算是封闭的，并且 $x \cdot x = x \wedge x = x$，$1 \cdot x = 1 \wedge x = x$，因此 $(B;\cdot)$ 是一个幂等幺半群。

现证 $(B;+)$ 是一个 Abel 群。易见，$x+y = y+x$，且

$$
\begin{aligned}
(x+y)+z &= [(x \wedge y') \vee (x' \wedge y)] + z \\
&= \{[(x \wedge y') \vee (x' \wedge y)] \wedge z'\} \vee \{[(x \wedge y') \vee (x' \wedge y)]' \wedge z\},
\end{aligned}
$$

其中

$$
\begin{aligned}
[(x \wedge y') \vee (x' \wedge y)] \wedge z' &= (x \wedge y' \wedge z') \vee (x' \wedge y \wedge z'), \\
[(x \wedge y') \vee (x' \wedge y)]' \wedge z &= [(x' \vee y) \wedge (x \vee y')] \wedge z \\
&= [(x' \wedge x) \vee (x' \wedge y') \vee (x \wedge y) \vee (y \wedge y')] \wedge z \\
&= (x' \wedge y' \wedge z) \vee (x \wedge y \wedge z).
\end{aligned}
$$

故 $(x+y)+z = (x \wedge y' \wedge z') \vee (x' \wedge y \wedge z') \vee (x' \wedge y' \wedge z) \vee (x \wedge y \wedge z)$。由加法交换律和上式的对称性得，$(x+y)+z = x+(y+z)$。因此，加法满足结合律。

又因为

$$
\begin{aligned}
x+0 &= (x \wedge 0') \vee (x' \wedge 0) = x \vee 0 = x, \\
x+x &= (x \wedge x') \vee (x' \wedge x) = 0 \vee 0 = 0,
\end{aligned}
$$

可知 $(B;+)$ 是一个 Abel 群，且 $-x = x$ $(\forall x \in B)$。

最后，对于任意的 $x,y,z \in B$，我们有

$$
\begin{aligned}
x \cdot y + x \cdot z &= [(x \wedge y) \wedge (x \wedge z)'] \vee [(x \wedge y)' \wedge (x \wedge z)] \\
&= [x \wedge y \wedge (x' \vee z')] \vee [(x' \vee y') \wedge x \wedge z] \\
&= (x \wedge y \wedge z') \vee (y' \wedge x \wedge z) \\
&= x \wedge [(y \wedge z') \vee (y' \wedge z)] \\
&= x \cdot (y+z).
\end{aligned}
$$

因此, $(B; \cdot, +)$ 是一个 Boole 环。$\square$

定理 1.4.9 设 $(R; \cdot, +)$ 是一个 Boole 环, 定义 R 上的二元关系 $\leqslant$ 为

$$x \leqslant y \Longleftrightarrow x \cdot y = x \ (\forall x, y \in R),$$

则 $(R, \leqslant)$ 是有界格, 其中

$$x \wedge y = xy, \ x \vee y = x + y + xy \ (\forall x, y \in R)。$$

令

$$x' = 1 + x \ (\forall x \in R),$$

则 $(R; ')$ 是一个 Boole 代数。

证明 第一步: $(R, \leqslant)$ 是有界偏序集, $0, 1$ 分别为最小元和最大元。

设 $x, y, z \in R$。由 $xx = x$ 知, $x \leqslant x$, 自反性成立; 如果 $x \leqslant y \leqslant z$, 则 $xy = x$, $yz = y$, 从而 $xz = (xy)z = x(yz) = xy = x$, 故 $x \leqslant z$, 传递性成立; 设 $x \leqslant y \leqslant x$, 则 $x = xy = yx = y$, 反对称性成立。因此, $(R, \leqslant)$ 是一个偏序集。另外, 由 $0x = 0$ 和 $x1 = x$ 得 $0 \leqslant x \leqslant 1$, 故 $(R, \leqslant)$ 有界。

第二步: $x \wedge y = xy, \ x \vee y = x + y + xy \ (\forall x, y, z \in R)$。

一方面, 由于 $(xy)y = x(yy) = xy$, $(xy)x = (xx)y = xy$, 得 $xy \leqslant x$, $xy \leqslant y$, 即 xy 是 x, y 的一个下界; 设 z 也是 x, y 的一个下界, 则 $z \leqslant x$, $z \leqslant y$, 从而 $z(xy) = (zx)y = zy = z$, 于是 $z \leqslant xy$。因此, $xy = x \wedge y$。

另一方面, $x(x + y + xy) = xx + xy + xxy = x + (xy + xy) = x + 0 = x$, 从而 $x \leqslant x + y + xy$, 同理 $y \leqslant x + y + xy$, 即 $x + y + xy$ 是 x, y 的一个上界; 设 z 也是 x, y 的一个上界, 则 $x \leqslant z$, $y \leqslant z$, 从而 $(x + y + xy)z = xz + yz + (xy)z = x + y + x(yz) = x + y + xy$, 于是 $x + y + xy \leqslant z$。因此, $x + y + xy = x \vee y$。

第三步: $(R; \wedge, \vee)$ 是分配格。事实上, 对于任意的 $x, y, z \in R$, 有

$$\begin{aligned} (x \wedge y) \vee (x \wedge z) &= xy + xz + (xy)(xz) \\ &= xy + xz + xyz \\ &= x(y + z + yz) \\ &= x \wedge (y \vee z)。 \end{aligned}$$

第四步: $(R; \wedge, \vee)$ 是有补格。事实上,

$$x \wedge x' = x(1 + x) = x + x = 0,$$

$$x \vee x' = x + (1 + x) + x(1 + x) = 1 + x + x = 1。$$

因此, $(R; \wedge, \vee, ')$ 是一个 Boole 代数。$\square$

1.5 理想和滤子

设 P 是一个偏序集，$S \subseteq P$。如果 S 非空，且对于任意的 $x, y \in S$ 都存在 $z \in S$ 使得 $x, y \leqslant z$，则称 S 为 P 的**定向（子）集**（directed subset）；如果 S 非空，且对于任意的 $x, y \in S$ 都存在 $z \in S$ 使得 $z \leqslant x, y$，则称 S 为 P 的**可滤（子）集**（filtered subset）。

定义 1.5.1 设 P 是一个偏序集，$I, F \subseteq P$。

（1）如果 I 是一个定向的下集，则称 I 为 P 的**理想**（ideal）；

（2）如果 F 是一个可滤的上集，则称 F 为 P 的**滤子**（filter）。

如果 S 是 P 的一个理想（相应地，滤子），且 $S \neq P$，则称 S 为 P 的**真理想**（proper ideal）（相应地，**真滤子**（proper filter））。对于任意的 $x \in P$，子集 $\downarrow x$（相应地，$\uparrow x$）是一个理想（相应地，滤子），称为关于 x 的**主理想**（principal ideal）（相应地，**主滤子**（principal filter））。记 $\mathrm{Idl}(P)$（相应地，$\mathrm{Fil}(P)$）为 P 的所有理想（相应地，滤子）构成的集族。请注意，理想和滤子都首先是非空子集。

例 1.5.1 （1）对于任意的 $a \in \mathbb{R}$，$(-\infty, a]$，$(-\infty, a)$ 都是 $\mathbb{R}$ 的理想，$[a, +\infty)$，(a, ∞) 都是 $\mathbb{R}$ 的滤子。

（2）设 X 是一个非空集合，$\mathrm{Fin}(X) = \{A \subseteq X \mid A \text{ 有限}\}$ 是 $\mathcal{P}(X)$ 的理想，$\mathrm{CoFin}(X) = \{A \subseteq X \mid A' \text{ 有限}\}$ 是 $\mathcal{P}(X)$ 的滤子。

（3）设 $(X, \mathcal{O}(X))$ 是一个拓扑空间，则对于任意的 $x \in X$，$\mathcal{N}(x)$ 是 $(\mathcal{P}(X), \subseteq)$ 的滤子，$\mathcal{U}(x)$ 是 $(\mathcal{O}(X), \subseteq)$ 的滤子。

定理 1.5.1 设 L 是一个格，I 是 L 的非空子集，则下列条件等价：

（1）I 是理想；

（2）I 是对 $\vee$ 封闭的下集；

（3）I 对 $\vee$ 封闭，对 $\wedge$ 吸收（即 $a \in I, b \in L$ 蕴含 $a \wedge b \in I$）。

证明 （1）$\Longrightarrow$（2）：只需证 I 对 $\vee$ 封闭。设 $x, y \in I$，由 I 的定向性，存在 $z \in I$ 使得 $x, y \leqslant z$，于是 $x \vee y \leqslant z$。再由 I 是下集知，$x \vee y \in I$。

（2）$\Longrightarrow$（3）：只需证 I 对 $\wedge$ 吸收。设 $x \in I$，$y \in L$，则 $x \wedge y \leqslant x$。由 I 是下集知，$x \wedge y \in I$。

（3）$\Longrightarrow$（1）：设 $x \in I$，$y \in L$，如果 $y \leqslant x$，则 $y = x \wedge y \in I$，这说明 I 是一个下集；另外，如果 $x, y \in I$，则 $x \vee y \in I$，这说明 I 是定向集。因此 I 是理想。$\square$

对偶地，我们有以下定理。

定理 1.5.2 设 L 是一个格，F 是 L 的非空子集，则下列条件等价：

(1) F 是滤子；

(2) F 是对 $\wedge$ 封闭的上集；

(3) F 对 $\wedge$ 封闭，对 $\vee$ 吸收（即 $a \in F, b \in L$ 蕴含 $a \vee b \in F$）。

定理 1.5.3 设 L 是一个格，S 是 L 的一个非空子集。令

$$(S] = \{a \in L \mid \exists n \in \mathbb{N},\ x_1, x_2, \cdots, x_n \in S \text{ s.t. } a \leqslant x_1 \vee x_2 \vee \cdots \vee x_n\},$$

$$[S) = \{a \in L \mid \exists n \in \mathbb{N},\ x_1, x_2, \cdots, x_n \in S \text{ s.t. } x_1 \wedge x_2 \wedge \cdots \wedge x_n \leqslant a\},$$

则 $(S]$ 是包含 S 的最小理想，称为 S 的**生成理想**（ideal generated by S）；$[S)$ 是包含 S 的最小滤子，称为 S 的**生成滤子**（filter generated by S）。

定理 1.5.4 设 L 是一个有界格，则

(1) $\mathrm{Idl}(L)$ 是完备格，其最小元是 $\{0\}$，最大元是 L，对于 $\{I_k \mid k \in K\} \subseteq \mathrm{Idl}(L)$ $(K \neq \varnothing)$，有 $\bigwedge\limits_k I_k = \bigcap\limits_k I_k$，$\bigvee\limits_k I_k = (\bigcup\limits_k I_k]$；

(2) $\mathrm{Fil}(L)$ 是完备格，其最小元是 $\{1\}$，最大元是 L，对于 $\{F_k \mid k \in K\} \subseteq \mathrm{Fil}(L)$ $(K \neq \varnothing)$，有 $\bigwedge\limits_k F_k = \bigcap\limits_k F_k$，$\bigvee\limits_k F_k = [\bigcup\limits_k F_k)$。

上述两个定理虽然形式上较为复杂，但证明过程可根据相关定义按部就班展开，这里留给读者。

定理 1.5.5 设 L 是一个格（不必有界），则

(1) 对于任意的 $I_1, I_2 \in \mathrm{Idl}(L)$，有

$$I_1 \vee I_2 = \{a \in L \mid \exists x_1 \in I_1, x_2 \in I_2 \text{ s.t. } a \leqslant x_1 \vee x_2\};$$

如果 L 是分配格，则

$$I_1 \vee I_2 = \{y_1 \vee y_2 \mid y_1 \in I_1, y_2 \in I_2\}。$$

(2) 对于任意的 $F_1, F_2 \in \mathrm{Fil}(L)$，有

$$F_1 \vee F_2 = \{a \in L \mid \exists x_1 \in F_1, x_2 \in F_2 \text{ s.t. } x_1 \wedge x_2 \leqslant a\};$$

如果 L 是分配格，则

$$F_1 \vee F_2 = \{y_1 \wedge y_2 \mid y_1 \in F_1, y_2 \in F_2\}。$$

证明 (2) 是 (1) 的对偶结论，这里只证明 (1)。我们采用一种描述性语言来证明，读者可尝试进行形式化的严格证明。显然

$$I_1 \vee I_2 = (I_1 \cup I_2] = \{a \in L \mid \exists n \in \mathbb{N},\ y_1, y_2, \cdots, y_n \in I_1 \cup I_2 \text{ s.t. } a \leqslant y_1 \vee y_2 \vee \cdots \vee y_n\}.$$

设 $S_1 = \{y_1, y_2, \cdots, y_n\} \cap I_1$, $S_2 = \{y_1, y_2, \cdots, y_n\} \cap I_2$, 令 $x_1 = \bigvee S_1$, $x_2 = \bigvee S_2$, 则 $x_1 \in I_1, x_2 \in I_2$, 且 $x_1 \vee x_2 = y_1 \vee y_2 \vee \cdots \vee y_n$。因此，$I_1 \vee I_2 = \{a \in L \mid \exists x_1 \in I_1, x_2 \in I_2 \text{ s.t. } a \leqslant x_1 \vee x_2\}$。注意这里允许 S_1 和 S_2 相交，也允许 S_1, S_2 中某个为空集（最多一个是空集！如当 S_1 为空集时有 $a \leqslant x_2$，可以任意取定 $x_1 \in I_1$（注意 I_1 非空），则有 $a \leqslant x_1 \vee x_2$）。

设 L 是一个分配格，如果 $a \leqslant x_1 \vee x_2$ $(x_1 \in I_1, x_2 \in I_2)$，则 $a = a \wedge (x_1 \vee x_2) = (a \wedge x_1) \vee (a \wedge x_2)$。令 $y_1 = a \wedge x_1$, $y_2 = a \wedge x_2$，则 $a = y_1 \vee y_2$, $y_1 \in I_1, y_2 \in I_2$。因此，$I_1 \vee I_2 = \{y_1 \vee y_2 \mid y_1 \in I_1, y_2 \in I_2\}$。$\square$

推论 1.5.1　设 L 是一个格（不必有界），$I \in \mathrm{Idl}(L)$, $F \in \mathrm{Fil}(L)$, $x \in L$，则
$$I \vee \downarrow x = (I \cup \{x\}] = \{a \in L \mid \exists y \in I \text{ s.t. } a \leqslant y \vee x\},$$
$$F \vee \uparrow x = [F \cup \{x\}) = \{a \in L \mid \exists y \in F \text{ s.t. } y \wedge x \leqslant a\}.$$

定义 1.5.2　设 L 是一个格，$F \in \mathrm{Fil}(L) \setminus \{L\}$, $I \in \mathrm{Idl}(L) \setminus \{L\}$。

（1）如果对于任意的 $x, y \in L$，都有 $x \wedge y \in I$ 蕴含 $x \in I$ 或 $y \in I$，则称 I 为 L 的**素理想**（prime ideal）；

（2）如果对于任意的 $x, y \in L$，都有 $x \vee y \in F$ 蕴含 $x \in F$ 或 $y \in F$，则称 F 为 L 的**素滤子**（prime filter）。

定理 1.5.6　设 L 是一个格，$S \subseteq L$，则下列条件等价：

（1）S 是素理想；

（2）S' 是素滤子；

（3）存在格同态 $f: L \longrightarrow \mathbf{2}$ 使得 $S = f^{-1}(0)$；

（4）存在格同态 $f: L \longrightarrow \mathbf{2}$ 使得 $S' = f^{-1}(1)$。

此定理证明较直接，留作习题。

定理 1.5.7　设 L 是一个分配格，$I \in \mathrm{Idl}(L)$, $F \in \mathrm{Fil}(L)$，且 $I \cap F = \varnothing$，则存在 L 的素理想 P 使得 $I \subseteq P$ 和 $P \cap F = \varnothing$。

证明　设 $\mathcal{S} = \{J \in \mathrm{Idl}(L) \mid I \subseteq J, J \cap F = \varnothing\}$，则 $\mathcal{S}$ 在集合的包含序下是一个非空偏序集，显然 $\mathcal{S}$ 中的非空链都有上确界（对理想构成的链作通常的并即可），从而由 Zorn 引理知 $\mathcal{S}$ 有极大元 P，下面只需证 P 是一个素理想。

如果 P 不是素理想，则存在 $a \notin P, b \notin P$ 使得 $a \wedge b \in P$。令 $I_1 = P \vee \downarrow a$, $I_2 = P \vee \downarrow b$，从而 $P \subsetneq I_1$, $P \subsetneq I_2$。由 P 的极大性有，$I_1 \cap F \neq \varnothing$, $I_2 \cap F \neq \varnothing$。则存在 $y_1, y_2 \in F$ 使得 $y_1 \in I_1$, $y_2 \in I_2$。对于 y_1, y_2，存在 $x_1, x_2 \in P$ 使得 $y_1 \leqslant x_1 \vee a$, $y_2 \leqslant x_2 \vee b$。令 $x = x_1 \vee x_2$, $y = y_1 \wedge y_2$，则 $x \in P$, $y \in F$ 且

$y \leqslant (x_1 \vee a) \wedge (x_2 \vee b) \leqslant (x \vee a) \wedge (x \vee b) = x \vee (a \wedge b)$。由 $x, a \wedge b \in P$ 得 $y \in P$，这与 $P \cap F = \varnothing$ 矛盾。□

定义 1.5.3 设 P 是一个偏序集，$\mathrm{Idl}(L) \backslash \{L\}$ 中的极大元称为 P 的**极大理想**（maximal ideal），$\mathrm{Fil}(L) \backslash \{L\}$ 中的极大元称为 P 的**极大滤子**（maximal filter）。

请注意，素理想、素滤子、极大理想和极大滤子都首先是真子集。

定理 1.5.8 设 L 是一个格，则

（1）若 L 是分配格，则极大理想都是素理想，极大滤子都是素滤子；

（2）若 L 是有补格，则素理想都是极大理想，素滤子都是极大滤子；

（3）若 L 是 Boole 代数，则极大理想等同于素理想，极大滤子等同于素滤子。

证明 这里我们只对理想的情形加以证明。

（1）设 I 是一个极大理想，$x \wedge y \in I$。如果 $x \notin I$，则由 I 的极大性，$y \in I \vee \downarrow x$，从而存在 $z \in I$ 使得 $y \leqslant x \vee z$，则 $y = y \wedge (x \vee z) = (x \wedge y) \vee (z \wedge y) \in I$（注意 $x \wedge y \in I$，且 $z \in I$ 蕴含 $z \wedge y \in I$）。因此，I 是素理想。

（2）设 I 是一个素理想，$I \subseteq J \in \mathrm{Idl}(L)$。如果 $I \neq J$，则存在 $x \in J \backslash I$。由于 $x \wedge x' = 0 \in I$，且由 I 是素理想和 $x \notin I$ 知，$x' \in I \subseteq J$，从而 $1 = x \vee x' \in J$，即 $J = L$。因此 I 是极大理想。

（3）是（1）和（2）的推论。□

1.6 格中的特殊元素

定义 1.6.1 设 L 是一个格，$a \in L$ 但不是最大元，$b \in L$ 但不是最小元[①]。

（1）若对于任意的 $x, y \in L$，$x \wedge y \leqslant a$ 蕴含 $x \leqslant a$ 或 $y \leqslant a$，则称 a 为 L 的**交素元**（meet-prime element）；

（2）若对于任意的 $x, y \in L$，$x \wedge y = a$ 蕴含 $x = a$ 或 $y = a$，则称 a 为 L 的**交既约元**（meet-irreducible element）；

（3）若对于任意的 $x, y \in L$，$b \leqslant x \vee y$ 蕴含 $b \leqslant x$ 或 $b \leqslant y$，则称 b 为 L 的**并素元**（join-prime element）；

（4）若对于任意的 $x, y \in L$，$b = x \vee y$ 蕴含 $b = x$ 或 $b = y$，则称 b 为 L 的**并既约元**（join-irreducible element）。

用 $M(L)$ 表示 L 的交素元之集，$J(L)$ 表示 L 的并素元之集。有些文献中并不要求交素元或交既约元不是最大元，也不要求并素元或并既约元不是最小元；

---

① 注意，这里没有假设 L 是有界格。

并且将交素元称为**素元**（prime element），并素元称为**余素元**（coprime element）。这里我们之所以采用交素元和并素元的名称，是因为它们不应该有主次顺序；另外，从定义中就排除了它们是最大元或最小元的可能性，因为它们在格论中最重要的作用是作为全集的生成子集，而最大元和最小元本身可由空子集分别取交和取并直接得到。

定理 1.6.1 设 L 是一个格，则

（1）交素元必是交既约元，并素元必是并既约元；

（2）若 L 是分配格，则交素元等同于交既约元，并素元等同于并既约元。

证明 这里我们只证明交素元的情形。

（1）设 x 是一个交素元且 $x = a \wedge b$，则 $a \wedge b \leqslant x$，从而 $a \leqslant x$ 或 $b \leqslant x$。又显然有 $x \leqslant a$, $x \leqslant b$，故 $x = a$ 或 $x = b$。因此，x 是一个交既约元。

（2）设 x 是一个交既约元且 $a \wedge b \leqslant x$，则 $x = x \vee (a \wedge b) = (x \vee a) \wedge (x \vee b)$，于是 $x = x \vee a$ 或 $x = x \vee b$，即 $a \leqslant x$ 或 $b \leqslant x$。因此，x 是一个交素元。□

定理 1.6.2 设 L 是一个格，$I, F \subseteq L$，则

（1）I 是 $\mathrm{Idl}(L)$ 的交素元当且仅当 I 是素理想；

（2）F 是 $\mathrm{Fil}(L)$ 的交素元当且仅当 F 是素滤子。

证明 （2）是（1）的对偶结论，我们这里只证明（1）。设 I 是 $\mathrm{Idl}(L)$ 中的交素元但不是素理想，则存在 $x \wedge y \in I$ 但 $x, y \notin I$，则 $\downarrow x \nsubseteq I$, $\downarrow y \nsubseteq I$，从而 $\downarrow(x \wedge y) = \downarrow x \wedge \downarrow y \nsubseteq I$，这与 $x \wedge y \in I$ 相矛盾。反过来，设 I 是一个素理想但不是 $\mathrm{Idl}(L)$ 的交素元，则存在 $J_1, J_2 \in \mathrm{Idl}(L)$ 使得 $J_1 \cap J_2 \subseteq I$，但 $J_1 \nsubseteq I$, $J_2 \nsubseteq I$，于是存在 $x \in J_1 \backslash I$, $y \in J_2 \backslash I$。由 I 是素理想知 $x \wedge y \notin I$，然而 $x \wedge y \in J_1 \cap J_2 \subseteq I$，这是一个矛盾。□

定理 1.6.3 设 L 是一个格，$x \in L$，则

（1）x 是交素元当且仅当主理想 $\downarrow x$ 是素理想；

（2）x 是并素元当且仅当主滤子 $\uparrow x$ 是素滤子。

定理 1.6.4 有限格 L 中交素元、并素元与从 L 到 $\mathbf{2}$ 的保界格同态之间一一对应。

证明 设从 L 到 $\mathbf{2}$ 的保界格同态全体为 $H(L)$，则

$$M(L) = J(L^{op}), \ J(L) = M(L^{op}), \ H(L) = H(L^{op}).$$

如果 $J(L) \approx H(L)$ 对任意的有限格都成立，则由对偶原理有

$$M(L) = J(L^{op}) \approx H(L^{op}) = H(L) \approx J(L).$$

下证 $J(L) \approx H(L)$。

定义 $f: J(L) \longrightarrow H(L)$ 和 $g: H(L) \longrightarrow J(L)$ 分别为

$$f(a)(x) = \begin{cases} 1, & a \leqslant x \\ 0, & a \not\leqslant x \end{cases}, \ (\forall a \in J(L), \ \forall x \in L),$$

$$g(p) = \bigwedge \{x \in L \mid p(x) = 1\} \ (\forall p \in H(L))。$$

第一步: f 是一个定义好的映射。设 $a \in J(L)$, $x, y \in L$, 则

$$\begin{aligned}
f(a)(x \vee y) = 0 &\Longleftrightarrow a \not\leqslant x \vee y \\
&\Longleftrightarrow a \not\leqslant x, \ a \not\leqslant y \\
&\Longleftrightarrow f(a)(x) = f(a)(y) = 0 \\
&\Longleftrightarrow f(a)(x) \vee f(a)(y) = 0,
\end{aligned}$$

故 $f(a)(x \vee y) = f(a)(x) \vee f(a)(y)$。

又 $\begin{aligned}[t]
f(a)(x \wedge y) = 1 &\Longleftrightarrow a \leqslant x \wedge y \\
&\Longleftrightarrow a \leqslant x, \ a \leqslant y \\
&\Longleftrightarrow f(a)(x) = f(a)(y) = 1 \\
&\Longleftrightarrow f(a)(x) \wedge f(a)(y) = 1,
\end{aligned}$

故 $f(a)(x \wedge y) = f(a)(x) \wedge f(a)(y)$。

由 $a \neq 0$ 显然有 $f(a)(0) = 0$, $f(a)(1) = 1$。故 $f(a) \in H(L)$。

第二步: g 是一个定义好的映射。设 $p \in H(L)$, $x, y \in L$。如果 $g(p) \leqslant x \vee y$, 那么

$$p(x) \vee p(y) = p(x \vee y) \geqslant p(g(p)) = p(\bigwedge \{x \in L \mid p(x) = 1\}) = 1,$$

从而 $p(x) = 1$ 或 $p(y) = 1$, 进而 $g(p) \leqslant x$ 或 $g(p) \leqslant y$。而 $g(p) \neq 0$ 是显然的, 故 $g(p)$ 是一个并素元。

第三步: $f \circ g = \mathrm{id}_{H(L)}$, $g \circ f = \mathrm{id}_{J(L)}$。设 $a \in J(L)$, 则

$$(g \circ f)(a) = \bigwedge \{x \in L \mid f(a)(x) = 1\} = \bigwedge \{x \in L \mid a \leqslant x\} = a。$$

设 $p \in H(L)$, 对于任意的 $x \in L$, 则

$$(f \circ g)(p)(x) = 1 \Longleftrightarrow g(p) \leqslant x \Longleftrightarrow p(x) = 1,$$

故 $(f \circ g)(p) = p$。

因此, 映射 f, g 定义了 $H(L)$ 和 $J(L)$ 之间的一一对应。 □

定理 1.6.5　有限格中任意元素既可以表示为若干并既约元的并，又可以表示为若干交既约元的交。

证明　这里我们只证明并既约元的情形。设 L 是一个有限格，$a \in L$。如果 $a = 0$，则可将 a 视为零个并既约元的并，下设 $a \neq 0$。如果 a 本身是并既约元，则讨论结束；如果 a 不是并既约元，则存在 x, y 使得 $a = x \vee y$ 且 $x < a$，$y < a$。对 x, y 按是否是并既约元继续进行讨论，如果是则讨论结束，如果不是则继续分解。由于 L 是有限格，以上讨论在有限步后终止。因此，a 可以表示为若干并既约元的并。□

习题 1

1. 找出所有 4 元偏序集和 5 元格。

2. 设 $(P, \leqslant_P)$，$(Q, \leqslant_Q)$ 是两个偏序集，在笛卡儿积 $P \times Q$ 上定义二元关系如下：

$$(x_1, y_1) \leqslant (x_2, y_2) \Longleftrightarrow x_1 <_P x_2 \text{ 或 } x_1 = x_2, y_1 \leqslant_Q y_2。$$

证明: $\leqslant$ 是 $P \times Q$ 上的一个偏序（称为 $P \times Q$ 上**字典序**（lexicographic order）），且 $\leqslant$ 是全序当且仅当 $\leqslant_P, \leqslant_Q$ 都是全序。

3. 设 P 是一个偏序集，$f, g : P \longrightarrow P$ 是闭包算子，证明下列条件等价：

（1）$f \leqslant g$；

（2）$f \circ g = g$；

（3）$g \circ f = g$；

（4）$\mathrm{Im}g \subseteq \mathrm{Im}f$。

4. 设 P 是一个偏序集。如果空子集 $\varnothing$ 有上确界（相应地，下确界），则其上确界是最小元（相应地，下确界是最大元）。

5. 设 L 是一个格，$\{x_{ij} \mid i = 1, 2, \cdots, m; \ j = 1, 2, \cdots, n\} \subseteq L$，证明：

$$\bigwedge_{i=1}^{m} \bigvee_{j=1}^{n} x_{ij} \geqslant \bigvee_{j=1}^{n} \bigwedge_{i=1}^{m} x_{ij}。$$

6. 设 L 是一个格，$d : L \longrightarrow [0, +\infty)$ 是一个映射，满足

$$d(x) + d(y) = d(x \vee y) + d(x \wedge y) \ (\forall x, y \in L)$$

且 $x < y$ 蕴含 $d(x) < d(y)$，则称 (L, d) 为一个**度量格**（metric lattice）。定义 $\rho : L \times L \longrightarrow [0, +\infty)$ 为

$$\rho(x, y) = d(x \vee y) - d(x \wedge y) \ (\forall x, y \in L)。$$

证明：当 (L, d) 是度量格时，ρ 是 L 上的一个标准度量函数，并描述诱导拓扑中的开集和闭集。

7. 在分析学中，设 $A \subseteq \mathbb{R}$, $a \in \mathbb{R}$。如果 $A \subseteq (-\infty, a]$ 且对于任意的 $\varepsilon > 0$ 都有 $(a - \varepsilon, +\infty) \cap A \neq \varnothing$，则称 a 为 A 的上确界。试证明：$\mathbb{R}$ 的子集的分析学意义下的上确界与定义 1.2.1 的偏序集意义下的上确界等价。

8. 设 G 是一个群，证明 G 的所有正规子群构成的集族 $\mathrm{NSub}(G)$ 在包含序下都构成完备的模格。

9. 设 V 是一个线性空间，证明 V 的所有子空间构成的集族在包含序下构成完备格。

10. 设 $(X, \mathcal{O}(X))$ 是一个拓扑空间，则 $(\mathcal{O}(X), \subseteq)$ 是完备格，写出其交并运算。

11. 设 P 是一个有最大元的偏序集，证明 P 上的所有闭包算子在逐点序下构成完备格。

12. 设 L 是一个完备格，$f : L \longrightarrow L$ 是一个保序映射。证明：$\bigvee\limits_{n \in \mathbb{N}} f^n(0)$ 是 f 的最小不动点。

13. 证明 $(\mathbb{N}, |)$ 是一个分配格。

14. 设 L 是一个格，证明：L 是分配格当且仅当 $\mathrm{Idl}(L)$ 是分配格。

15. 如果 L, M 是分配格，则 $L \times M$ 也是。

16. 设 L 是一个格，则 L 是分配格当且仅当

$$(x \wedge y) \vee (y \wedge z) \vee (z \wedge x) = (x \vee y) \wedge (y \vee z) \wedge (z \vee x) \ (\forall x, y, z \in L)。$$

17. 设 L 是一个有最小元的交半格，证明：L 是 Boole 代数当且仅当对任意的 $x \in L$，存在 $x' \in L$ 使得

$$x \leqslant y \iff x \wedge y' = 0。$$

18. 证明定理 1.5.6。

19. 证明：格 L 的非空子集 I 是理想当且仅当对于任意的 $a, b \in L$，有

$$a \vee b \in I \iff a, b \in I。$$

20. 设 $\{I_k \mid k \in K\}$ 是偏序集 P 的一族理想，若它在包含序下构成定向集，则 $\bigvee\limits_k I_k = \bigcup\limits_k I_k$。

21. 设 X 是一个拓扑空间，Y 是 X 的一个子空间，则 $\leqslant_{O(Y)} = \leqslant_{O(X)}|_Y$。

22. 设 L, M 是两个偏序集，$f: L \longrightarrow M$ 是序同构。证明: 当 L, M 都是格时，f 是格同构；当 L, M 都是完备格时，f 是完备格同构。

23. 设 L 是一个 Boole 代数，I 是 L 的一个理想。证明: I 是极大理想当且仅当对于任意的 $x \in L$ 都有 $x \in I$ 或 $x' \in I$。

第 2 章
CHAPTER 2

Galois伴随和Galois连接

本章标题中的两个名词在许多文献中存在着大量的混用现象,现在我们从历史发展的角度阐述它们的异同点。特别指出,Galois 伴随的英文是 Galois correspondence 或者 Galois adjunction,而 Galois 连接(也称为 Galois 联络)的英文则是 Galois connection,二者都是指两个偏序集之间满足一定条件的映射对。

Galois 连接是一种逆序的映射对,这一点毋庸置疑,其历史渊源可以追溯到法国数学家 E. Galois 开创的 Galois 理论。其偏序集框架下的 Galois 连接是由 O. Ore 在 1944 年提出的[55]。而 Galois 伴随则是一种保序的映射对,由 J. Schmidt 在 1953 年提出[71],后来被 D.M. Kan 推广到了范畴论的框架下[41]。Galois 伴随和 Galois 连接都可以看作互逆映射对的一种泛化或推广,两个映射之间的协调性使我们在处理一些问题时几乎可以游刃有余地对它们进行相互切换,最终得到想要的结果。

本章介绍 Galois 伴随和 Galois 连接,探讨二者与闭包算子、内部算子之间的关系,学习形式概念分析的初步理论知识,讲述偏序集的 Dedekind-MacNeille 完备化。

2.1 Galois 伴随

虽然 Galois 连接出现得比 Galois 伴随要早一些,然而从格论的角度来看,Galois 伴随给人以更自然和更实用的感觉,因此我们先在本节介绍 Galois 伴随及其相关结果。

定义 2.1.1 如图 2.1 所示,设 $f: P \longrightarrow Q$ 和 $g: Q \longrightarrow P$ 是偏序集之间的两个保序映射,如果对于任意的 $a \in P$, $b \in Q$ 都有

$$f(a) \leqslant b \Longleftrightarrow a \leqslant g(b),$$

则称序对 (f, g) 为从 P 到 Q 的一个 **Galois 伴随**(Galois correspondence 或 Galois adjunction),记作

$$f \dashv g: P \rightharpoonup Q。$$

如果 $P = Q$，则简称 (f, g) 为 P 上的一个 Galois 伴随。

注意这里的 f 和 g 是有位置差异的，f 位于不等号的左侧，而 g 位于右侧。一般情况下，称 f 为 (g 的) **左伴随**（left adjoint），称 g 为 (f 的) **右伴随**（right adjoint）；有些文献中也将 f, g 分别称为**下伴随**（lower adjoint）和**上伴随**（upper adjoint）。

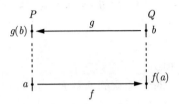

图 2.1　Galois 伴随示意图

例 2.1.1　（1）设 $R \subseteq X \times Y$ 是一个二元关系。分别定义 $R^{\rightarrow} : \mathcal{P}(X) \longrightarrow \mathcal{P}(Y)$ 和 $R^{\leftarrow} : \mathcal{P}(Y) \longrightarrow \mathcal{P}(X)$ 为

$$R^{\rightarrow}(A) = \{y \in Y \mid \exists x \in A,\ (x, y) \in R\},$$

$$R^{\leftarrow}(B) = \{x \in X \mid (x, y) \in R \Rightarrow y \in B\},$$

则 $R^{\rightarrow} \dashv R^{\leftarrow} : \mathcal{P}(X) \rightharpoonup \mathcal{P}(Y)$。

（2）设 $R \subseteq X \times Y$ 是一个二元关系。分别定义 $^{\rightarrow}R : \mathcal{P}(X) \longrightarrow \mathcal{P}(Y)$ 和 $^{\leftarrow}R : \mathcal{P}(Y) \longrightarrow \mathcal{P}(X)$ 为

$$^{\rightarrow}R(A) = \{y \in Y \mid (x, y) \in R \Rightarrow x \in A\},$$

$$^{\leftarrow}R(B) = \{x \in X \mid \exists y \in B,\ (x, y) \in R\},$$

则 $^{\leftarrow}R \dashv {}^{\rightarrow}R : \mathcal{P}(Y) \rightharpoonup \mathcal{P}(X)$。

（3）设 $f : X \longrightarrow Y$ 是一个映射。将 f 视为二元关系 $\{(x, f(x)) \mid x \in X\}$，由 (1) 知，$f^{\rightarrow} \dashv f^{\leftarrow} : \mathcal{P}(X) \rightharpoonup \mathcal{P}(Y)$，其中

$$f^{\rightarrow}(A) = \{f(x) \mid x \in A\},$$

$$f^{\leftarrow}(B) = \{x \in X \mid f(x) \in B\}。$$

例 2.1.1（3）中的 $f^{\rightarrow}$ 和 $f^{\leftarrow}$ 分别是集合论中通常意义下的映射 f 本身及其逆映射 f^{-1}。正如大家所见，f 和 $f^{\rightarrow}$ 其实是两个不同的映射，而逆映射 f^{-1} 实

际上也不一定是 f 的逆；它们的另一个差异在于，$f^{-1}:Y \longrightarrow X$ 不一定是映射，但 $f^{\leftarrow}:\mathcal{P}(Y) \longrightarrow \mathcal{P}(X)$ 一定是映射。因此严格来说，应该使用不同的符号表示幂集之间的映射，但为了简洁和习惯，下文中仍将 $f^{\rightarrow}$，$f^{\leftarrow}$ 分别记为 f，f^{-1}。

Galois 伴随除了用"当且仅当"的方式定义外，还可以利用映射的复合和偏序关系进行刻画，这种方式可以看作 Galois 伴随的第二种定义。

定理 2.1.1 设 $f:P \longrightarrow Q$ 和 $g:Q \longrightarrow P$ 是偏序集之间的两个保序映射，则下列条件等价：

(1) $f \dashv g:P \rightharpoonup Q$；

(2) $\mathrm{id}_P \leqslant gf$，$fg \leqslant \mathrm{id}_Q$。

证明 (1) $\Longrightarrow$ (2)：对于任意的 $x \in P$，由 $f(x) \leqslant f(x)$ 得 $x \leqslant gf(x)$；对于任意的 $y \in Q$，由 $g(y) \leqslant g(y)$ 得 $fg(y) \leqslant y$。因此，$\mathrm{id}_P \leqslant gf$，$fg \leqslant \mathrm{id}_Q$。

(2) $\Longrightarrow$ (1)：对于任意的 $x \in P$，$y \in Q$，若 $f(x) \leqslant y$，则 $x \leqslant gf(x) \leqslant g(y)$；反之，若 $x \leqslant g(y)$，则 $f(x) \leqslant fg(y) \leqslant y$。因此，$f \dashv g:P \rightharpoonup Q$。$\square$

由定理 2.1.1 易得如下结论：

定理 2.1.2 设 $f \dashv g:P \rightharpoonup Q$，则

(1) $fgf = f$，$gfg = g$；

(2) $gf:P \longrightarrow P$ 是闭包算子，$fg:Q \longrightarrow Q$ 是内部算子。

虽然 Galois 伴随中的两个偏序集不一定序同构，但是我们可以用缩小定义域和值域的方式得到一组序同构的偏序集。

定理 2.1.3 如果 $f \dashv g:P \rightharpoonup Q$，则 $f(P) \cong g(Q)$。

证明 将映射 f,g 分别看成 $f:g(Q) \longrightarrow f(P)$ 和 $g:f(P) \longrightarrow g(Q)$。由定理 2.1.2 (1) 知，这两个映射构成互逆的序同构。$\square$

从定义 2.1.1 和定理 2.1.1 可以看出，Galois 伴随中的两个映射之间具有良好的协调关系，以至于它们可以相互唯一确定。

定理 2.1.4 设 $f:P \longrightarrow Q$ 和 $g:Q \longrightarrow P$ 是偏序集之间的两个保序映射，则下列条件等价：

(1) $f \dashv g:P \rightharpoonup Q$；

(2) $\forall a \in P$，$f(a) = \mathrm{Min}(g^{-1}(\uparrow a))$；

(3) $\forall b \in Q$，$g(b) = \mathrm{Max}(f^{-1}(\downarrow b))$。

证明 (1) $\Longrightarrow$ (2)：对于任意的 $a \in P$，由于 $a \leqslant g(f(a))$，有 $f(a) \in g^{-1}(\uparrow a)$；任取 $y \in g^{-1}(\uparrow a)$，有 $a \leqslant g(y)$，从而 $f(a) \leqslant y$。这说明 $f(a) = \mathrm{Min}(g^{-1}(\uparrow a))$。

(2) $\Longrightarrow$ (1)：对于任意的 $a \in P$，$b \in Q$，如果 $f(a) \leqslant b$，则由 $f(a) = \mathrm{Min}(g^{-1}(\uparrow a))$ 和 g 的保序性知，$a \leqslant gf(a) \leqslant g(b)$；反过来，如果 $a \leqslant g(b)$，那么

$b \in g^{-1}(\uparrow a)$, 从而 $f(a) \leqslant b$。因此, $f \dashv g : P \rightharpoonup Q$。

类似可证,(1) 等价于 (3)。□

定义 2.1.2　设 $h : P \longrightarrow Q$ 是偏序集之间的一个映射。

(1) 若主理想的原像是主理想, 则称 h 为**剩余映射**（residuated mapping）;

(2) 若主滤子的原像是主滤子, 则称 h 为**残余映射**（residual mapping）。

定理 2.1.5　设 $h : P \longrightarrow Q$ 是偏序集之间的一个保序映射, 则

(1) h 有右伴随当且仅当 h 是一个剩余映射;

(2) h 有左伴随当且仅当 h 是一个残余映射。

证明　(2) 是 (1) 的对偶结论, 这里只证明 (1)。

必要性: 设 h 有右伴随, 则对于任意的 $b \in Q$, 由定理 2.1.4 (3) 知, $h^{-1}(\downarrow b)$ 有最大元; 又由 h 的保序性易知 $h^{-1}(\downarrow b)$ 是一个下集, 从而它是一个主理想。

充分性: 对于任意的 $b \in Q$, 由于 $h^{-1}(\downarrow b)$ 是一个主理想, 设其最大元为 $g(b)$, 即 $g(b) = \mathrm{Max}(h^{-1}(\downarrow b))$, 得到映射 $g : Q \longrightarrow P$。由 h 的保序性, 易证 g 也是保序的, 再由定理 2.1.4 (3) 可知, g 是 h 的右伴随。□

在集合论中我们熟知, 对于映射 $f : X \longrightarrow Y$, 相应的 $f : \mathcal{P}(X) \longrightarrow \mathcal{P}(Y)$ 保并, $f^{-1} : \mathcal{P}(Y) \longrightarrow \mathcal{P}(X)$ 既保并又保交。实际上, 映射对的保并性或保交性是 Galois 伴随的一种刻画。

定理 2.1.6　在 Galois 伴随中, 左伴随保任意存在并, 右伴随保任意存在交。

证明　设 (f, g) 是从偏序集 P 到偏序集 Q 的一个 Galois 伴随。设 $A \subseteq P$, 且 $\bigvee A$ 存在。如果 $A = \varnothing$ 且 P 有最小元 0_P, 则对于任意的 $y \in Q$, 由 $0_P \leqslant g(y)$ 知 $f(0_P) \leqslant y$。由 y 的任意性得, $f(0_P)$ 是 Q 的最小元 0_Q, 则有 $f(\bigvee \varnothing) = f(0_P) = 0_Q = \bigvee f(\varnothing)$。如果 $A \neq \varnothing$, 令 $b = \bigvee A$, 需证 $f(b) = \bigvee \{f(a) \mid a \in A\}$。一方面, 由 f 的保序性知, $f(b)$ 是 $\{f(a) \mid a \in A\}$ 的一个上界; 另一方面, 设 c 也是 $\{f(a) \mid a \in A\}$ 的一个上界, 则对于任意的 $a \in A$ 都有 $f(a) \leqslant c$, 从而 $a \leqslant g(c)$, 进而 $b = \bigvee A \leqslant g(c)$, 故 $f(b) \leqslant c$。这说明 $f(b)$ 是 $\{f(a) \mid a \in A\}$ 的最小上界。因此, $f(\bigvee A) = \bigvee f(A)$。

类似方法可证, g 保任意存在交。□

定理 2.1.7　设 P, Q 是两个完备格。

(1) 保序映射 $f : P \longrightarrow Q$ 保任意并当且仅当 f 有右伴随 $g : Q \longrightarrow P$, 且 $g(y) = \bigvee \{x \in P \mid f(x) \leqslant y\}$;

(2) 保序映射 $g : Q \longrightarrow P$ 保任意交当且仅当 g 有左伴随 $f : P \longrightarrow Q$, 且 $f(x) = \bigwedge \{y \in Q \mid x \leqslant g(y)\}$。

证明　(2) 是 (1) 的对偶结论, 这里只证明 (1)。

充分性：由定理 2.1.6 知，充分性成立。

必要性：定义 $g : Q \longrightarrow P$ 为 $g(y) = \bigvee \{x \in P \mid f(x) \leqslant y\}$ $(\forall y \in Q)$。对于任意的 $x \in P$，$y \in Q$，若 $f(x) \leqslant y$，则由 $g(y)$ 的定义知，$x \leqslant g(y)$；反之，若 $x \leqslant g(y)$，则

$$f(x) \leqslant fg(y) = f(\bigvee \{x \in P \mid f(x) \leqslant y\}) = \bigvee \{f(x) \mid x \in P, \ f(x) \leqslant y\} \leqslant y.$$

因此，$f \dashv g : P \rightharpoonup Q$。□

Galois 伴随在单射性和满射性方面也存在对偶性。

定理 2.1.8　设 $f \dashv g : P \rightharpoonup Q$，则下列条件等价：

（1）f 是单射；

（2）$gf = \mathrm{id}_P$；

（3）g 是满射。

证明　（1）$\Longrightarrow$（2）：由定理 2.1.2（1）和 f 是单射易证，$gf = \mathrm{id}_P$。

（2）$\Longrightarrow$（3）：设 $x \in P$，令 $y = f(x)$，则 $x = \mathrm{id}_P(x) = gf(x) = g(y)$，故 g 是满射。

（3）$\Longrightarrow$（1）：设 $x_1, x_2 \in P$ 且 $f(x_1) = f(x_2)$。由于 g 是满射，存在 $y_1, y_2 \in Q$ 使得 $x_1 = g(y_1)$，$x_2 = g(y_2)$，则 $x_1 = g(y_1) = gfg(y_1) = gf(x_1) = gf(x_2) = gfg(y_2) = g(y_2) = x_2$。因此，$f$ 是单射。□

定理 2.1.9　设 $f \dashv g : P \rightharpoonup Q$，则下列条件等价：

（1）f 是满射；

（2）$fg = \mathrm{id}_Q$；

（3）g 是单射。

证明　如果 $f \dashv g : P \rightharpoonup Q$，那么 $g \dashv f : Q^{op} \rightharpoonup P^{op}$。应用定理 2.1.8 可证条件（1）$\sim$ 条件（3）等价，注意条件（1）$\sim$ 条件（3）在形式上与偏序无关。□

推论 2.1.1　在 Galois 伴随中，一个映射是单射等价于另一个映射是满射。

2.2　内部算子、闭包算子与 Galois 伴随的关系

定理 2.1.2 指出，从 Galois 伴随出发可以得到一个闭包算子和一个内部算子。实际上，每个闭包算子或内部算子也都可以分解成某个 Galois 伴随。

设 $h : X \longrightarrow Y$ 是一个映射，规定它的**余限制**（co-restriction）为映射 $h^{\circ} : X \longrightarrow h(X)$ $(a \mapsto h(a))$（见附录），及其含入映射 $h_{\circ} : h(X) \longrightarrow Y$，则 h 可以分解为 $h = h_{\circ} h^{\circ}$。

定理 2.2.1　设 P 是一个偏序集，$h : P \longrightarrow P$ 是一个保序映射，则下列两组条件分别等价：

(1) h 是闭包算子；

(2) $h^{\circ} \dashv h_{\circ} : P \rightharpoonup h(P)$；

(3) 存在从 P 到某个偏序集 S 的 Galois 伴随 (f, g) 使得 $h = gf$。

$(1')$ h 是内部算子；

$(2')$ $h_{\circ} \dashv h^{\circ} : h(P) \rightharpoonup P$；

$(3')$ 存在从某个偏序集 T 到 P 的 Galois 伴随 (f, g) 使得 $h = fg$。

定理 2.2.1 的证明比较直接，这里不再给出。

下面我们将研究，一个偏序集上的两个自映射构成 Galois 伴随和它们是内部（闭包）算子之间是否也有紧密的联系，相关内容主要来自文献 [51]。

首先来看，当一个映射是内部算子、另一个映射是闭包算子时，它们构成 Galois 伴随的充要条件。

定理 2.2.2　设 f, g 分别是偏序集 P 上的闭包算子和内部算子，则 $f \dashv g : \operatorname{Im} g \rightharpoonup \operatorname{Im} f$。

证明　由于 f, g 都是幂等映射，有 $\operatorname{Im} f = \{f(a) \mid a \in P\}$，$\operatorname{Im} g = \{g(a) \mid a \in P\}$。现将映射 f, g 分别看成 $f : \operatorname{Im} g \longrightarrow \operatorname{Im} f \ (a \longmapsto f(a))$ 和 $g : \operatorname{Im} f \longrightarrow \operatorname{Im} g \ (b \longmapsto g(b))$。对于任意的 $a \in \operatorname{Im} g$ 和 $b \in \operatorname{Im} f$，如果 $f(a) \leqslant b$，则 $a \leqslant b$，从而 $a = g(a) \leqslant g(b)$；反之，如果 $a \leqslant g(b)$，则 $a \leqslant b$，从而 $f(a) \leqslant f(b) = b$。因此，$f \dashv g : \operatorname{Im} g \rightharpoonup \operatorname{Im} f$。$\square$

定理 2.2.3　设 P 是一个偏序集，$f : P \longrightarrow P$ 是一个闭包算子，$g : P \longrightarrow P$ 是一个内部算子，则下列两条等价：

(1) $f \dashv g : P \rightharpoonup P$；

(2) $\operatorname{Im} f = \operatorname{Im} g$。

证明　(1) $\Longrightarrow$ (2)：设 $a \in \operatorname{Im} f$，即 $f(a) = a$，则 $a \leqslant gf(a) = g(a)$；由 g 是内部算子知，$g(a) \leqslant a$。故 $g(a) = a$，$a \in \operatorname{Im} g$，这说明 $\operatorname{Im} f \subseteq \operatorname{Im} g$。反过来，设 $a \in \operatorname{Im} g$，即 $g(a) = a$，则 $f(a) = fg(a) \leqslant a$；由 f 是闭包算子知，$a \leqslant f(a)$。故 $f(a) = a$，$a \in \operatorname{Im} f$，这说明 $\operatorname{Im} f \supseteq \operatorname{Im} g$。因此，$\operatorname{Im} f = \operatorname{Im} g$。

(2) $\Longrightarrow$ (1)：任取 $a, b \in P$。若 $f(a) \leqslant b$，由 $f(a) \in \operatorname{Im} f = \operatorname{Im} g$ 得，$a \leqslant f(a) = gf(a) \leqslant g(b)$；反过来，若 $a \leqslant g(b)$，由 $g(b) \in \operatorname{Im} g = \operatorname{Im} f$ 得，$f(a) \leqslant fg(b) = g(b) \leqslant b$。因此，$f \dashv g : P \rightharpoonup P$。$\square$

设 X 是一个集合，$h: X \longrightarrow X$ 是一个自映射，则

$$\equiv_h = \{(a,b) \in X \times X \mid h(a) = h(b)\}$$

是 X 上的一个等价关系。

定理 2.2.4 设 P 是偏序集，$f: P \longrightarrow P$ 是一个内部算子，$g: P \longrightarrow P$ 是一个闭包算子，则下列各条等价：

（1）$f \dashv g : P \rightharpoonup P$；

（2）$\equiv_f = \equiv_g$。

证明 （1）$\Longrightarrow$（2）：只需证 $\equiv_f = \equiv_g$，或者对于任意的 $a, b \in P$，$f(a) \leqslant f(b)$ 等价于 $g(a) \leqslant g(b)$。事实上，如果 $f(a) \leqslant f(b)$，那么 $f(a) \leqslant b$，从而 $a \leqslant g(b)$，进而 $g(a) \leqslant gg(b) = g(b)$；反过来，如果 $g(a) \leqslant g(b)$，那么 $a \leqslant g(b)$，从而 $f(a) \leqslant b$，进而 $f(a) = ff(a) \leqslant f(b)$。

（2）$\Longrightarrow$（1）：设 $a, b \in P$，如果 $f(a) \leqslant b$，令 $f(a) = c$，则 $c \leqslant b$ 且 $f(a) = ff(a) = f(c)$，从而 $(a,c) \in \equiv_f = \equiv_g$，于是 $a \leqslant g(a) = g(c) \leqslant g(b)$。反过来，如果 $a \leqslant g(b)$，令 $g(b) = d$，则 $a \leqslant d$ 且 $g(d) = gg(b) = g(b)$，从而 $(d,b) \in \equiv_g = \equiv_f$，于是 $f(a) \leqslant f(d) = f(b) \leqslant b$。因此，$f \dashv g : P \rightharpoonup P$。 $\square$

接下来，在 Galois 伴随的前提下，我们探讨相关映射是内部（闭包）算子的充要条件。

定理 2.2.5 [71] 设 P 是一个偏序集，$f \dashv g : P \rightharpoonup P$，则下列条件等价：

（1）f 是闭包算子；

（2）g 是内部算子；

（3）$fg = g$；

（4）$gf = f$。

证明 （1）$\Longrightarrow$（2）：对于任意的 $a \in P$，由于 (f, g) 是 Galois 伴随，对 $g(a)$ 应用 f 的增值性得，$g(a) \leqslant fg(a) \leqslant a$，这说明 g 是减值的。对 $ffg(a) = fg(a) \leqslant a$ 使用两次 Galois 伴随的定义得，$g(a) \leqslant gg(a)$，结合 g 的减值性可说明 g 是幂等的。因此，g 是内部算子。

（2）$\Longrightarrow$（3）：对于任意的 $a \in P$，由 g 的幂等性知，$g(a) \leqslant gg(a)$，从而 $fg(a) \leqslant g(a)$；另外 $g(a) = gfg(a) \leqslant fg(a)$。因此 $fg = g$。

（3）$\Longrightarrow$（4）：$gf = (fg)f = f$。

（4）$\Longrightarrow$（1）：对于任意的 $a \in P$，$a \leqslant gf(a) = f(a)$，这说明 f 是增值的。另外，由 $f(a) \leqslant f(a) = gf(a)$ 得 $ff(a) \leqslant f(a)$，结合 f 的增值性可说明 f 是幂等的。因此，f 是闭包算子。 $\square$

定理 2.2.6　设 P 是偏序集，$f \dashv g : P \rightharpoonup P$，则下列条件等价：

（1）f 是内部算子；

（2）g 是闭包算子；

（3）$fg = f$；

（4）$gf = g$。

证明　（1）$\Longrightarrow$（2）：对于任意的 $a \in P$，由 $f(a) \leqslant a$ 得 $a \leqslant g(a)$，这说明 g 是增值的。另外，对 $gg(a) \leqslant gg(a)$ 使用两次 Galois 伴随的定义得，$fgg(a) = ffgg(a) \leqslant a$。再次利用 Galois 伴随的定义得，$gg(a) \leqslant g(a)$，结合 g 的增值性可说明 g 是幂等的。因此，g 是闭包算子。

（2）$\Longrightarrow$（3）：对于任意的 $a \in P$，由 $a \leqslant g(a)$ 知，$f(a) \leqslant fg(a)$；另外，由 $a \leqslant gf(a)$ 得，$g(a) \leqslant ggf(a) = gf(a)$，从而 $fg(a) \leqslant f(a)$。因此，$fg = f$。

（3）$\Longrightarrow$（4）：$gf = g(fg) = g$。

（4）$\Longrightarrow$（1）：对于任意的 $a \in P$，由 $a \leqslant gf(a) = g(a)$ 知，$f(a) \leqslant a$，这说明 f 是减值的。又由 $a \leqslant gf(a) = (gf)f(a) = gff(a)$ 得，$f(a) \leqslant ff(a)$，结合 f 的减值性可说明 f 是幂等的。因此，f 是内部算子。□

推论 2.2.1　在偏序集上的 Galois 伴随中，一个映射是内部算子等价于另一个映射是闭包算子。

2.3　Galois 连接

Galois 连接是一种逆序的映射对，故常被称为逆序 Galois 伴随或对偶 Galois 伴随。

定义 2.3.1　如图 2.2 所示，设 $f : P \longrightarrow Q$ 和 $g : Q \longrightarrow P$ 是偏序集之间的两个逆序映射，如果对于任意的 $a \in P, b \in Q$ 都有

$$b \leqslant f(a) \Longleftrightarrow a \leqslant g(b),$$

则称映射对 (f, g) 为 P 和 Q 之间的一个 **Galois 连接**或 **Galois 联络**（Galois connection），记作

$$(f, g) : P \leftrightsquigarrow Q;$$

称映射 f 和 g 互为**对偶 Galois 映射**（dual Galois mapping）。如果 $P = Q$，简称 (f, g) 为 P 上的一个 Galois 连接。

显然，(f, g) 是 P 和 Q 之间的一个 Galois 连接，当且仅当 (f, g) 是从 P 到 Q^{op} 的 Galois 伴随，当且仅当 (g, f) 是从 Q 到 P^{op} 的 Galois 伴随。另外，从定

义可以看出，除了保序性和逆序性的差异，Galois 连接和 Galois 伴随还有一个区别在于，在表述时 Galois 连接的两个映射没有顺序关系，即 (f,g) 是 P 和 Q 之间的 Galois 连接等价于 (g,f) 是 Q 和 P 的 Galois 连接。

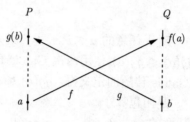

图 2.2　Galois 连接示意图

例 2.3.1　（1）设 $R \subseteq X \times Y$ 是一个二元关系，定义 $R^\uparrow : \mathcal{P}(X) \longrightarrow \mathcal{P}(Y)$ 和 $R^\downarrow : \mathcal{P}(Y) \longrightarrow \mathcal{P}(X)$ 分别为

$$R^\uparrow(A) = \{y \in Y \mid \forall x \in A, \ (x,y) \in R\} = \{y \in Y \mid A \times \{y\} \subseteq R\},$$
$$R^\downarrow(B) = \{x \in X \mid \forall y \in B, \ (x,y) \in R\} = \{x \in X \mid \{x\} \times B \subseteq R\},$$

则 $(R^\uparrow \ R^\downarrow) : \mathcal{P}(X) \longleftrightarrow \mathcal{P}(Y)$。

（2）设 P 是一个偏序集，则 $((\text{-})^u, (\text{-})^l)$ 是 $\mathcal{P}(P)$ 上的 Galois 连接。实际上，将 $\leqslant$ 看成 P 上的一个普通二元关系，则有 $(\text{-})^u = \leqslant^\uparrow$，$(\text{-})^l = \leqslant^\downarrow$。

（3）设 L 是一个完备格，记 $\mathrm{End}O(L)$ 是 L 上的全体保序的自映射之集。设 $S \subseteq L$，定义 $\lambda(S) : L \longrightarrow L$ 为 $\lambda(S)(x) = \bigwedge\{y \in S \mid x \leqslant y\}$，则 λ 是从 $\mathcal{P}(L)$ 到 $\mathrm{End}O(L)$ 的逆序映射；反过来，设 $\gamma \in \mathrm{End}O(L)$，令 $\varrho(\gamma) = \{x \in L \mid \gamma(x) \leqslant x\}$，则 ϱ 是从 $\mathrm{End}O(L)$ 到 $\mathcal{P}(L)$ 的逆序映射。可以验证，映射对 (λ, ϱ) 构成 $\mathcal{P}(L)$ 和 $\mathrm{End}O(L)$ 之间的一个 Galois 连接。

下面我们将 2.1 节中关于 Galois 伴随的有关结论移植到 Galois 连接的内容中。

定理 2.3.1　设 $f : P \longrightarrow Q$ 和 $g : Q \longrightarrow P$ 是偏序集之间的两个逆序映射，则下列条件等价：

（1）$(f,g) : P \longleftrightarrow Q$；

（2）$\mathrm{id}_P \leqslant gf$，$\mathrm{id}_Q \leqslant fg$。

定理 2.3.2　设 P,Q 是偏序集，$(f,g) : P \longleftrightarrow Q$，则

（1）$fgf = f$，$gfg = g$；

（2）$gf : P \longrightarrow P$ 和 $fg : Q \longrightarrow Q$ 都是闭包算子。

定理 2.3.3　设 $h : P \longrightarrow Q$ 是偏序集之间的逆序映射，则下列条件等价：

（1） h 有对偶 Galois 映射；

（2） $\forall b \in Q$，$h^{-1}(\uparrow b)$ 有最大元。

当 P, Q 都是完备格时，上述条件等价于

（3） h 是并-交映射，即 $h(\bigvee S) = \bigwedge h(S)$ $(\forall S \subseteq P)$。

定理 2.3.4 设 P, Q 是偏序集，$(f, g): P \longleftrightarrow Q$，则下列条件等价：

（1） f 是单射；

（2） $gf = \mathrm{id}_P$；

（3） g 是满射。

定理 2.3.5 设 P, Q 是偏序集，$(f, g): P \longleftrightarrow Q$，则下列条件等价：

（1） f 是满射；

（2） $fg = \mathrm{id}_Q$；

（3） g 是单射。

实际上，定理 2.3.5 也可由定理 2.3.4 直接推出，因为 (f, g) 是 P, Q 之间的 Galois 连接等价于 (g, f) 是 Q, P 之间的 Galois 连接[①]。

例 2.3.1（1）表明，每一个二元关系 R 都可以导出一个 Galois 连接 $(R^{\uparrow}, R^{\downarrow})$。实际上，每个 Galois 连接也可以导出一个二元关系，并且它们之间可以相互唯一确定。

设 P, Q 是两个偏序集，令 $\mathrm{Gal}(P, Q)$ 为 P 和 Q 之间的所有 Galois 连接构成的集合，令 $\mathrm{Rel}(P, Q)$ 为从 P 到 Q 的所有二元关系构成的集合。

定理 2.3.6 设 $R \subseteq X \times Y$，则对于任意的 $A \subseteq X$，$B \subseteq Y$，有

$$A \subseteq R^{\downarrow}(B) \Longleftrightarrow A \times B \subseteq R \Longleftrightarrow B \subseteq R^{\uparrow}(A).$$

证明 直接验证，此处略去。 □

定理 2.3.7 设 X 和 Y 是两个集合，则 $\mathrm{Gal}(\mathcal{P}(X), \mathcal{P}(Y))$ 和 $\mathrm{Rel}(X, Y)$ 一一对应。

证明 设 $R \subseteq X \times Y$，则 $(R^{\uparrow}, R^{\downarrow})$ 是 $\mathcal{P}(X)$ 和 $\mathcal{P}(Y)$ 之间的一个 Galois 连接；反过来，设 $(\lambda, \varrho) \in \mathrm{Gal}(\mathcal{P}(X), \mathcal{P}(Y))$，令

$$R_{(\lambda, \varrho)} = \{(x, y) \in X \times Y \mid x \in \varrho(\{y\})\} = \{(x, y) \in X \times Y \mid y \in \lambda(\{x\})\}.$$

对于任意的 $A \subseteq X$，$B \subseteq Y$，有

$$R^{\uparrow}_{(\lambda, \varrho)}(A) = \{y \in Y \mid A \times \{y\} \subseteq R_{(\lambda, \varrho)}\} = \{y \in Y \mid y \in \lambda(A)\} = \lambda(A);$$

---

① 请注意，定理 2.1.9 不能由定理 2.1.8 直接推出，请读者自行检验。

$$R^{\downarrow}_{(\lambda,\varrho)}(B) = \{x \in X \mid \{x\} \times B \subseteq R_{(\lambda,\varrho)}\} = \{x \in X \mid x \in \varrho(B)\} = \varrho(B)。$$

另外有

$$R_{(R^{\uparrow},R^{\downarrow})} = \{(x,y) \in X \times Y \mid x \in R^{\downarrow}(\{y\})\}$$
$$= \{(x,y) \in X \times Y \mid (x,y) \in R\} = R。$$

因此，$\mathrm{Gal}(\mathcal{P}(X),\mathcal{P}(Y))$ 和 $\mathrm{Rel}(X,Y)$ 一一对应。 $\square$

当 P 和 Q 都是完备格时，P 和 Q 之间的 Galois 连接还可以用 Galois 理想来刻画。

定义 2.3.2　完备格 P 和 Q 的一个 **Galois 理想**（Galois ideal）是指一个非空子集 $I \subseteq P \times Q$，它满足

（GI1）I 是 $P \times Q$ 的下集；

（GI2）如果 $\{a\} \times B \subseteq I$，那么 $(a, \bigvee B) \in I$；

　　　　如果 $A \times \{b\} \subseteq I$，那么 $(\bigvee A, b) \in I$。

用 $\mathrm{GIdl}(P,Q)$ 表示所有 P 和 Q 的 Galois 理想构成的集合。显然，$\mathrm{GIdl}(P,Q)$ 有最小元和最大元，分别为 $(\{0_P\} \times Q) \cup (P \times \{0_Q\})$ 和 $P \times Q$。

上述定义方式是由 Picado 在文献 [60] 中给出的，等价于 Shmuely 的原始定义[74]，见下面的结论。

定理 2.3.8　设 P 和 Q 是完备格，对于 $I \subseteq P \times Q$，在（GI1）的前提下，（GI2）等价于

（GI2′）如果 $\{(a_j,b_j) \mid j \in J\} \subseteq I$，那么 $(\bigvee\limits_j a_j, \bigwedge\limits_j b_j), (\bigwedge\limits_j a_j, \bigvee\limits_j b_j) \in I$。

证明　充分性较直接。必要性：在（GI2）中令 $a = b = 1$，$A = B = \varnothing$，此为 $J = \varnothing$ 的情形。设 $J \neq \varnothing$，令 $A = \{a_j \mid j \in J\}$，$B = \{b_j \mid j \in J\}$。对于每个 $a \in A$，由 I 是下集得，$(a_j, \bigwedge B) \in I$。从而 $A \times \{\bigwedge B\} \subseteq I$；由（GI2）得，$(\bigvee A, \bigwedge B) \in I$。同法可得，$(\bigwedge A, \bigvee B) \in I$。 $\square$

由定理 2.3.8 的证明过程可以得到下面的结论。

定理 2.3.9　设 P 和 Q 是完备格，对于 $I \subseteq P \times Q$，在（GI1）的前提下，（GI2）等价于

（GI0）$(1,0), (0,1) \in I$；

（GI2″）如果 $A \times B \subseteq I$ 且 A, B 都非空，那么 $(\bigvee A, \bigwedge B), (\bigwedge A, \bigvee B) \in I$。

在定理 2.3.9 中，（GI2″）中的"A, B 都非空"不可去掉。例如当 $P = Q = [0,1]$ 时，$I = (\{0\} \times [0,1]) \cup ([0,1] \times \{0\})$ 是一个 Galois 理想，但当 $A = \varnothing$，$B = \{1\}$ 时，$(\bigwedge A, \bigvee B) = (1,1) \notin I$。

接下来讨论 Galois 连接和 Galois 理想的一一对应关系。

定理 2.3.10　设 P 和 Q 是完备格，$I \in \mathrm{GIdl}(P, Q)$。定义

$$f_I(a) = \bigvee\{y \in Q \mid (a, y) \in I\},$$

$$g_I(b) = \bigvee\{x \in P \mid (x, b) \in I\},$$

则 $(f_I, g_I) \in \mathrm{Gal}(P, Q)$。

证明　由（GI2）易见，对于任意的 $a \in P, b \in Q$，有 $(a, f_I(a)), (g_I(b), b) \in I$；结合（GI1）和 (f_I, g_I) 的定义，有 $a \leqslant g_I(b)$ 当且仅当 $(a, b) \in I$，当且仅当 $b \leqslant f_I(a)$。因此，$(f_I, g_I) \in \mathrm{Gal}(P, Q)$。□

定理 2.3.11　设 P 和 Q 是完备格，$(f, g) \in \mathrm{Gal}(P, Q)$。定义

$$I_{(f,g)} = \{(a, b) \in P \times Q \mid b \leqslant f(a)\} = \{(a, b) \in P \times Q \mid a \leqslant g(b)\},$$

则 $I_{(f,g)} \in \mathrm{GIdl}(P, Q)$。

证明　由 Galois 连接的定义及映射的逆序性可验证（GI1）。

（GI2）设 $\{a\} \times B \subseteq I_{(f,g)}$（不妨设 $B \neq \varnothing$），则对于任意的 $b \in B$，有 $b \leqslant f(a)$，从而 $\bigvee B \leqslant f(a)$，即 $(a, \bigvee B) \in I_{(f,g)}$。同样方法，如果 $A \times \{b\} \subseteq I_{(f,g)}$，那么 $(\bigvee A, b) \in I_{(f,g)}$。□

定理 2.3.12　对于完备格 P 和 Q，$\mathrm{GIdl}(P, Q)$ 和 $\mathrm{Gal}(P, Q)$ 一一对应。

证明　设 $I \in \mathrm{GIdl}(P, Q)$ 和 $(f, g) \in \mathrm{Gal}(P, Q)$。由定理 2.3.10 的证明过程知，

$$I_{(f_I, g_I)} = \{(a, b) \in P \times Q \mid a \leqslant g_I(b)\} = \{(a, b) \in P \times Q \mid (a, b) \in I\} = I.$$

另外，对于任意的 $(a, b) \in P \times Q$，

$$f_{I_{(f,g)}}(a) = \bigvee\{y \in Q \mid (a, y) \in I_{(f,g)}\} = \bigvee\{y \in Q \mid y \leqslant f(a)\} = f(a),$$

$$g_{I_{(f,g)}}(b) = \bigvee\{x \in P \mid (x, b) \in I_{(f,g)}\} = \bigvee\{x \in P \mid x \leqslant g(b)\} = g(b).$$

因此，$\mathrm{GIdl}(P, Q)$ 和 $\mathrm{Gal}(P, Q)$ 一一对应。□

2.4　形式概念分析的格论基础

在哲学上，一个概念由它上的外延和内涵共同决定。外延是指这个概念所对应的全体对象，而内涵是指这个概念下的全体对象所共有的属性。对于一个概念

而言，要找出它的所有对象和所有属性通常是十分困难的。就此德国数学家 R. Wille 在 1982 年提出了形式概念分析（Formal Concept Analysis），用于概念和知识的挖掘和发现[21,87]。从形式背景中对象与属性之间的二元关系出发，利用外延算子和内涵算子构造的概念格反映了数据集所含的信息，生动简洁地体现了概念之间的层次关系。

一个**形式背景**（formal context）是一个三元组 (X, Y, R)，其中 X 是对象集，其元素称为**对象**（object）；Y 是属性集，其元素称为**属性**（attribute）；$R \subseteq X \times Y$ 是一个从 X 到 Y 的二元关系，如果 $(x, y) \in R$，则称对象 x 具有属性 y。由例 2.3.1（1）知，$(R^\uparrow, R^\downarrow)$ 是 $\mathcal{P}(X)$ 和 $\mathcal{P}(Y)$ 之间的一个 Galois 连接，这两个映射分别称为**内涵算子**（intent operator）和**外延算子**（extent operator）。

如果 $f: P \longrightarrow Q$ 和 $g: Q \longrightarrow P$ 是偏序集之间的两个映射，则称 (f, g) 是 P 和 Q 之间的一个映射对。令

$$\mathrm{Im}(f, g) = \{(a, b) \in P \times Q \mid f(a) = b,\ a = g(b)\},$$

其成员称为 (f, g) 的**不动点对**（fixed point pair）。

定理 2.4.1　设 P, Q 是完备格，$f \dashv g: P \rightharpoonup Q$。在 $\mathrm{Im}(f, g)$ 上定义二元关系 $\sqsubseteq$ 为

$$(a_1, b_1) \sqsubseteq (a_2, b_2) \Longleftrightarrow a_1 \leqslant a_2 (\text{或者等价地}, b_1 \leqslant b_2),$$

则 $(\mathrm{Im}(f, g), \sqsubseteq)$ 是一个完备格，其中对于 $\{(a_j, b_j) \mid j \in J\} \subseteq \mathrm{Im}(f, g)$，有

（1）　$\bigwedge_j (a_j, b_j) = (\bigwedge_j a_j, fg(\bigwedge_j b_j))$；

（2）　$\bigvee_j (a_j, b_j) = (gf(\bigvee_j a_j), \bigvee_j b_j)$。

证明　首先由定理 2.1.2 和定理 2.1.6 可证，$(\bigwedge_j a_j, fg(\bigwedge_j b_j)), (gf(\bigvee_j a_j), \bigvee_j b_j) \in \mathrm{Im}(f, g)$，然后通过第一分量可证明等式（1），通过第二分量可证明等式（2）。　□

定理 2.4.2　设 P, Q 是完备格，$(f, g): P \longleftrightarrow Q$。在 $\mathrm{Im}(f, g)$ 上定义二元关系 $\preceq$ 为

$$(a_1, b_1) \preceq (a_2, b_2) \Longleftrightarrow a_1 \leqslant a_2 (\text{或者等价地}, b_2 \leqslant b_1),$$

则 $(\mathrm{Im}(f, g), \preceq)$ 是一个完备格，其中对于 $\{(a_j, b_j) \mid j \in J\} \subseteq \mathrm{Im}(f, g)$，有

（1）　$\bigwedge_j (a_j, b_j) = (\bigwedge_j a_j, fg(\bigvee_j b_j))$；

（2）　$\bigvee_j (a_j, b_j) = (gf(\bigvee_j a_j), \bigwedge_j b_j)$。

证明　用 Q^{op} 代替 Q，应用定理 2.4.1 即得。□

设 $R \subseteq X \times Y$，由例 2.3.1（1），$(R^{\uparrow}, R^{\downarrow})$ 是 $\mathcal{P}(X)$ 和 $\mathcal{P}(Y)$ 之间的一个 Galois 连接。令

$$\mathfrak{B}(X, Y, R) = \mathrm{Im}(R^{\uparrow}, R^{\downarrow}),$$

得到完备格 $(\mathfrak{B}(X, Y, R), \preceq)$，称为形式背景 (X, Y, R) 的**概念格**（concept lat-tice）[21]。

完备格 $\mathfrak{B}(X, Y, R)$ 中元素 (A, B) 称为形式背景 (X, Y, R) 的一个**概念**（concept），称 A 为 B 的**外延**（extent），B 为 A 的**内涵**（intent）。可以看出，概念是指外延和内涵相互关联、相互协调的子集对。

从形式背景出发，除了可以构造具有外延和内涵思想的概念格之外，还可以构造具有广义粗糙集背景的面向属性的概念格[22] 和面向对象的概念格[98]。

设 $R \subseteq X \times Y$，由例 2.1.1（1），$(R^{\rightarrow}, R^{\leftarrow})$ 是从 $\mathcal{P}(X)$ 到 $\mathcal{P}(Y)$ 的一个 Galois 伴随，令

$$\mathfrak{P}_a(X, Y, R) = \mathrm{Im}(R^{\rightarrow}, R^{\leftarrow}),$$

得到完备格 $(\mathfrak{P}_a(X, Y, R), \sqsubseteq)$，称为形式背景 (X, Y, R) 的**面向属性的概念格**（attribute oriented concept lattice）。

定理 2.4.3　设 $R \subseteq X \times Y$，$A \subseteq X$，$B \subseteq Y$，则

（1）$(R^{\rightarrow}(A))' = (R')^{\uparrow}(A)$；

（2）$(R')^{\leftarrow}(B) = R^{\downarrow}(B')$。

证明　（1）

$$
\begin{aligned}
(R^{\rightarrow}(A))' &= (\{y \in Y \mid \exists x \in A, \ (x, y) \in R\})' \\
&= \{y \in Y \mid \forall x \in A, \ (x, y) \notin R\} \\
&= (R')^{\uparrow}(A)。
\end{aligned}
$$

（2）

$$
\begin{aligned}
(R')^{\leftarrow}(B) &= \{x \in X \mid (x, y) \in R' \Rightarrow y \in B\} \\
&= \{x \in X \mid \forall y \in B', \ (x, y) \in R\} \\
&= R^{\downarrow}(B')。\quad \square
\end{aligned}
$$

定理 2.4.4　设 $R \subseteq X \times Y$，$A \subseteq X$，$B \subseteq Y$，则

$$(A, B) \in \mathfrak{B}(X, Y, R) \text{当且仅当} (A, B') \in \mathfrak{P}_a(X, Y, R')。$$

换言之，$\mathfrak{B}(X, Y, R)$ 与 $\mathfrak{P}_a(X, Y, R')$ 一一对应。

证明 由定理 2.4.3，得

$$
\begin{aligned}
(A,B) \in \mathfrak{B}(X,Y,R) &\Longleftrightarrow R^{\uparrow}(A) = B, \ R^{\downarrow}(B) = A \\
&\Longleftrightarrow ((R')^{\rightarrow}(A))' = B, \ (R')^{\leftarrow}(B') = A \\
&\Longleftrightarrow (R')^{\rightarrow}(A) = B', \ (R')^{\leftarrow}(B') = A \\
&\Longleftrightarrow (A,B') \in \mathfrak{P}_a(X,Y,R')。 \quad \square
\end{aligned}
$$

设 $R \subseteq X \times Y$，由例 2.1.1（2），$({}^{\leftarrow}R, {}^{\rightarrow}R)$ 是从 $\mathcal{P}(Y)$ 到 $\mathcal{P}(X)$ 的一个 Galois 伴随，令

$$
\mathfrak{P}_o(X,Y,R) = \mathrm{Im}({}^{\leftarrow}R, {}^{\rightarrow}R),
$$

得到完备格 $(\mathfrak{P}_o(X,Y,S), \sqsubseteq)$，称为形式背景 (X,Y,R) 的**面向对象的概念格**（object oriented concept lattice）。

定理 2.4.5 设 $R \subseteq X \times Y$，$A \subseteq X$，$B \subseteq Y$，则

（1） $({}^{\leftarrow}R(B))' = (R')^{\downarrow}(B)$；

（2） ${}^{\rightarrow}(R')(A) = R^{\uparrow}(A')$。

证明 （1）

$$
\begin{aligned}
({}^{\leftarrow}R(B))' &= (\{x \in X \mid \exists y \in B, \ (x,y) \in R\})' \\
&= \{x \in X \mid \forall y \in B, \ (x,y) \in R'\} \\
&= (R')^{\downarrow}(B)。
\end{aligned}
$$

（2）

$$
\begin{aligned}
{}^{\rightarrow}(R')(A) &= \{y \in Y \mid (x,y) \in R' \Rightarrow x \in A\} \\
&= \{y \in Y \mid \forall x \in A', \ (x,y) \in R\} \\
&= R^{\uparrow}(A')。 \quad \square
\end{aligned}
$$

定理 2.4.6 设 $R \subseteq X \times Y$，$A \subseteq X$，$B \subseteq Y$，则

$$
(A,B) \in \mathfrak{B}(X,Y,R) \text{ 当且仅当 } (B,A') \in \mathfrak{P}_o(X,Y,R')。
$$

换言之，$\mathfrak{B}(X,Y,R)$ 与 $\mathfrak{P}_o(X,Y,R')$ 一一对应。

证明 由定理 2.4.5，得

$$
\begin{aligned}
(A,B) \in \mathfrak{B}(X,Y,R) &\Longleftrightarrow R^{\uparrow}(A) = B, \ R^{\downarrow}(B) = A \\
&\Longleftrightarrow {}^{\rightarrow}(R')(A') = B, \ ({}^{\leftarrow}(R')(B))' = A \\
&\Longleftrightarrow {}^{\rightarrow}(R')(A') = B, \ {}^{\leftarrow}(R')(B) = A' \\
&\Longleftrightarrow (B,A') \in \mathfrak{P}_o(X,Y,R')。 \quad \square
\end{aligned}
$$

推论 2.4.1　设 $R \subseteq X \times Y$，$A \subseteq X$，$B \subseteq Y$，则

$$(A, B) \in \mathfrak{P}_o(X, Y, R) \text{ 当且仅当 } (B', A') \in \mathfrak{P}_a(X, Y, R),$$

即 $\mathfrak{P}_o(X, Y, R)$ 与 $\mathfrak{P}_a(X, Y, R)$ 一一对应。

2.5　偏序集的 Dedekind-MacNeille 完备化

偏序集的完备化是格论中一个重要的研究内容，各种完备化方法中最著名的当属 Dedekind-MacNeille 完备化，它源于 1900 年 R. Dedekind 利用分割这一工具由有理数集构造实数集的一种方法[12]，1937 年 H.M. MacNeille 将它推广到了一般的偏序集框架下[53]。后来有了概念格理论之后，人们发现偏序集的 Dedekind-MacNeille 完备化实际上就是偏序集在自身偏序关系下的概念格。

我们首先用朴素的语言描述其基本思想：给定一个偏序集 P（无论是否完备），添加一些新元素得到集合 L，使 P 在适当的偏序关系下构成完备格，并满足如下条件：

（1）添加新元素后，L 上的偏序关系不改变原来 P 上的偏序关系，即 L 上的偏序关系在 P 上的限制等同于 P 上的偏序关系；

（2）完备格在完备化过程中不产生新元素。

很多时候，我们还会对完备化提出更高的要求，比如：

（3）完备化过程保持 P 中子集的存在交和存在并；

（4）新元素尽可能地少，可表示为 P 中一些元素的组合。

对应上面的要求，用严格的语言来说，偏序集 P 的完备化是指一个完备格 $c(P)$（一般可以和 P 没有直接的包含关系），它满足

（c1）存在序嵌入 $\varphi : P \hookrightarrow c(P)$；

（c2）若 P 是完备格，则 $P \cong c(P)$；

（c3）φ 保持存在并和存在交；

（c4）$\varphi(P)$ 在 $c(P)$ 中并稠密和交稠密。

Dedekind-MacNeille 完备化是满足条件（c1）～（c4）的最小完备化，下面我们介绍其基本方法。

设 P 是一个偏序集，令

$$\mathrm{DM}(P) = \{A \subseteq P \mid A^{ul} = A\},$$

则 $(\mathrm{DM}(P), \subseteq)$ 与 $(P, P, \leqslant)$ 的概念格 $\mathfrak{B}(P, P, \leqslant)$ 序同构，称为 **Dedekind-Mac-Neille 完备化**（Dedekind-MacNeille completion）。

称满足 $A^u = B$，$B^l = A$ 的集合对 (A, B) 为 P 的一个**分割**（cut），为此 Dedekind-MacNeille 完备化也被称为**分割完备化**（cut completion）；称满足 $A^{ul} = A$ 的子集 A 为 P 的**正规子集**（normal subset），为此 Dedekind-MacNeille 完备化又被称为**正规完备化**（normal completion）。

由定理 2.4.2，完备格 $\mathrm{DM}(P)$ 中的交并运算如下: $\forall \{A_j \mid j \in J\} \subseteq \mathrm{DM}(P)$,

$$\bigwedge_j A_j = \bigcap_j A_j, \quad \bigvee_j A_j = \left(\bigcup_j A_j \right)^{ul} 。$$

定理 2.5.1　设 P 是一个偏序集。

（1）对于任意的 $x \in P$，都有 $(\downarrow x)^{ul} = \downarrow x$，从而 $\downarrow x \in \mathrm{DM}(P)$;

（2）设 $A \subseteq P$，如果 $\bigvee A$ 存在，则 $A^{ul} = \downarrow (\bigvee A)$;

（3）如果 P 是完备格，则 $\mathrm{DM}(P) \cong P$。

证明　（1）对于任意的 $x \in P$，$(\downarrow x)^{ul} = (\uparrow x)^l = \downarrow x$。

（2）设 $A \subseteq P$ 且 $\bigvee A$ 存在，只需证 $\bigvee A = \mathrm{Max}(A^{ul})$。事实上，若 $y \in A^u$，即 y 是 A 的上界，则 $\bigvee A \leqslant y$，这说明 $\bigvee A \in A^{ul}$；其次，设 $z \in A^{ul}$，由 $\bigvee A \in A^u$ 知，$z \leqslant \bigvee A$。因此，$\bigvee A = \mathrm{Max}(A^{ul})$。

（3）由（2），$\mathrm{DM}(P) = \{\downarrow x \mid x \in P\} \cong P$。 □

定理 2.5.2　设 P 是一个偏序集，$A \subseteq P$，则

（1）$A^u = \bigcap_{x \in A} \uparrow x$;

（2）$A^l = \bigcap_{x \in A} \downarrow x$。

证明　（1）$A^u = \left(\bigcup_{x \in A} \{x\} \right)^u = \bigcap_{x \in A} \{x\}^u = \bigcap_{x \in A} \uparrow x$。

（2）$A^l = \left(\bigcup_{x \in A} \{x\} \right)^l = \bigcap_{x \in A} \{x\}^l = \bigcap_{x \in A} \downarrow x$。 □

设 P 是一个偏序集，L 是一个完备格，如果存在序嵌入 $h : P \longrightarrow L$ 使得 $h(P)$ 是 L 的稠密子集，则称 h 是一个**稠密序嵌入**（dense embedding）。

定理 2.5.3　设 P 是一个偏序集，定义映射 $\varphi : P \longrightarrow \mathrm{DM}(P)$ 为 $\varphi(x) = \downarrow x$，则 φ 是一个稠密序嵌入，且保存在交和存在并。

证明　φ 显然是一个序嵌入。设 $A \in \mathrm{DM}(P)$，则

$$\bigwedge_{y \in A^u} \varphi(y) = \bigcap_{y \in A^u} \downarrow y = \bigcap_{y \in A^u} \{y\}^l = \left(\bigcup_{y \in A^u} \{y\}\right)^l = A^{ul} = A,$$

$$\bigvee_{y \in A} \varphi(y) = \left(\bigcup_{y \in A} \downarrow y\right)^{ul} = \left(\bigcap_{y \in A} \uparrow y\right)^l = A^{ul} = A。$$

因此，$\varphi(P)$ 在 $\mathrm{DM}(P)$ 的稠密子集，从而 φ 是一个稠密序嵌入。

设 $A \subseteq P$。若 A 有上确界，则

$$\bigvee_{x \in A} \varphi(x) = \bigvee_{x \in A} \downarrow x = \left(\bigcup_{x \in A} \downarrow x\right)^{ul} = \left(\bigcap_{x \in A} \uparrow x\right)^l = A^{ul} = \downarrow\left(\bigvee A\right) = \varphi\left(\bigvee A\right)。$$

若 A 有下确界，则

$$\varphi\left(\bigwedge A\right) = \downarrow\left(\bigwedge A\right) = A^l = \left(\bigcup_{x \in A} \{x\}\right)^l = \bigcap_{x \in A} \downarrow x = \bigwedge_{x \in A} \varphi(x)。$$

因此，φ 保存在交和存在并。□

定理 2.5.4　设 P 是一个偏序集，L 是一个完备格。如果 $h: P \longrightarrow L$ 是一个稠密序嵌入，那么

（1）对于任意的 $S, A \subseteq P$，有 $\bigvee h(S) \leqslant \bigwedge h(A)$ 当且仅当 $S \subseteq A^l$；

（2）若 $A \in \mathrm{DM}(P)$，则 $\bigvee h(S) \leqslant \bigvee h(A)$ 当且仅当 $S \subseteq A$。

证明　（1）

$$\bigvee h(S) \leqslant \bigwedge h(A) \Longleftrightarrow \text{对于任意的 } s \in S, a \in A, \text{ 有 } h(s) \leqslant h(a)$$

$$\Longleftrightarrow \text{对于任意的 } s \in S, a \in A, \text{ 有 } s \leqslant a \text{ （因为 } h \text{ 是}$$
序嵌入）

$$\Longleftrightarrow S \subseteq A^l。$$

（2）充分性显然。必要性：由于 $h(P)$ 在 L 中交稠密，可以证明 $\bigvee h(A) = \bigwedge h(A^u)$（留作习题），从而 $\bigvee h(S) \leqslant \bigwedge h(A^u)$。由（1），$S \subseteq (A^u)^l = A$。□

实际上，定理 2.5.4 只需要 $h: P \longrightarrow L$ 是一个交稠密的序嵌入即可证明。

定理 2.5.5　设 P 是一个偏序集，L 是一个完备格。如果 $h: P \longrightarrow L$ 是一个稠密序嵌入，则 h 可唯一地扩张成完备格同态 $\overline{h}: \mathrm{DM}(P) \longrightarrow L$，并使得 $\overline{h} \circ \varphi = h$。

证明   定义 $\overline{h}:\mathrm{DM}(P)\longrightarrow L$ 为

$$\overline{h}(A)=\bigvee h(A)\ (\forall A\in\mathrm{DM}(P)),$$

则由定理 2.5.4（2）知，$\overline{h}$ 是一个序嵌入。对于任意的 $x\in P$，有

$$\overline{h}\circ\varphi(x)=\overline{h}(\downarrow x)=\bigvee h(\downarrow x)=h(x),$$

即 $\overline{h}\circ\varphi=h$。

设 $\{A_i\mid i\in I\}\subseteq\mathrm{DM}(P)$。对于任意的 $b\in L$，由于 $h(P)$ 在 L 中交稠密，存在 $T\subseteq P$ 使得 $b=\bigwedge h(T)$，则由定理 2.5.4（1），得

$$\bigvee_i\overline{h}(A_i)\leqslant b\Longleftrightarrow \text{对于任意的}\ i\in I,\ \text{有}\ \bigvee h(A_i)\leqslant\bigwedge h(T)$$

$$\Longleftrightarrow \text{对于任意的}\ i\in I,\ A_i\subseteq T^l$$

$$\Longleftrightarrow \bigcup_i A_i\subseteq T^l$$

$$\Longleftrightarrow \bigvee_i A_i=(\bigcup_i A_i)^{ul}\subseteq T^l$$

$$\Longleftrightarrow \bigvee h(\bigvee_i A_i)\leqslant\bigwedge h(T)$$

$$\Longleftrightarrow \overline{h}(\bigvee_i A_i)\leqslant b。$$

由 b 的任意性，$\overline{h}(\bigvee_i A_i)=\bigvee_i\overline{h}(A_i)$，即 $\overline{h}$ 的保任意并。

对于任意的 $a\in L$，由于 $h(P)$ 在 L 中并稠密，存在 $S\subseteq P$ 使得 $a=\bigvee h(S)$。则由定理 2.5.4（2），得

$$a\leqslant\bigwedge_i\overline{h}(A_i)\Longleftrightarrow \text{对于任意的}\ i\in I,\ \text{有}\ \bigvee h(S)\leqslant\bigvee h(A_i)$$

$$\Longleftrightarrow \text{对于任意的}\ i\in I,\ S\subseteq A_i$$

$$\Longleftrightarrow S\subseteq\bigcap_i A_i=\bigwedge_i A_i$$

$$\Longleftrightarrow \bigvee h(S)\leqslant\bigvee h(\bigwedge_i A_i)$$

$$\Longleftrightarrow a\leqslant\overline{h}(\bigwedge_i A_i)。$$

由 a 的任意性，$\overline{h}(\bigwedge_i A_i)=\bigwedge_i\overline{h}(A_i)$，即 $\overline{h}$ 保任意交。

最后验证唯一性：设 $H:\mathrm{DM}(P)\longrightarrow L$ 是一个满足要求的映射，则对于任意

的 $A \in \mathrm{DM}(P)$, 有 $A = \bigcup\limits_{x \in A} \downarrow x \subseteq \bigvee\limits_{x \in A} \downarrow x \subseteq A$, 从而 $A = \bigvee\limits_{x \in A} \downarrow x$, 故

$$
\begin{aligned}
H(A) = H\left(\bigvee_{x \in A} \downarrow x\right) &= \bigvee_{x \in A} H(\downarrow x) \\
&= \bigvee_{x \in A} H \circ \varphi(x) = \bigvee_{x \in A} h(x) = \bigvee h(A) = \overline{h}(A)。
\end{aligned}
$$

由 A 的任意性知, $H = \overline{h}$。 $\square$

例 2.5.1 （1）$\mathrm{DM}(\mathbb{Q}) = \mathbb{R}^*$。

（2）对于反链 $\boldsymbol{n}$, $\mathrm{DM}(\boldsymbol{n}) = M_n$。

习题 2

1. 设 $f : X \longrightarrow Y$ 是一个映射, 则 $f^{-1} : \mathcal{P}(Y) \longrightarrow \mathcal{P}(X)$ 既保任意交又保任意并, 请写出 f^{-1} 的左右伴随。

2. 试用数学分析中的概念和方式描述函数 $f : \mathbb{R} \longrightarrow \mathbb{R}$ 具有左、右伴随的充分必要条件。

3. 设 $f : P \longrightarrow Q$ 和 $g : Q \longrightarrow P$ 是偏序集之间的两个映射, 证明:

（1）如果 $f(a) \leqslant b \Longleftrightarrow a \leqslant g(b)$（$\forall a \in P,\ b \in Q$）, 则 f, g 都保序;

（2）如果 $b \leqslant f(a) \Longleftrightarrow a \leqslant g(b)$（$\forall a \in P,\ b \in Q$）, 则 f, g 都逆序。

4. 设 $(X, \mathcal{O}(X))$ 是一个拓扑空间, 在完备格 $(\mathcal{O}(X), \subseteq)$ 中, 对于每个 $A \in \mathcal{O}(X)$, $A \cap (\text{-}) : \mathcal{O}(X) \longrightarrow \mathcal{O}(X)$ 保任意并, 试描述其右伴随。

5. 证明例 2.3.1（3）和定理 2.3.9。

6. 设 $(P, \leqslant)$ 是一个偏序集, 描述概念格 $\mathfrak{B}(P, P, \not\leqslant)$。

7. 设 $(P, \leqslant)$ 是一个偏序集, 描述形式背景 $(P, P, \leqslant)$ 的面向对象的概念格和面向属性的概念格。

8. 设 P 是一个偏序集, L 是一个完备格, $h : P \longrightarrow L$ 是一个稠密序嵌入。证明:

（1）$\forall a \in L$, $h^{-1}(\downarrow a) \in \mathrm{DM}(P)$;

（2）$\forall A \subseteq P$, $\bigvee h(A) = \bigwedge h(A^u)$。

9. 设 P 是完备格 L 的一个稠密子集, 则 $L \cong \mathrm{DM}(P)$。

10. 写出定理 2.5.5 中 $\overline{h} : \mathrm{DM}(P) \longrightarrow L$ 的左右伴随。

11. 设 P 是一个偏序集, 令

$$
\mathcal{B}(P) = \{A \subseteq P \mid \forall S \subseteq P \text{ 若 } \bigvee S \text{ 存在}, \text{则 } \bigvee S \in A \Rightarrow S \subseteq A\},
$$

试探讨 $\mathcal{B}(P)$ 是否满足条件（c1）~（c4）。

12. 设 P,Q,R 是偏序集，$\varphi:P\longrightarrow Q$ 和 $\psi:Q\longrightarrow R$ 是两个映射。证明：如果 φ,ψ 分别有右伴随 φ^*,ψ^*，则 $\psi\circ\varphi$ 有右伴随 $\varphi^*\circ\psi^*$。

13. 设 P,Q 是偏序集，$\varphi_1,\varphi_2:P\longrightarrow Q$ 是两个映射。证明：如果 φ_1,φ_2 分别有右伴随 φ_1^*,φ_2^*，则 $\varphi_1\leqslant\varphi_2$ 当且仅当 $\varphi_2^*\leqslant\varphi_1^*$。

14. 设 L,M 是两个有界格，$f\dashv g:L\to M$。证明：

（1）$\mathrm{Idl}(f):\mathrm{Idl}(L)\longrightarrow\mathrm{Idl}(M)$ $(I\mapsto\downarrow f(I))$ 是一个映射；

（2）$\mathrm{Idl}(g):\mathrm{Idl}(M)\longrightarrow\mathrm{Idl}(L)$ $(J\mapsto\downarrow g(J))$ 是一个映射；

（3）$\mathrm{Idl}(f)\dashv\mathrm{Idl}(g):\mathrm{Idl}(L)\to\mathrm{Idl}(M)$。

15. 设 L,M 是两个有界格，$f:L\longrightarrow M$。证明：$\mathrm{Idl}(f)\dashv f^{-1}:\mathrm{Idl}(L)\to\mathrm{Idl}(M)$。

第 3 章
CHAPTER 3

Heyting代数

Heyting 代数由荷兰数学家 A. Heyting 在 1930 年引入[32]。由于其逻辑排中律一般不再成立,所以 Heyting 代数可看作直觉主义逻辑演算的 Tarski-Lindenbaum 代数。在数学方面,Heyting 代数是 Boole 代数的一般化,曾被称为伪 Boole 代数或 Brouwer 格[44]。

本章介绍 Heyting 代数的基本性质及其与 Boole 代数的关系,滤子与同余关系之间的一一对应,相对极大滤子等特殊滤子,以及 Heyting 代数的同态和直积等内容。

3.1 Heyting 代数的基本概念

定义 3.1.1 设 H 是一个格,若存在二元运算 $\to: H \times H \longrightarrow H$ 使得

$$c \wedge a \leqslant b \Longleftrightarrow c \leqslant a \to b \ (\forall a, b, c \in H),$$

则称 H 为 **Heyting 代数**(Heyting algebra),有时也记作 $(H; \to)$。

如果没有特殊说明,本章中的符号 H 都指 Heyting 代数。容易验证,Heyting 代数一定有最大元,但不一定有最小元。而有些文献会假设 Heyting 代数首先是一个有界格,即最大元和最小元都存在。

由 Heyting 代数的定义和第 2 章中 Galois 伴随的性质,我们有如下定理。

定理 3.1.1 设 H 是一个格,则下列条件等价:

(1) H 是 Heyting 代数;

(2) 对于任意的 $a \in H$, $(a \wedge (-), a \to (-))$ 构成 H 上的 Galois 伴随;

(3) 对于任意的 $a, b \in H$, $\{x \in H \mid a \wedge x \leqslant b\}$ 存在最大元。

例 3.1.1 (1) 每一个有最大元的链都是 Heyting 代数。

(2) 设 L 是一个分配格,则 $\mathrm{Idl}(L)$ 是 Heyting 代数,其中

$$I \to J = \{x \in L \mid \downarrow x \cap I \subseteq J\} \ (\forall I, J \in \mathrm{Idl}(L)).$$

(3) 设 $(X, \mathcal{O}(X))$ 是一个拓扑空间,则 $(\mathcal{O}(X), \subseteq)$ 是 Heyting 代数。

下面我们讨论 Heyting 代数和分配格、Boole 代数之间的关系。

定理 3.1.2 每个 Heyting 代数都是分配格。

证明 只需证明对于任意的 $a, b, c \in H$ 都有 $a \wedge (b \vee c) \leqslant (a \wedge b) \vee (a \wedge c)$。设 $x \in H$ 满足 $(a \wedge b) \vee (a \wedge c) \leqslant x$，则 $a \wedge b \leqslant x$，$a \wedge c \leqslant x$，从而 $b \leqslant a \rightarrow x$，$c \leqslant a \rightarrow x$，进而 $b \vee c \leqslant a \rightarrow x$，故 $a \wedge (b \vee c) \leqslant x$，得证。$\square$

定理 3.1.3 每个有限分配格都是 Heyting 代数。

该证明留给读者。

例 3.1.2 定理 3.1.3 中的"有限"两字不能去掉。设 H 是实数集 $\mathbb{R}$ 上通常拓扑中的所有闭集在包含序下构成的完备格，则 H 是一个无限的有界分配格。令 $A = \{0\}$，$B = \{1\}$，则 $A, B \in H$，但是集族 $\{C \in H \mid A \cap C \subseteq B\} = \{C \in H \mid 0 \notin C\}$ 不存在最大元，从而 H 不是 Heyting 代数。

定理 3.1.4 每个 Boole 代数都是 Heyting 代数。

证明 设 $(H; ')$ 是一个 Boole 代数，定义 $\rightarrow: H \times H \longrightarrow H$ 为 $x \rightarrow y = x' \vee y$ $(\forall x, y \in H)$。设 $a, b, c \in H$，若 $c \wedge a \leqslant b$，则

$$c = c \wedge 1 = c \wedge (a' \vee a) = (c \wedge a') \vee (c \wedge a) \leqslant a' \vee b = a \rightarrow b.$$

反过来，若 $c \leqslant a \rightarrow b$，则

$$c \wedge a \leqslant (a \rightarrow b) \wedge a = (a' \vee b) \wedge a = (a' \wedge a) \vee (b \wedge a) \leqslant 0 \vee b = b.$$

因此，H 是 Heyting 代数。$\square$

定理 3.1.5 设 H 是一个 Heyting 代数，则对于任意的 $a, b, c \in H$，有

（H1） $b \leqslant a \rightarrow b$；

（H2） $1 \rightarrow a = a$；

（H3） $a \rightarrow b = 1 \Longleftrightarrow a \leqslant b$；

（H4） $a \wedge (a \rightarrow b) = a \wedge b$；

（H5） $a \rightarrow (\text{-})$ 保序，$(\text{-}) \rightarrow a$ 逆序；

（H6） $a \rightarrow (b \wedge c) = (a \rightarrow b) \wedge (a \rightarrow c)$；

（H7） $(a \vee b) \rightarrow c = (a \rightarrow c) \wedge (b \rightarrow c)$；

（H8） $a \rightarrow (b \rightarrow c) = (a \wedge b) \rightarrow c$；

（H9） $a \leqslant (a \rightarrow b) \rightarrow b$；

（H10） $((a \rightarrow b) \rightarrow b) \rightarrow b = a \rightarrow b$；

（H11） $(a \rightarrow b) \wedge (b \rightarrow c) \leqslant a \rightarrow c$；

（H12）若 a 是交素元，则 $b \rightarrow a = 1$ 或 $b \rightarrow a$ 也是交素元。

证明 （H1）由 $b \wedge a \leqslant b$ 得，$b \leqslant a \to b$。

（H2）由（H1），$a \leqslant 1 \to a$；由 $1 \to a \leqslant 1 \to a$ 得，$1 \to a = (1 \to a) \wedge 1 \leqslant a$。因此，$1 \to a = a$。

（H3）$a \to b = 1$ 当且仅当 $1 \leqslant a \to b$ 当且仅当 $a \leqslant b$。

（H4）由（H1），$a \wedge b \leqslant a \wedge (a \to b)$；由 $a \to b \leqslant a \to b$ 得，$a \wedge (a \to b) \leqslant b$，故 $a \wedge (a \to b) \leqslant a \wedge b$。因此，$a \wedge (a \to b) = a \wedge b$。

（H5）设 $b \leqslant c$。由（H4）知，$a \wedge (a \to b) = a \wedge b \leqslant b \leqslant c$，从而 $a \to b \leqslant a \to c$，这说明 $a \to (\text{-})$ 是保序的。由（H4）知，$b \wedge (c \to a) \leqslant c \wedge (c \to a) = c \wedge a \leqslant a$，从而 $c \to a \leqslant b \to a$，这说明 $(\text{-}) \to a$ 是逆序的。

（H6）由（H4），$a \wedge (a \to b) \wedge (a \to c) = a \wedge b \wedge (a \to c) = a \wedge b \wedge c \leqslant b \wedge c$，从而 $(a \to b) \wedge (a \to c) \leqslant a \to (b \wedge c)$。结合（H5）得，$a \to (b \wedge c) = (a \to b) \wedge (a \to c)$。

（H7）对于任意的 $x \in H$，有

$$x \leqslant (a \to c) \wedge (b \to c) \Longleftrightarrow x \leqslant a \to c,\ x \leqslant b \to c$$
$$\Longleftrightarrow a \leqslant x \to c,\ b \leqslant x \to c$$
$$\Longleftrightarrow a \vee b \leqslant x \to c$$
$$\Longleftrightarrow x \leqslant (a \vee b) \to c。$$

由 x 的任意性，$(a \to c) \wedge (b \to c) = (a \vee b) \to c$。

（H8）对于任意的 $x \in H$，有

$$x \leqslant a \to (b \to c) \Longleftrightarrow x \wedge a \leqslant b \to c$$
$$\Longleftrightarrow x \wedge a \wedge b \leqslant c$$
$$\Longleftrightarrow x \leqslant (a \wedge b) \to c。$$

由 x 的任意性，$a \to (b \to c) = (a \wedge b) \to c$。

（H9）由 $a \to b \leqslant a \to b$ 立得。

（H10）将（H9）中的 a 替换为 $a \to b$ 得，$a \to b \leqslant ((a \to b) \to b) \to b$；将（H5）应用于（H9）得，$((a \to b) \to b) \to b \leqslant a \to b$。因此，$((a \to b) \to b) \to b = a \to b$。

（H11）由 $a \wedge (a \to b) \wedge (b \to c) \leqslant b \wedge (b \to c) \leqslant c$ 立得。

（H12）设 a 是交素元。当 $b \leqslant a$ 时 $b \to a = 1$。当 $b \not\leqslant a$ 时 $b \to a \neq 1$，此时设 $x \wedge y \leqslant b \to a$，则 $x \wedge y \wedge b \leqslant a$，从而 $x \wedge b \leqslant a$ 或 $y \wedge b \leqslant a$，即 $x \leqslant b \to a$ 或 $y \leqslant b \to a$。故 $b \to a$ 也是交素元。□

根据泛代数理论，所谓**代数系统**（algebraic system）是指带有若干个满足一定条件的运算的集合[8]，其条件和性质通常都由运算以等式的形式呈现，如群、环和域等。然而 Heyting 代数是借助于偏序关系来定义的，其之所以仍可被称作一种代数，是因为它可以由基础集上的运算通过等式的方式进行完全刻画。

定理 3.1.6 设 H 是一个有最大元 1 的格，$\rightarrow: H \times H \longrightarrow H$ 是一个二元运算，则 H 是 Heyting 代数当且仅当对于任意的 $a, b, c \in H$，有

(1) $a \rightarrow a = 1$；

(2) $a \wedge (a \rightarrow b) = a \wedge b$；

(3) $(a \rightarrow b) \wedge b = b$；

(4) $a \rightarrow (b \wedge c) = (a \rightarrow b) \wedge (a \rightarrow c)$。

证明 由定理 3.1.5知必要性成立。充分性：由（4）知，对于任意的 $x \in H$，$x \rightarrow (\text{-})$ 是保序的。设 $a, b, c \in H$，如果 $c \wedge a \leqslant b$，则

$$c = (a \rightarrow c) \wedge c \leqslant (a \rightarrow c) \wedge 1 = (a \rightarrow c) \wedge (a \rightarrow a) = a \rightarrow (c \wedge a) \leqslant a \rightarrow b.$$

反过来，若 $c \leqslant a \rightarrow b$，则

$$c \wedge a \leqslant (a \rightarrow b) \wedge a = a \wedge b \leqslant b.$$

因此，H 是 Heyting 代数。 $\square$

通过前面的讨论，我们已经知道每个 Boole 代数都是 Heyting 代数，即无论是从代数还是从逻辑的角度来说，Heyting 代数都可以看作 Boole 代数的一种弱化或推广。下面我们讨论 Heyting 代数成为 Boole 代数所需满足的条件。

定理 3.1.7 设 $(H; \rightarrow)$ 是一个有最小元 0 的 Heyting 代数，规定 $x' = x \rightarrow 0 \ (\forall x \in H)$，则对于任意的 $a, b \in H$，有

(1) $0' = 1, 1' = 0$；

(2) $a' \wedge a = 0$；

(3) $(\text{-})' : H \longrightarrow H$ 是逆序的；

(4) $(a \vee b)' = a' \wedge b'$；

(5) $a \leqslant a''$；

(6) $a' = a'''$。

证明 由定理 3.1.5易证。 $\square$

设 H 是一个有最小元 0 的 Heyting 代数。由于 Heyting 代数是分配格，如果对于任意的 $a \in H$ 都有 $a' \vee a = 1$，则结合等式 $a' \wedge a = 0$ 知，$(H; ')$ 是 Boole 代数。下面定理将给出 Heyting 代数成为 Boole 代数的一些充要条件。

定理 3.1.8 设 H 是一个有最小元 0 的 Heyting 代数，则下列条件等价：

(1) $(H; ')$ 是 Boole 代数；

(2) $\forall a \in H, a' \vee a = 1$；

(3) $\forall a, b \in H, a \rightarrow b = a' \vee b$；

（4）$\forall a \in H$，$a \to H = \{a \to x \mid x \in H\}$ 是上集；

（5）$\forall a, b \in H$，$(a \to b) \to b = a \vee b$；

（6）$\forall a \in H$，$a'' = a$；

（7）$(\text{-})' : H \longrightarrow H$ 是满射；

（8）$\forall a \in H$，若 $a' = 0$，则 $a = 1$。

证明　显然，（2）$\Longleftrightarrow$（1）$\Longrightarrow$（5）$\Longrightarrow$（6）$\Longrightarrow$（7）。

（7）$\Longrightarrow$（8）：若 $a' = 0$，由 $(\text{-})' : H \longrightarrow H$ 是满射知，存在 $x \in H$ 使得 $a = x'$，从而 $0 = x''$，$1 = 0' = x''' = x' = a$。

（8）$\Longrightarrow$（2）：$(a \vee a')' = a' \wedge a'' = 0$，故 $a \vee a' = 1$。

（2）$\Longrightarrow$（3）：一方面，由 $0 \leqslant b$ 知，$a' = a \to 0 \leqslant a \to b$，结合 $b \leqslant a \to b$ 得，$a' \vee b \leqslant a \to b$。另一方面，设 $x \leqslant a \to b$，则 $x \wedge a \leqslant b$，

$$x = x \wedge 1 = x \wedge (a' \vee a) = (x \wedge a') \vee (x \wedge a) \leqslant a' \vee b。$$

由 x 的任意性，$a \to b \leqslant a' \vee b$。因此，$a' \vee b = a \to b$。

（3）$\Longrightarrow$（4）：设 $a \to b \leqslant x$，则 $a' \vee b \leqslant x$，$a \to (b \vee x) = a' \vee b \vee x = x$。从而 $x \in a \to H$。故 $a \to H$ 是上集。

（4）$\Longrightarrow$（2）：设 $a' \vee a = b$，则 $a' \leqslant b$ 且 $a' \in a \to H$。由 $a \to H$ 是上集知，存在 $x \in H$ 使得 $b = a \to x$，由此 $a = a \wedge b \leqslant x$，故 $a' \vee a = b = a \to x = 1$。□

设 H 是一个有最小元 0 的 Heyting 代数，如果元素 a 满足 $a'' = a$，则称 a 为 H 的一个**正则元**（regular element）或 **Boole 元**（Boolean element）。记 $B(H)$ 为 H 的正则元的全体，显然 $0, 1 \in B(H)$，且 $a \in B(H)$ 当且仅当存在 $b \in H$ 使得 $a = b'$。

定理 3.1.9　设 H 是一个 Heyting 代数，若 $x, y \in B(H)$，则 $x \wedge y, x \to y \in B(H)$。

证明　设 $x, y \in B(H)$，则

$$x \wedge y = x'' \wedge y'' = (x' \vee y')',$$

$$x \to y = x \to (y' \to 0) = (x \wedge y') \to 0 = (x \wedge y')'。$$

因此，$x \wedge y, x \to y \in B(H)$。□

定理 3.1.10　设 H 是一个有最小元 0 的 Heyting 代数，则 $(B(H), \sqcup, \sqcap, ')$ 是 Boole 代数，其中

$$x \sqcap y = x \wedge y, \ x \sqcup y = (x \vee y)'' \ (\forall x, y \in B(H))。$$

证明 由定理 3.1.9知，$x \sqcap y = x \wedge y$。另外，易见 $(x \vee y)'' \in B(H)$，$x \leqslant x''$，$y \leqslant y''$，即 $(x \vee y)''$ 是 x, y 的上界。设 $c \in B(H)$ 也是 x, y 的上界，则 $x \leqslant c, y \leqslant c$，从而 $x \vee y \leqslant c$，$(x \vee y)'' \leqslant c'' = c$。故 $(x \vee y)''$ 是 x, y 的上确界，即 $x \sqcup y = (x \vee y)''$。由定理 3.1.9知，$B(H)$ 是一个 Heyting 代数，从而是有界分配格 (注意 $0, 1 \in B(H)$)。最后，对于任意的 $a \in B(H)$，有

$$a \sqcap a' = a \wedge a' = 0, \quad a \sqcup a' = (a \vee a')'' = (a' \wedge a'')' = 0' = 1。$$

因此，$B(H)$ 是一个 Boole 代数。 □

3.2 滤子和同余关系之间的一一对应

在代数学中，滤子（理想）和同余关系常常被用来研究代数系统的结构，它们的等效性是一个值得研究的问题。在有些代数中由于滤子（理想）和同余关系之间存在一一对应关系，二者在结构问题的研究中的作用完全相同，比如群的正规子群和同余关系一一对应，环的理想和同余关系一一对应。对于 Heying 代数，也是如此。

定义 3.2.1 设 F 是 H 的一个子集，如果

（1）$1 \in F$;

（2）F 满足 MP 规则，即 $a, a \rightarrow b \in F$ 蕴含 $b \in F$，

则称 F 为 H 的 **MP 滤子**（MP filter）。

在经典命题演算理论中，MP（Modus Ponens）规则（也称为分离规则）是指"由公式 $A \rightarrow B$ 与 A 可推得 B"的推理规则。

定理 3.2.1 设 F 是 H 的一个非空子集，则 F 是 MP 滤子当且仅当 F 是格滤子。

证明 充分性：设 F 是格滤子，由 F 是非空上集知，$1 \in F$。设 $a, a \rightarrow b \in F$，则 $b \geqslant a \wedge b = a \wedge (a \rightarrow b) \in F$，由 F 是上集知，$b \in F$。故 F 是一个 MP 滤子。

必要性：设 $a, b \in F$，$b \rightarrow (a \rightarrow (a \wedge b)) = (a \wedge b) \rightarrow (a \wedge b) = 1 \in F$，于是 $a \rightarrow (a \wedge b) \in F$，进而 $a \wedge b \in F$，故 F 对运算 $\wedge$ 封闭。设 $a \in F, b \in H$，有 $a \rightarrow (a \vee b) = 1 \in F$，由 MP 规则得，$a \vee b \in F$，即 F 对运算 $\vee$ 吸收。由定理 1.5.2 知，F 是格滤子。 □

由定理 3.2.1 知，Heyting 代数的 MP 滤子与格滤子是相互等价的概念，因此当后面提到 Heyting 代数的 MP 滤子或格滤子时，我们不再加以区分。

注 3.2.1   由定义 3.2.1 和定理 3.2.1 知，Heyting 代数的滤子对运算 $\wedge, \vee$ 和 $\to$ 都封闭，因此每一个滤子在限制序下自身也构成 Heyting 代数[①]，这说明 Heyting 代数的滤子是一种非常自然的子结构。

同余关系是一种特殊的二元关系，一般而言是指在泛代数意义下保持各运算的等价关系。Heyting 代数作为一种代数结构，无论是从定义还是从主要性质上来看，都可以完全只建立在运算 $\wedge$ 和 $\to$ 的基础上，因此我们将 Heyting 代数的同余关系暂定为保持运算 $\wedge$ 和 $\to$ 的等价关系。

定义 3.2.2   设 H 是一个 Heyting 代数，θ 是 H 上的等价关系。如果 θ 保持运算 $\wedge$ 和 $\to$，即对任意的 $a, b, c, d \in H$，有

$$(a, b), (c, d) \in \theta \Longrightarrow (a \wedge c, b \wedge d), (a \to c, b \to d) \in \theta,$$

则称 θ 为 H 上的一个**同余关系**（congruence）。

记 $\mathrm{Con}(H)$ 为 H 上的同余关系的全体，它在包含序下构成一个偏序集。

定理 3.2.2   设 θ 是 H 上的一个同余关系，定义

$$F_\theta = \{x \in H \mid (x, 1) \in \theta\},$$

则 F_θ 是 H 的滤子。

证明   由 $(1, 1) \in \theta$ 知，$1 \in F_\theta$。设 $x, x \to y \in F_\theta$，即 $(x, 1), (x \to y, 1) \in \theta$，则 $(x \wedge y, 1) = (x \wedge (x \to y), 1 \wedge 1) \in \theta$；再由 $(x, 1), (y, y) \in \theta$ 得，$(x \wedge y, y) = (x \wedge y, 1 \wedge y) \in \theta$；根据 θ 的传递性和对称性有，$(y, 1) \in \theta$，即 $y \in F_\theta$。因此，F_θ 是 H 的滤子。 $\square$

由定理 3.2.2，我们得到一个映射

$$\alpha : \mathrm{Con}(H) \longrightarrow \mathrm{Fil}(H), \ \alpha(\theta) = F_\theta \ (\forall \theta \in \mathrm{Con}(H)).$$

定理 3.2.3   设 F 是 H 的一个滤子，定义

$$\theta_F = \{(a, b) \in H \times H \mid a \to b, \ b \to a \in F\},$$

则 θ_F 是 H 上的同余关系。

证明   （1）θ_F 是一个等价关系。实际上，θ_F 的自反性和对称性是显然成立的。传递性：设 $(a, b), (b, c) \in \theta_F$，则 $a \to b, \ b \to a, \ b \to c, \ c \to b \in F$。易证 $b \to c \leqslant (a \to b) \to (a \to c)$，从而由 F 是上集和 MP 规则知，$a \to c \in F$。同理由 $b \to a \leqslant (c \to b) \to (c \to a)$ 得，$c \to a \in F$。因此 $(a, c) \in \theta_F$。

[①] 由此可以看出，在 Heyting 代数的定义中不假设其有最小元是有道理的。

（2）θ_F 保持运算 $\wedge$ 和 $\rightarrow$。设 (a,b), $(c,d) \in \theta_F$，则 $a \rightarrow b$, $b \rightarrow a$, $c \rightarrow d$, $d \rightarrow c \in F$。首先，易见 $(a \wedge c) \rightarrow (b \wedge d) = [(a \wedge c) \rightarrow b] \wedge [(a \wedge c) \rightarrow d] \geqslant (a \rightarrow b) \wedge (c \rightarrow d) \in F$，从而 $(a \wedge c) \rightarrow (b \wedge d) \in F$；同理，$(b \wedge d) \rightarrow (a \wedge c) \in F$。因此，$(a \wedge c, b \wedge d) \in \theta_F$。这说明 θ_F 保持运算 $\wedge$。其次，由定理 3.1.5 中的（H11）易见 $(b \rightarrow a) \wedge (a \rightarrow c) \wedge (c \rightarrow d) \leqslant b \rightarrow d$，从而 $(b \rightarrow a) \wedge (c \rightarrow d) \leqslant (a \rightarrow c) \rightarrow (b \rightarrow d)$，故 $(a \rightarrow c) \rightarrow (b \rightarrow d) \in F$；同理，$(b \rightarrow d) \rightarrow (a \rightarrow c) \in F$。因此，$(a \rightarrow c, b \rightarrow d) \in \theta_F$。这说明 θ_F 保持运算 $\rightarrow$。 $\square$

由定理 3.2.3，我们得到一个映射

$$\beta : \mathrm{Fil}(H) \longrightarrow \mathrm{Con}(H), \ \beta(F) = \theta_F \ (\forall F \in \mathrm{Fil}(H))。$$

定理 3.2.4　$\mathrm{Con}(H)$ 和 $\mathrm{Fil}(H)$ 一一对应。

证明　对于任意的 $F \in \mathrm{Fil}(H)$，有

$$(\alpha \circ \beta)(F) = \alpha(\beta(F)) = \{x \in H \mid (x,1) \in \beta(F)\} = \{x \in H \mid x \in F\} = F。$$

故 $\alpha \circ \beta = \mathrm{id}_{\mathrm{Fil}(H)}$。对于任意的 $\theta \in \mathrm{Con}(H)$，有

$$\begin{aligned}(\beta \circ \alpha)(\theta) = \beta(\alpha(\theta)) &= \{(x,y) \in H \times H \mid x \rightarrow y, \ y \rightarrow x \in \alpha(\theta)\} \\ &= \{(x,y) \in H \times H \mid (x \rightarrow y, 1), (y \rightarrow x, 1) \in \theta\}。\end{aligned}$$

如果 $(x \rightarrow y, 1)$, $(y \rightarrow x, 1) \in \theta$，那么

$$(x \wedge y, x) = (x \wedge (x \rightarrow y), x \wedge 1) \in \theta,$$

$$(y \wedge x, y) = (y \wedge (y \rightarrow x), y \wedge 1) \in \theta。$$

由 θ 的传递性知，$(x,y) \in \theta$。反过来，如果 $(x,y) \in \theta$，那么

$$(x \rightarrow y, 1) = (x \rightarrow y, y \rightarrow y) \in \theta,$$

$$(y \rightarrow x, 1) = (y \rightarrow x, y \rightarrow y) \in \theta。$$

故 $(\beta \circ \alpha)(\theta) = \theta$。因此，$\beta \circ \alpha = \mathrm{id}_{\mathrm{Con}(H)}$。 $\square$

注 3.2.2　（1）设 F 是 H 的一个滤子，则由定理 3.2.3 知，θ_F 保持运算 $\wedge$ 和 $\rightarrow$。实际上，θ_F 还保持运算 $\vee$。由定理 3.2.3 的证明过程，我们有

$$(a \vee c) \rightarrow (b \vee d) = [a \rightarrow (b \vee d)] \wedge [c \rightarrow (b \vee d)] \geqslant (a \rightarrow b) \wedge (c \rightarrow d) \in F,$$

从而 $(a \vee c) \rightarrow (b \vee d) \in F$；同理 $(b \vee d) \rightarrow (a \vee c) \in F$。故 $(a \vee c, b \vee d) \in \theta_F$。结合定理 3.2.4，如果等价关系 θ 保持运算 $\wedge$ 和 $\rightarrow$，则它自然也保持运算 $\vee$。这说明 Heyting 代数的作为严格意义下的代数系统的同余关系和作为一种泛代数的同余关系是一致的。

（2）当 $F \in \mathrm{Fil}(H)$ 时，θ_F 是 H 上的同余关系，其商集 H/F 也是 Heyting 代数，元素 $a \in H$ 的同余类为 $[a] = \{x \in H \mid x \rightarrow a, \, a \rightarrow x \in F\}$，偏序关系为

$$[a] \leqslant_F [b] \Longleftrightarrow a \rightarrow b \in F。$$

当 $\theta \in \mathrm{Con}(H)$ 时，商集 H/θ 是 Heyting 代数，元素 $a \in H$ 的同余类为 $[a] = \{x \in H \mid (a, x) \in \theta\}$，偏序关系为

$$[a] \leqslant_\theta [b] \Longleftrightarrow (a \rightarrow b, 1) \in \theta。$$

对于任意的 $a, b \in H$，有

$$[a] \rightarrow [b] = [a \rightarrow b], \; [a] \wedge [b] = [a \wedge b], \; [a] \vee [b] = [a \vee b]。$$

3.3 相对极大滤子

本节我们介绍相对极大滤子等特殊滤子及其相互关系，主要内容来自文献 [49, 94]，相对极大滤子的主要思想来自代数学中的次极大理想 [92,93]。

定义 3.3.1 设 L 是一个格，F 是 L 的真滤子。

（1）设 $x \in L$，如果 F 在不含有 x 的滤子中极大，即 $x \notin F$，且 $F \subseteq J \in \mathrm{Fil}(L)$ 蕴含 $J = F$ 或 $x \in J$，则称 F 为**关于 x 的相对极大滤子**（relatively maximal filter about x）。

（2）如果对于任意的 $a, b \in L$，有 $a \rightarrow b \in F$ 或 $b \rightarrow a \in F$，则称 F 为**线性滤子**（linear filter）。

易见，对于拓扑空间 $(X, \mathcal{O}(X))$，点 x 的开邻域系 $\mathcal{U}(x)$ 是 $(\mathcal{O}(X), \subseteq)$ 的关于 $\{x\}'^\circ$ 的相对极大滤子。

定理 3.3.1 设 H 是一个 Heyting 代数，则

（1）F 是 H 的极大滤子当且仅当 $|H/F| = 2$；

（2）F 是 H 的线性滤子当且仅当 H/F 是全序集。

定理 3.3.2 对于任意的 $a \in H \backslash \{1\}$，都存在关于 a 的相对极大滤子。

证明 以 $\mathcal{S}$ 表示 H 的全体不含有 a 的滤子之集。因为 $\{1\}$ 是滤子且 $\{1\} \in \mathcal{S}$，所以 $\mathcal{S}$ 非空且在包含序下构成偏序集。设 $\{F_i \mid i \in I\}$ 是 $\mathcal{S}$ 中的非空链，易证

$\bigcup\{F_i \mid i \in I\}$ 为该链在 $\mathcal{S}$ 中的一个上界。故由 Zorn 引理知，$\mathcal{S}$ 中有一个极大元 F，它就是 H 的关于 a 的一个相对极大滤子。□

推论 3.3.1 设 F 是一个不含有 $a \in H$ 的滤子，则 F 可以扩充为关于 a 的一个相对极大滤子，即存在关于 a 的相对极大滤子 F_a 使得 $F \subseteq F_a$。

定理 3.3.3 设 L 是一个格，则 L 是分配格当且仅当相对极大滤子都是素滤子。

证明 充分性：设 $a, b, c \in L$，我们只需证 $a \vee (b \wedge c) \geqslant (a \vee b) \wedge (a \vee c)$。记 $x = a \vee (b \wedge c)$, $y = (a \vee b) \wedge (a \vee c)$。如果 $x \ngeqslant y$，则 $x \notin \uparrow y$，从而存在一个关于 x 的相对极大滤子 F 使得 $\uparrow y \subseteq F$，即 $y \in F$。由 $x \notin F$ 得，$a \notin F$，$b \wedge c \notin F$；由 $y \in F$ 得，$a \vee b \in F$，$a \vee c \in F$。由 F 是素滤子得 $b, c \in F$，这与 $b \wedge c \notin F$ 矛盾。

必要性：假设 F 是关于 a 的相对极大滤子。如果 F 不是素滤子，则存在 $b \notin F, c \notin F$ 使得 $b \vee c \in F$。令 $F_1 = F \vee \uparrow b$, $F_2 = F \vee \uparrow c$，则 F_1 和 F_2 都是真包含 F 的滤子。由 F 的相对极大性，$a \in F_1 \cap F_2$，则存在 $y_1, y_2 \in F$ 使得 $a \geqslant y_1 \wedge b$，$a \geqslant y_2 \wedge c$。令 $y = y_1 \wedge y_2$，则 $y \in F$，$a \geqslant (y \wedge b) \vee (y \wedge c) = y \wedge (b \vee c)$，这可推出 $a \in F$，这与 $a \notin F$ 矛盾。□

定理 3.3.4 在 Heyting 代数中，极大滤子蕴含相对极大滤子和线性滤子，而相对极大滤子和线性滤子都蕴含素滤子。在 Boole 代数中，四者等价。

证明 极大滤子 $\Longrightarrow$ 相对极大滤子：若 F 是一个极大滤子，则 $F' \neq \varnothing$。对于任意的 $a \in F'$，F 是关于 a 的相对极大滤子。

极大滤子 $\Longrightarrow$ 线性滤子：设 F 是极大滤子，$a, b \in H$。若 $b \to a \notin F$，则由 F 的极大性，$H = [F \cup \{b \to a\}) = \{x \wedge y \mid x \in F, y \geqslant b \to a\}$，则存在 $x \in F$, $y \geqslant b \to a$ 使得 $a \to b = x \wedge y \geqslant x \wedge (b \to a)$，从而 $x \leqslant (b \to a) \to (a \to b) = [(b \to a) \wedge a] \to b = a \to b$，由滤子是上集知，$a \to b \in F$。故 F 是线性滤子。

相对极大滤子 $\Longrightarrow$ 素滤子：设 F 是关于 a 的相对极大滤子，如果 F 不是素滤子，则存在 $x \vee y \in F$，但 $x \notin F, y \notin F$。由 F 的相对极大性，$a \in (F \vee \uparrow x) \cap (F \vee \uparrow y) = F \vee (\uparrow x \wedge \uparrow y) = F \vee \uparrow (x \vee y) = F$，这与 $a \notin F$ 矛盾。

线性滤子 $\Longrightarrow$ 素滤子：设 F 是线性滤子，$a \vee b \in F$。由定理 3.1.5 中的 (H1,H9)，$a \vee b \leqslant (a \to b) \to b$，从而 $(a \to b) \to b \in F$；同理 $(b \to a) \to a \in F$。若 $a \to b \in F$，则 $b \in F$；若 $b \to a \in F$，则 $a \in F$。因此 F 是素滤子。

由定理 1.5.8，Boole 代数的素滤子和极大滤子等价，故上述四种滤子相互等价。□

当 H 不是 Boole 代数时，以上各款的逆命题不一定成立，请看下面的例子。

例 3.3.1 (1) 素滤子或相对极大滤子 $\Longrightarrow\!\!\!\!\!/\,$ 线性滤子：设 H_1 是图 3.1 中

的 Heyting 代数，子集 $F = \{1, d\}$ 是 H_1 的素滤子，也是关于 e 的相对极大滤子，但 $a \to b = b$, $b \to a = a$ 都不在 F 中。

（2）线性滤子或相对极大滤子 $\not\Longrightarrow$ 极大滤子：设 H_2 是图 3.1 中的 Heyting 代数，子集 $F = \{1, a\}$ 是 H_2 的线性滤子，也是关于 b 的相对极大滤子，但不是极大滤子。

（3）素滤子或线性滤子 $\not\Longrightarrow$ 相对极大滤子：在 Heyting 代数 $[0, 1]$ 中，对于任意的 $a \in (0, 1]$，$F = [a, 1]$ 是线性滤子，也是素滤子，但不是相对极大滤子。

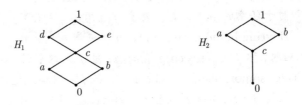

图 3.1 Heyting 代数 H_1 和 H_2

下面我们讨论相对极大滤子的一些性质及其等价刻画。

定理 3.3.5 每个真滤子都可以表示成一些相对极大滤子的交。

证明 设 F 是 H 的一个真滤子。对于任意的 $y \notin F$，存在关于 y 的一个相对极大滤子 F_y 使得 $y \notin F_y \supseteq F$，故 $F \subseteq \bigcap\limits_{x \notin F} F_x$。另外，若 $y \notin F$，则 $y \notin F_y$，从而 $y \notin \bigcap\limits_{x \notin F} F_x$，故 $F \supseteq \bigcap\limits_{x \notin F} F_x$。因此，$F = \bigcap\limits_{x \notin F} F_x$。$\square$

请注意，定理 3.3.2、推论 3.3.1 和定理 3.3.5 对一般的格也成立。

定理 3.3.6 设 F 是 H 的一个滤子，$x \in H$。如果 $x \notin F$，则 F 是关于 x 的相对极大滤子当且仅当对于任意的 $y \notin F$，有 $y \to x \in F$。

证明 必要性：设 F 是一个关于 x 的相对极大滤子。对于任意的 $y \notin F$，令 $F_1 = [F \cup \{y\}) = \{a \wedge b \mid a \in F, b \geqslant y\}$，则 F_1 真包含 F。由 F 的相对极大性，$x \in F_1$，从而存在 $a \in F$, $b \geqslant y$ 使得 $x = a \wedge b \geqslant a \wedge y$，故 $a \leqslant y \to x$，于是 $y \to x \in F$。

充分性：由 $x \notin F$ 知，存在关于 x 的相对极大滤子 F_x 使得 $x \notin F_x \supseteq F$。若 $F_x \neq F$，则有 $a \in F_x$ 但 $a \notin F$，于是 $a \to x \in F \subseteq F_x$。由 MP 规则知，$x \in F_x$，矛盾。$\square$

定理 3.3.7 设 F 是关于 x 的相对极大滤子，则对于任意的 $y \in F$，有 $y \to x \notin F$。

证明 设 $y \in F$，若 $y \to x \in F$，则由 MP 规则知，$x \in F$，这与 $x \notin F$ 矛盾。$\square$

3.4 Heyting 代数同态与直积

为了使后面的叙述过程简洁明了，下面用符号 $\oplus$ 代替运算 $\wedge$ 和 $\to$，即当 $\oplus$ 出现时，论述过程相当于将 $\oplus$ 换成运算 $\wedge$ 和 $\to$。

定义 3.4.1 设 $f : H_1 \longrightarrow H_2$ 是 Heyting 代数之间的一个映射，如果 f 保持运算 $\oplus$，即对于任意的 $a, b \in H$，都有 $f(a \oplus b) = f(a) \oplus f(b)$，则称 f 为 **Heyting 同态**（Heyting homomorphism）。当 f 是单射时，称 f 为 **Heyting 单同态**；当 f 是满射时，称 f 为 **Heyting 满同态**；当 f 是双射时，称 f 为 **Heyting 同构映射**（Heyting isomorphism），这时称 H_1 和 H_2 同构，记作 $H_1 \cong H_2$。

定理 3.4.1 设 $f : H_1 \longrightarrow H_2$ 是一个 Heyting 同态，称 $f^{-1}(\{1\})$ 为 f 的**核**（kernel），记作 $\mathrm{Ker}f$，有 $\mathrm{Ker}f \in \mathrm{Fil}(H_1)$。

证明 由于 $f(1) = f(1 \to 1) = f(1) \to f(1) = 1$，有 $1 \in \mathrm{Ker}f$。设 $a, a \to b \in \mathrm{Ker}f$，则 $f(a) \wedge f(b) = f(a \wedge b) = f(a \wedge (a \to b)) = f(a) \wedge f(a \to b) = 1 \wedge 1 = 1$，从而 $f(b) = 1$，$b \in \mathrm{Ker}f$。因此，$\mathrm{Ker}f \in \mathrm{Fil}(H_1)$。$\square$

定理 3.4.2 设 $F \in \mathrm{Fil}(H)$，则自然投射 $p : H \longrightarrow H/F$ 是 Heyting 满同态。

证明 显然 p 是满射。对于任意的 $a, b \in H$，有 $p(a \oplus b) = [a \oplus b] = [a] \oplus [b] = p(a) \oplus p(b)$，即 p 是一个 Heyting 同态。$\square$

定理 3.4.3 设 $f : H_1 \longrightarrow H_2$ 是一个 Heyting 同态，$F \in \mathrm{Fil}(H_1)$ 且 $F \subseteq \mathrm{Ker}f$，则存在唯一的 Heyting 同态 $f^* : H_1/F \longrightarrow H_2$ 使得 $f = f^* \circ p$。

证明 定义 $f^* : H_1/F \longrightarrow H_2$ 为 $f^*([a]) = f(a)$（$\forall a \in H_1$），则由 $F \subseteq \mathrm{Ker}f$ 知 f^* 是一个映射，且对于任意的 $a \in H$，$(f^* \circ p)(a) = f^*([a]) = f(a)$，从而 $f^* \circ p = f$。对于任意的 $[a], [b] \in H_1/F$，有 $f^*([a] \oplus [b]) = f^*([a \oplus b]) = f(a \oplus b) = f(a) \oplus f(b) = f^*([a]) \oplus f^*([b])$。故 f^* 是满足条件的 Heyting 同态，其唯一性是显然的。$\square$

代数系统的直积一般有两种：一种是外直积，是指若干个同类型的代数系统的笛卡儿积，其运算由逐点的方式定义；另一种是内直积，是指该代数系统可以由一些特殊子结构通过某一运算生成。很多常见的代数系统，其内外直积在同构意义下是一致的，如群的一族正规子群作为独立的群的外直积和它们的内直积同构。

定义 3.4.2 设 $H_1, H_2, \cdots, H_n$ 是 n 个 Heyting 代数，则笛卡儿积 $H_1 \times$

$H_2 \times \cdots \times H_n$ 关于运算

$$(a_1, a_2, \cdots, a_n) \oplus (b_1, b_2, \cdots, b_n) = (a_1 \oplus b_1, a_2 \oplus b_2, \cdots, a_n \oplus b_n)$$

作成一个 Heyting 代数, 称为 Heyting 代数 $H_1, H_2, \cdots, H_n$ 的（外）**直积**（(external) direct product）。

定义 3.4.3　设 $F_1, F_2, \cdots, F_n$ 为 Heyting 代数 H 的 n 个滤子, $n \in \mathbb{N}$。如果

（1）$H = F_1 \vee F_2 \vee \cdots \vee F_n$, 即 H 中每个元素都可表示为 $\bigcup\limits_{i=1}^{n} F_i$ 中有限个元素的交;

（2）$F_i \cap \bigvee\limits_{j \neq i} F_j = \{1\}$ $(\forall i = 1, 2, \cdots, n)$,

则称 Heyting 代数 H 为 $F_1, F_2, \cdots, F_n$ 的（内）**直积**（(internal) direct product）。

定理 3.4.4　设 $F_1, F_2, \cdots, F_n$ 为 Heyting 代数 H 的 n 个滤子, $n \in \mathbb{N}$。如果 $H = F_1 \vee F_2 \vee \cdots \vee F_n$, 那么 H 是 $F_1, F_2, \cdots, F_n$ 的内直积当且仅当 H 的每个元素的分解法唯一, 即诸 $a_1 \wedge a_2 \wedge \cdots \wedge a_n$ $(a_i \in F_i, i = 1, 2, \cdots, n)$ 各不相同。

证明　必要性: 设 $x = a_1 \wedge a_2 \wedge \cdots \wedge a_n = b_1 \wedge b_2 \wedge \cdots \wedge b_n$ $(a_i, b_i \in F_i, i = 1, 2, \cdots, n)$, 则对于任意的 $i = 1, 2, \cdots, n$, 有

$$a_i \vee \left(\bigwedge_{j \neq i} b_j \right), \ b_i \vee \left(\bigwedge_{j \neq i} a_j \right) \in F_i \cap \bigvee_{j \neq i} F_j = \{1\},$$

从而 $a_i \vee \left(\bigwedge\limits_{j \neq i} b_j \right) = b_i \vee \left(\bigwedge\limits_{j \neq i} a_j \right) = 1$, 于是

$$a_i = a_i \wedge 1 = a_i \wedge \left(b_i \vee \left(\bigwedge_{j \neq i} a_j \right) \right) = (a_i \wedge b_i) \vee \left(\bigwedge_{j} a_j \right)$$

$$= (a_i \wedge b_i) \vee \left(\bigwedge_{j} b_j \right) = b_i \wedge \left(a_i \vee \left(\bigwedge_{j \neq i} b_j \right) \right) = b_i \wedge 1 = b_i。$$

充分性: 只需证 $F_i \cap \bigvee\limits_{j \neq i} F_j = \{1\}$ 对于任意 $i = 1, 2, \cdots, n$ 成立。事实上, 若 $x \in F_i \cap \bigvee\limits_{j \neq i} F_j$, 则 $x \in F_i$, $x \in \bigvee\limits_{j \neq i} F_j$, 从而存在 $a_j \in F_j$ $(j \neq i)$ 使得 $x = \bigwedge\limits_{j \neq i} a_j$, 于是

$$x \wedge \bigwedge_{j \neq i} a_j = x \wedge x = 1 \wedge x = 1 \wedge \bigwedge_{j \neq i} a_j。$$

由于 H 中的每个元素分解法唯一，因此 $x=1$，得证。□

由于滤子作为 Heyting 代数的子偏序集也是一个 Heyting 代数，所以滤子除了可以用来作内直积，也可以当作独立的 Heyting 代数作外直积。下面的结论说明，Heyting 代数的内外直积在同构意义下是一致的。

定理 3.4.5（内外直积的一致性） 设 H 是一个 Heyting 代数，则

（1）若 H 是 $H_1, H_2, \cdots, H_n$ 的外直积，对于任意的 $i=1,2,\cdots,n$，令

$$\widetilde{H_i} = \{(1,\cdots,x,\cdots,1) \mid x \in H_i\} \text{（第}i\text{个分量是}x\text{，其他分量都是}1），$$

则 $\widetilde{H_i} \in \mathrm{Fil}(H)$，且 H 是 $\widetilde{H_1}, \widetilde{H_2}, \cdots, \widetilde{H_n}$ 的内直积。

（2）若 H 是其滤子 $F_1, F_2, \cdots, F_n$ 的内直积，则 H 同构于 $F_1, F_2, \cdots, F_n$ 的外直积。

证明 （1）利用格滤子的定义可证 $\widetilde{H_i} \in \mathrm{Fil}(H)$ $(i=1,2,\cdots,n)$。由定理 1.5.5（2）可证，$H = H_1 \times H_2 \times \cdots \times H_n = \widetilde{H_1} \vee \widetilde{H_2} \vee \cdots \vee \widetilde{H_n}$。

（2）这是定理 3.4.4 的直接推论。□

由于 Heyting 代数是一种泛代数，除了本节中的这些结论外，我们还可以像群和环等代数结构一样研究其同态定理和分解定理等内容，见部分习题。

习题 3

1. 证明有限分配格都是 Heyting 代数。

2. 设 $\to: H \times H \longrightarrow H$ 是格 H 上的一个二元运算，则 $(H; \to)$ 是 Heyting 代数当且仅当对于任意的 $a, b \in H$，有

（1）$a \leqslant b \to (a \wedge b)$；

（2）$b \wedge (b \to a) \leqslant a$；

（3）$a \to (\text{-})$ 保序。

3. 设 L 是一个分配格，则 $\mathrm{Idl}(L)$ 和 $\mathrm{Fil}(L)$ 都是 Heyting 代数（见例 3.1.1（2））。

4. 设 $(X, \mathcal{O}(X))$ 是一个拓扑空间，则 $(\mathcal{O}(X), \subseteq)$ 是 Heyting 代数，试给出 $A \to B$ 的具体形式（其中 A, B 是开集）。

5. 设 H 是一个 Heyting 代数，则对于任意的 $a, b \in H$，下列条件等价：

（1）a, b 是互补元；

（2）$a' = b$，$b' = a$；

（3）$a \to H = \uparrow b$；

（4）$b \to H = \uparrow a$。

6. 设 H 是一个 Heyting 代数，θ 是 H 上的一个等价关系。证明：θ 是 Heyting 同余关系当且仅当

$$(a,b) \in \theta \Longrightarrow (a \wedge c, b \wedge c),\ (a \to c, b \to c) \in \theta\ (\forall a, b, c \in H)。$$

7. 设 H 是一个 Heyting 代数。证明 $\mathrm{Fil}(H)$ 与 $\mathrm{Con}(H)$ 完备格同构。

8. 证明定理 3.3.1。

9. 设 L 是一个交半格，则 $x \in L$ 是一个交素元当且仅当关于 x 的相对极大滤子有且只有一个。

10. 设 $f : H_1 \longrightarrow H_2$ 是一个 Heyting 满同态，则 $S_f = \{F \in \mathrm{Fil}(H_1) | \ F \supseteq \mathrm{Ker} f\}$ 与 $\mathrm{Fil}(H_2)$ 完备格同构。

11. 设 $f : H_1 \longrightarrow H_2$ 是一个 Heyting 同态，则 $H_1/\mathrm{Ker} f \cong f(H_1)$。

12. 设 H 是一个 Heyting 代数，若 $N, K \in \mathrm{Fil}(H)$，则

（1）$N/(N \cap K) \cong (N \vee K)/K$；

（2）若 $N \cap K = \{1\}$ 且 $N \vee K = H$，则 $H/N \cong K$，$H/K \cong N$。

13. 给出定理 3.4.5 的详细证明。

第 4 章 |
CHAPTER 4

Frame与拓扑表示定理

拓扑结构和格序结构之间有着非常自然的联系。从拓扑结构出发，可以得到两种格序结构：无点化序和特殊化序；反过来，从格序结构出发，可以在上面定义很多内蕴拓扑，如序拓扑、Alexandrov 拓扑和 Scott 拓扑等，也可以在其特定子集构成的集族上定义类似于环的 Zariski 拓扑的拓扑结构。20 世纪 30 年代末，M.H. Stone 关于 Boole 代数与分配格的拓扑表示定理出现后[75-77]，人们开始广泛关注和重视这方面内容的研究。C. Ehresmann 认为具有某种分配性的格本身就可以作为一种广义拓扑空间来研究[15]，其中 frame 是替代拓扑空间的开集格的较直接且有效的格结构。后来的研究表明，这种融合拓扑结构和格序结构于一体的研究是极具特色的，并逐步形成了"序与拓扑"的稳定研究方向。

本章我们介绍 frame 及其 frame 同态的概念，空间式 frame 与 sober 空间的范畴对偶等价，分配格与 Boole 代数的拓扑表示定理，以及核映射和余核映射等内容。

4.1　Frame 的定义和基本性质

定义 4.1.1　设 L 是一个完备格。如果对于任意的 $a \in L$ 和 $S \subseteq L$，都有

$$\text{(IFD)}\quad a \wedge (\bigvee S) = \bigvee_{s \in S}(a \wedge s),$$

则称 L 为 **frame**，称（IFD）为**无限分配律**（infinitely distributive law）。

定义 4.1.2　设 $f: A \longrightarrow B$ 是 frame 之间的一个映射，如果 f 保有限交和任意并（包括空集的交和并），则称 f 为从 A 到 B 的 **frame 同态**（frame homomorphism）。全体 frame 和 frame 同态构成的范畴记为 **Frm**。

注 4.1.1　（1）若 $f: A \longrightarrow B$ 是一个 frame 同态，则 $f(0) = 0$，$f(1) = 1$。

（2）当 A, B 仅是完备格时，如果 $f: A \longrightarrow B$ 是一个保有限交和任意并的映射，我们仍然将这种映射称为 frame 同态。

例 4.1.1 （1）设 $(X, \mathcal{O}(X))$ 是一个拓扑空间，则 $(\mathcal{O}(X), \subseteq)$ 是 frame。

（2）任意完备链都是 frame。

（3）设 L 是一个有界分配格，则 $\mathrm{Fil}(L)$ 和 $\mathrm{Idl}(L)$ 在包含序下都是 frame。

定义 4.1.3 设 L 是一个完备格，$F \in \mathrm{Fil}(L)$。如果对于任意的 $S \subseteq L$ 都有 $\bigvee S \in F$ 蕴含 $S \cap F \neq \varnothing$，则称 F 为 L 的**完全素滤子**（completely prime filter）[①]。

显然，每个完全素滤子都是真滤子。设 $(X, \mathcal{O}(X))$ 是一个拓扑空间，则对于任意的 $x \in X$，$\mathcal{U}(x)$ 是 $\mathcal{O}(X)$ 的完全素滤子。

在本章中，我们记 $pt_e(L)$ 为 L 的全体交素元之集，$pt_f(L)$ 为 L 的全体完全素滤子之集，$pt_h(L)$ 为从 L 到 $\mathbf{2}$ 的全体 frame 同态之集。在 $pt_e(L)$ 上赋予在 L 的限制序下的对偶序，即 $x \leqslant_{pt_e(L)} y$ 当且仅当 $y \leqslant x$；在 $pt_f(L)$ 上赋予包含序；在 $pt_h(L)$ 上赋予逐点序。

定理 4.1.1 设 L 是一个完备格。定义

$$\alpha_1 : pt_e(L) \longrightarrow pt_f(L), \ \alpha_1(a) = (\downarrow a)';$$

$$\alpha_2 : pt_f(L) \longrightarrow pt_e(L), \ \alpha_2(F) = \bigvee F',$$

则 α_1, α_2 是互逆序同构。

证明 设 $a \in pt_e(L)$，$F \in pt_f(L)$。

首先，对于任意的 $x, y \in L$，$x \wedge y \in (\downarrow a)'$ 当且仅当 $x \wedge y \not\leqslant a$，当且仅当 $x \not\leqslant a$ 且 $y \not\leqslant a$，当且仅当 $x \in (\downarrow a)'$ 且 $y \in (\downarrow a)'$；设 $S \subseteq L$ 且 $\bigvee S \in (\downarrow a)'$，则 $\bigvee S \not\leqslant a$，从而存在 $s \in S$ 使得 $s \not\leqslant a$，故 $S \cap (\downarrow a)' \neq \varnothing$。因此，$\alpha_1(a) = (\downarrow a)'$ 是完全素滤子。这说明 α_1 是一个映射，其保序性显然。

其次，对于任意的 $x, y \in L$，设 $x \wedge y \leqslant \bigvee F'$。由 F 是完全素滤子知，$\bigvee F' \notin F$，从而 $x \wedge y \notin F$，进而 $x \notin F$ 或 $y \notin F$，故 $x \leqslant \bigvee F'$ 或 $y \leqslant \bigvee F'$。因此，$\alpha_2(F) = \bigvee F'$ 是交素元（$\bigvee F' \neq 1$ 是显然的）。这说明 α_2 是一个映射，其保序性显然。

最后，对于任意的 $x \in L$，$x \in \alpha_1 \alpha_2(F) = (\downarrow \bigvee F')'$ 当且仅当 $x \not\leqslant \bigvee F'$，当且仅当 $x \in F$，故 $\alpha_1 \alpha_2 = \mathrm{id}_{pt_f(L)}$；另外，$\alpha_2 \alpha_1(a) = \bigvee(\downarrow a)'' = \bigvee \downarrow a = a$，故 $\alpha_2 \alpha_1 = \mathrm{id}_{pt_e(L)}$。因此，$\alpha_1, \alpha_2$ 是互逆序同构。$\square$

定理 4.1.2 设 L 是一个完备格。定义

$$\beta_1 : pt_h(L) \longrightarrow pt_f(L), \ \beta_1(p) = p^{-1}(1);$$

[①] 在有些格论书中，completely prime filter 被翻译为"完备素滤子"。笔者认为，complete 的中文为"完备"，如完备格、完备度量空间等，它描述的是对象的某种完备性；而 completely 应翻译为"完全"，如完全素滤子、完全并既约元等，它描述的是某性质的诸如从有限到任意的完全性。

$$\beta_2 : pt_f(L) \longrightarrow pt_h(L), \ \beta_2(F) = \chi_F,$$

则 β_1, β_2 是互逆序同构。

证明 设 $p \in pt_h(L)$, $F \in pt_f(L)$。

首先, 显然 $p^{-1}(1)$ 是一个上集; 设 $x, y \in p^{-1}(1)$, 则 $p(x \wedge y) = p(x) \wedge p(y) = 1 \wedge 1 = 1$, 故 $x \wedge y \in p^{-1}(1)$。设 $\bigvee S \in p^{-1}(1)$, 则 $\bigvee_{s \in S} p(s) = p(\bigvee S) = 1$, 从而存在 $s \in S$ 使得 $p(s) = 1$, 故 $S \cap p^{-1}(1) \neq \varnothing$。因此, $\beta_1(p) = p^{-1}(1)$ 是完全素滤子, β_1 是映射, 其保序性显然。

其次, 由于 F 是 L 的非空真子集, 有 $\chi_F(0) = 0$, $\chi_F(1) = 1$。设 $x, y \in L$, 则

$$
\begin{aligned}
\chi_F(x \wedge y) = 1 &\Longleftrightarrow x \wedge y \in F \\
&\Longleftrightarrow x \in F \text{ 且 } y \in F \\
&\Longleftrightarrow \chi_F(x) = \chi_F(y) = 1 \\
&\Longleftrightarrow \chi_F(x) \wedge \chi_F(y) = 1,
\end{aligned}
$$

故 $\chi_F(x \wedge y) = \chi_F(x) \wedge \chi_F(y)$。设 $S \subseteq L$, 则

$$
\begin{aligned}
\chi_F(\bigvee S) = 1 &\Longleftrightarrow \bigvee S \in F \\
&\Longleftrightarrow S \cap F \neq \varnothing \\
&\Longleftrightarrow \text{存在 } s \in S \text{ 使得 } \chi_F(s) = 1 \\
&\Longleftrightarrow \bigvee_{s \in S} \chi_F(s) = 1,
\end{aligned}
$$

故 $\chi_F(\bigvee S) = \bigvee_{s \in S} \chi_F(s)$。因此, $\beta_2(F) = \chi_F : L \longrightarrow \mathbf{2}$ 是 frame 同态, 从而 β_2 是映射, 其保序性显然。

最后, $\beta_1\beta_2(F) = (\chi_F)^{-1}(1) = F$, $\beta_2\beta_1(p) = \chi_{p^{-1}(1)} = p$, 故 $\beta_1\beta_2 = \mathrm{id}_{pt_f(L)}$, $\beta_2\beta_1 = \mathrm{id}_{pt_h(L)}$。因此, β_1, β_2 是互逆序同构。 $\square$

由于 $pt_e(L), pt_f(L)$ 和 $pt_h(L)$ 是同构的偏序集, 从现在开始我们统一用 $pt(L)$ 表示它们, 读者可以从上下文看出具体指代的是哪一个集合。

对于任意的 $x \in L$, 令

$$\phi_L(x) = \{F \in pt_f(L) \mid x \in F\},$$

则对于 $pt_e(L)$ 和 $pt_h(L)$ 的情形, $\phi_L(x)$ 分别可以等价地写成

$$\phi_L(x) = \{a \in pt_e(L) \mid x \not\leqslant a\},$$

$$\phi_L(x) = \{p \in pt_h(L) \mid p(x) = 1\}。$$

定理 4.1.3 设 L 是一个完备格，则 $\{\phi_L(x) \mid x \in L\}$ 构成 $pt(L)$ 上的一个 T_0 拓扑，记作 $\Omega(pt(L))$。

证明 首先，$\phi_L(0) = \{F \in pt(L) \mid 0 \in F\} = \varnothing$，$\phi_L(1) = \{F \in pt(L) \mid 1 \in F\} = pt(L)$，从而 $\varnothing, pt(L) \in \Omega(pt(L))$；其次，对于任意的 $x, y \in L$，易证 $\phi_L(x) \cap \phi_L(y) = \phi_L(x \wedge y) \in \Omega(pt(L))$；最后，对于任意的 $\{\phi_L(x_j) \mid j \in J\} \subseteq \Omega(pt(L))$ $(J \neq \varnothing)$，易证 $\bigcup\limits_j \phi_L(x_j) = \phi_L(\bigvee\limits_j x_j) \in \Omega(pt(L))$。因此，$\Omega(pt(L))$ 是 $pt(L)$ 上的一个拓扑。拓扑 $\Omega(pt(L))$ 的 T_0 分离性是显然的。 $\square$

当可以从上下文看出 ϕ_L 对应的是哪一个完备格或 frame 时，我们经常把下标 L 略去。由定理 4.1.3 的过程易得如下结论。

定理 4.1.4 设 L 是一个 frame，则 $\phi : L \longrightarrow \Omega(pt(L))$ 是 frame 满同态。

定理 4.1.5 设 $f : A \longrightarrow B$ 是一个 frame 同态，令 $pt(f) : pt(B) \longrightarrow pt(A)$ 为

$$pt(f)(p) = p \circ f,$$

则 $pt(f)$ 是连续映射。

证明 这里我们将 $pt(L)$ 理解为 $pt_h(L)$。由于 p, f 都是 frame 同态，$p \circ f$ 也是，故 $pt(f) : pt(B) \longrightarrow pt(A)$ 是一个定义好的映射。对于任意的 $x \in A$，有

$$
\begin{aligned}
(pt(f))^{-1}(\phi(x)) &= \{p \in pt(B) \mid pt(f)(p) \in \phi(x)\} \\
&= \{p \in pt(B) \mid p \circ f(x) = 1\} \\
&= \phi(f(x)) \in \Omega(pt(B))_\circ
\end{aligned}
$$

因此，$pt(f)$ 是一个连续映射。 $\square$

由定理 4.1.5，我们得到一个反变函子

$$pt : \mathbf{Frm} \longrightarrow \mathbf{Top} \quad (f : A \longrightarrow B) \mapsto (pt(f) : pt(B) \longrightarrow pt(A))_\circ$$

为叙述方便，我们总将它看作共变函子

$$pt : \mathbf{Frm}^{op} \longrightarrow \mathbf{Top}_\circ$$

反过来，对于一个拓扑空间 $(X, \mathcal{O}(X))$，偶对 $(\mathcal{O}(X), \subseteq)$ 是一个 frame，称为空间 X 的**无点化格**（pointfree lattice）。设 $f : (X, \mathcal{O}(X)) \longrightarrow (Y, \mathcal{O}(Y))$ 是一个连续映射，则容易证明 $f^{-1} : (\mathcal{O}(Y), \subseteq) \longrightarrow (\mathcal{O}(X), \subseteq)$ 是 frame 同态。因此，我们得到函子

$$\Omega : \mathbf{Top} \longrightarrow \mathbf{Frm}^{op}_\circ$$

定理 4.1.6 $\Omega \dashv pt : \mathbf{Top} \longrightarrow \mathbf{Frm}^{op}$。

证明   需证: 存在自然变换 $\varepsilon : \Omega \circ pt \longrightarrow \mathrm{id}_{\mathbf{Frm}^{op}}$ 使得对于 $\mathbf{Frm}^{op}$ 的每一个对象 B, 存在 $\mathbf{Frm}^{op}$ 中的态射 $\varepsilon_B : \Omega(pt(B)) \longrightarrow B$, 使得对于任意的 $g \in \hom_{\mathbf{Frm}^{op}}(\mathcal{O}(X), B)$, 存在 $\mathbf{Top}$ 中唯一的态射 $f : X \longrightarrow pt(B)$ 使得 $g = \varepsilon_B \circ \Omega(f)$ 在 $\mathbf{Frm}^{op}$ 中成立。由于 $\phi : B \longrightarrow \Omega(pt(B))$ 是 frame 同态 (对应自然变换 ε, 请读者自行详细验证), 我们只需证: 对于任意的拓扑空间 X 及其任意的 frame 同态 $h : B \longrightarrow \mathcal{O}(X)$, 存在唯一的拓扑连续映射 $f : X \longrightarrow pt(B)$ 使得 $h = f^{-1} \circ \phi$ 在 $\mathbf{Frm}$ 中成立。

为了省去该等式及其 f 的唯一性的证明, 我们现利用该等式反推 f 的表达式。事实上, 对于任意的 $b \in B$, 有 $h(b) = f^{-1}(\phi(b))$, 则对于任意的 $x \in X$, 由于 $f(x)$ 是 B 的完全素滤子, 有

$$x \in h(b) \Longleftrightarrow x \in f^{-1}(\phi(b)) \Longleftrightarrow f(x) \in \phi(b) \Longleftrightarrow b \in f(x)。$$

因此, $f(x) = \{b \in B \mid x \in h(b)\}$ ($\forall x \in X$)。

第一步: f 是一个定义好的映射, 即 $f(x) \in pt(B)$ ($\forall x \in X$)。事实上, 由 $h(0) = \varnothing$ 知, $0 \notin f(x)$; 由 $h(1) = X$ 知, $1 \in f(x)$。对于任意的 $a, b \in B$, 有

$$a \wedge b \in f(x) \Longleftrightarrow x \in h(a \wedge b) = h(a) \cap h(b) \Longleftrightarrow x \in h(a),\ x \in h(b) \Longleftrightarrow a, b \in f(x)。$$

对于任意的 $S \subseteq B$, 如果 $\bigvee S \in f(x)$, 则 $x \in h(\bigvee S) = \bigcup_{s \in S} h(s)$, 从而存在 $s \in S$ 使得 $x \in h(s)$, $s \in f(x)$, 故 $S \cap f(x) \neq \varnothing$。综上所述, $f(x) \in pt(B)$。

第二步: 设 $b \in B$, 则

$$
\begin{aligned}
f^{-1}(\phi(b)) &= \{x \in X \mid f(x) \in \phi(b)\} \\
&= \{x \in X \mid b \in f(x)\} \\
&= \{x \in X \mid x \in h(b)\} \\
&= h(b) \in \mathcal{O}(X)。
\end{aligned}
$$

因此, f 是一个连续映射。 $\square$

注 4.1.2   定理 4.1.6 由两位 Papert 在 1958 年首先发现[56], 1972 年 J. Isbell 给出了相对简明的证明方法[38]。该定理及其前期结论的证明过程中实际上并不要求 L 是 frame, 仅是完备格即可。在文献 [67] 中, S.E. Rodabaugh 将以完备格为对象、以 frame 同态为态射的范畴记作 $\mathbf{SFrm}$, 则仍有 $\Omega \dashv pt : \mathbf{Top} \longrightarrow \mathbf{SFrm}^{op}$。Rodabaugh 称范畴 $\mathbf{SFrm}$ 中的对象为**半 frame** (semiframe)。因此从格结构上

来说，半 frame 和完备格无异，但涉及态射时，半 frame 之间的态射是 frame 同态，而非完备格同态。

4.2　空间式 frame 和 sober 空间

定义 4.2.1　设 L 是一个 frame，如果 $pt_e(L)$ 是 L 的交生成集，则称 L 为**空间式 frame**（spatial frame）。全体空间式 frame 和 frame 同态构成的范畴记为 **SpFrm**。

例 4.2.1　设 $(X, \mathcal{O}(X))$ 是一个拓扑空间，则 $(\mathcal{O}(X), \subseteq)$ 是空间式 frame。

证明　容易证明，每一个 $\{x\}^{-\prime}$ 都是 $(\mathcal{O}(X), \subseteq)$ 的交素元，且对于任意的开集 U，都有 $\bigwedge\limits_{x \notin U} \{x\}^{-\prime} = (\bigcap\limits_{x \notin U} \{x\}^{-\prime})^\circ = U^\circ = U$。因此，$(\mathcal{O}(X), \subseteq)$ 是空间式 frame。□

定理 4.2.1　设 L 是一个 frame，则下列条件等价：

（1）L 是空间式 frame；

（2）$\phi : L \longrightarrow \Omega(pt(L))$ 是序同构；

（3）存在拓扑空间 $(X, \mathcal{O}(X))$ 使得 L 序同构于 $(\mathcal{O}(X), \subseteq)$。

证明　（2）$\Longrightarrow$（3）$\Longrightarrow$（1）是显然的。

（1）$\Longrightarrow$（2）：设 $a, b \in L$，有

$$\begin{aligned}
\phi(a) \leqslant \phi(b) &\Longleftrightarrow \text{对于任意的交素元 } p \in L, \text{ 有 } a \nleqslant p \Rightarrow b \nleqslant p \\
&\Longleftrightarrow \text{对于任意的交素元 } p \in L, \text{ 有 } b \leqslant p \Rightarrow a \leqslant p \\
&\Longleftrightarrow a \leqslant b.
\end{aligned}$$

故 ϕ 是序嵌入。再由 ϕ 是满射得，ϕ 是序同构。□

设 $(X, \mathcal{O}(X))$ 是一个拓扑空间，C 是一个非空闭集。如果对于任意的闭集 A, B，都有 $C = A \cup B$ 蕴含 $C = A$ 或 $C = B$，则称 C 为**既约闭集**（irreducible closed set）。显然，$(X, \mathcal{O}(X))$ 的既约闭集恰是 $(\mathcal{O}(X), \subseteq)$ 的并既约元。由于 $\mathcal{O}(X)$ 是分配格，易见 C 是既约闭集当且仅当 C' 是 $\mathcal{O}(X)$ 的交素元。容易验证，拓扑空间 X 中每个 $\{x\}^-$ 都是既约闭集。

定义 4.2.2　设 $(X, \mathcal{O}(X))$ 是一个拓扑空间。如果每个既约闭集都是唯一点的闭包，则称 $(X, \mathcal{O}(X))$ 为 **sober 空间**（sober space）。

定理 4.2.2　对于任意拓扑空间，$T_2 \Longrightarrow \text{sober} \Longrightarrow T_0$。

证明　设 X 是一个 T_2 空间，F 是 X 的一个既约闭集。若有 $x, y \in F$ 但 $x \neq y$，则存在 $U, V \in \mathcal{O}(X)$ 使得 $x \in U$，$y \in V$，$U \cap V = \varnothing$。于是 $F = F \backslash (U \cap V) = (F \backslash U) \cup (F \backslash V)$，这说明 F 可以表示为两个非空闭集的并，这与 F

是既约闭集矛盾。故 F 只能是单点集，且显然 F 是该点的闭包（唯一性已含在证明过程中）。因此，X 是 sober 空间。

设 X 是一个 sober 空间，对于 $x, y \in X$，如果 $\mathcal{U}(x) = \mathcal{U}(y)$，则由于它们是 $\mathcal{O}(X)$ 的完全素滤子，唯一对应于 $\mathcal{O}(X)$ 的某交素元，从而唯一对应于 X 的某既约闭集，故 $x = y$。因此，X 是一个 T_0 空间。□

例 4.2.2　T_1 和 sober 互不蕴含。

（1）无限集上的有限补拓扑是 T_1 的，但不是 sober 的；

（2）设 $X = \{x, y, z\}$，$\mathcal{O}(X) = \{\varnothing, \{y\}, \{x, y\}, \{y, z\}, X\}$，则 $(X, \mathcal{O}(X))$ 是 sober 空间，但不是 T_1 的。

设 $(X, \mathcal{O}(X))$ 是一个拓扑空间，定义 $\psi_X : X \longrightarrow pt(\mathcal{O}(X))$ 为

$$\psi_X(x) = \mathcal{U}(x) \ (\forall x \in X)。$$

由于每个 $\mathcal{U}(x)$ 都是 $\mathcal{O}(X)$ 的完全素滤子，ψ_X 是一个定义好的映射，且容易证明 ψ_X 是单射当且仅当 X 是 T_0 的。同样，当可以从上下文看出 ψ_X 对应的是哪一个拓扑空间时，我们也经常把下标 X 略去。

定理 4.2.3　设 L 是一个完备格，则 $pt(L)$ 是一个 sober 空间。

证明　设 W 是 $pt(L)$ 的既约闭集，则 $W' \in \phi(L)$。令 $a = \bigvee\{x \in L \mid \phi(x) \subseteq W'\}$，由 $\phi : L \longrightarrow \Omega(pt(L))$ 保任意并，可证 $W' = \phi(a)$，且 $\phi(x) \subseteq \phi(a)$ 当且仅当 $x \leqslant a$。由 W 是既约闭集可证 a 是 L 的交素元，从而 $F = L \backslash \downarrow a$ 是一个完全素滤子。下证 $W = \{F\}^-$，即需证 $(\phi(a))'$ 是 $\{(\phi(x))' \mid F \in (\phi(x))'\}$ 中的最小者，或 $\phi(a)$ 是 $\{\phi(x) \mid F \notin \phi(x)\}$ 中的最大者。一方面，由于 $a \notin L \backslash \downarrow a = F$，有 $F \notin \phi(a)$；另一方面，若 $F \notin \phi(x)$，即 $x \notin F$，则 $x \leqslant a$，从而 $\phi(x) \subseteq \phi(a)$。最后，由于 $pt(L)$ 是 T_0 的，满足条件的 F 是唯一的。因此，$pt(L)$ 是 sober 空间。□

定理 4.2.4　设 $(X, \mathcal{O}(X))$ 是一个拓扑空间，则下列条件等价：

（1）X 是 sober 空间；

（2）$(\mathcal{O}(X), \subseteq)$ 的每个完全素滤子都是唯一点的开邻域系；

（3）$\psi : X \longrightarrow pt(\mathcal{O}(X))$ 是双射；

（4）$\psi : (X, \mathcal{O}(X)) \longrightarrow (pt(\mathcal{O}(X)), \Omega(pt(\mathcal{O}(X))))$ 是同胚映射。

证明　（1）$\Longrightarrow$（2）：设 $\mathcal{F}$ 是 $\mathcal{O}(X)$ 的一个完全素滤子，记 $B = \bigcup\{A \in \mathcal{O}(X) \mid A \notin \mathcal{F}\}$，则 B 是 $\mathcal{O}(X)$ 的交素元且 $B \notin \mathcal{F}$。由此，B' 是既约闭集，从而存在唯一点 $x \in X$ 使得 $B' = \{x\}^-$。下证 $\mathcal{F} = \mathcal{U}(x)$。事实上，对于任意的

$A \in \mathcal{O}(X)$，

$$A \notin \mathcal{F} \Longleftrightarrow A \subseteq B \Longleftrightarrow \{x\}^- \subseteq A' \Longleftrightarrow x \in A' \Longleftrightarrow A \notin \mathcal{U}(x),$$

故 $\mathcal{F} = \mathcal{U}(x)$。

（2）$\Longrightarrow$（3）：由于 sober 空间中 $\mathcal{O}(X)$ 的每个完全素滤子是唯一点的开邻域系，故 $pt(\mathcal{O}(X)) = \{\mathcal{U}(x) \mid x \in X\}$。因此，$\psi : X \longrightarrow pt(\mathcal{O}(X))$ 是双射。

（3）$\Longleftrightarrow$（4）：只需证（3）蕴含（4）。对于任意的 $A \in \mathcal{O}(X)$，

$$\psi(A) = \{\psi(x) \mid x \in A\} = \{\mathcal{U}(x) \mid x \in A\} = \{\mathcal{U}(x) \mid A \in \mathcal{U}(x)\} = \phi(A),$$

$$\psi^{-1}(\phi(A)) = \{x \in X \mid \psi(x) \in \phi(A)\} = \{x \in X \mid A \in \mathcal{U}(x)\} = A.$$

因此，ψ 是一个同胚映射。

（4）$\Longrightarrow$（1）：由定理 4.2.3 立得。□

记 **SobTop** 为 sober 空间和连续映射构成的范畴，则由定理 4.1.6、定理 4.2.1 和定理 4.2.4 可得下面的定理。

定理 4.2.5　**SobTop** 对偶等价于 **SpFrm**。

4.3　有界分配格和 Boole 代数的 Stone 表示定理

定义 4.3.1　设 L 是一个完备格，$a \in L$。如果对于任意的 $I \in \mathrm{Idl}(L), a \leqslant \bigvee I$ 蕴含 $a \in I$，则称 a 为 L 的**紧元**（compact element）或**有限元**（finite element）。记 L 的全体紧元为 $K(L)$。

例 4.3.1　（1）集合 X 的幂集格 $\mathcal{P}(X)$ 中的紧元恰为 X 的有限子集。

（2）对于拓扑空间 $(X, \mathcal{O}(X))$，A 是 $(\mathcal{O}(X), \subseteq)$ 的紧元当且仅当 A 是 X 的紧开子集。

（3）群 G 的子群格 $\mathrm{Sub}(G)$ 的紧元恰为有限生成子群。

（4）$[0,1]$ 除 0 外无其他紧元。

定理 4.3.1　对于完备格 L，$K(L)$ 是 L 的子并半格且 $0 \in K(L)$。

证明　首先，显然 $0 \in K(L)$。其次，对于任意的 $a, b \in K(L)$ 和任意的 $I \in \mathrm{Idl}(L)$，如果 $a \vee b \leqslant \bigvee I$，则 $a \in I$，$b \in I$，从而 $a \vee b \in I$，故 $a \vee b \in K(L)$。因此，$K(L)$ 是 L 的子并半格。□

定义 4.3.2　设 L 是一个 frame。若 $K(L)$ 是 L 的保界子格且是 L 的并生成集，则称 L 为**凝聚 frame**（coherent frame）。

由定理 4.3.1 知，一个 frame 是凝聚的当且仅当 "$1 \in K(L)$，$x, y \in K(L)$ 蕴含 $x \wedge y \in K(L)$，且 $K(L)$ 是 L 的并生成集"。

设 A, B 是凝聚 frame，$f : A \longrightarrow B$ 是一个 frame 同态。如果 $f(K(A)) \subseteq K(B)$，即 f 保持紧元，则称 f 为**凝聚 frame 同态**（coherent frame homomorphism）。将全体凝聚 frame 和凝聚 frame 同态构成的范畴记为 **CohFrm**。

定理 4.3.2　设 D 是一个分配格，则 $\mathrm{Idl}(D)$ 中的紧元恰为主理想。

证明　一方面，设 I 是 $\mathrm{Idl}(D)$ 的紧元，则 $I = \bigcup\limits_{x \in I} \downarrow x = \bigvee\limits_{x \in I} \downarrow x$，从而存在 $x \in I$ 使得 $I \subseteq \downarrow x$，故 $I = \downarrow x$。另一方面，设 $\mathcal{I}$ 是 $\mathrm{Idl}(D)$ 的一个理想，则 $\bigvee \mathcal{I} = \bigcup \mathcal{I}$。如果 $\downarrow x \subseteq \bigvee \mathcal{I}$，那么 $x \in \bigcup \mathcal{I}$，于是存在 $J \in \mathcal{I}$ 使得 $x \in J$，$\downarrow x \subseteq J$。由于 $\mathcal{I}$ 是下集，故 $\downarrow x \in \mathcal{I}$。因此，$\downarrow x$ 是紧元。$\square$

定理 4.3.3　设 D 是一个有界分配格，则 $\mathrm{Idl}(D)$ 是凝聚 frame。

证明　由定理 4.3.2，$K(\mathrm{Idl}(D)) = \{\downarrow x \mid x \in D\}$，$D = \downarrow 1$ 是其最大元，且对于任意的 $I \in \mathrm{Idl}(D)$，$I = \bigcup\limits_{x \in I} \downarrow x = \bigvee\limits_{x \in I} \downarrow x$。另外，对于任意的 $x, y \in D$，有 $\downarrow x \wedge \downarrow y = \downarrow(x \wedge y)$。因此，$\mathrm{Idl}(D)$ 是凝聚 frame。$\square$

定理 4.3.4　如果 $f : D \longrightarrow E$ 是有界分配格之间的一个保界格同态，则 $\mathrm{Idl}(f) : \mathrm{Idl}(D) \longrightarrow \mathrm{Idl}(E)$ 是一个凝聚 frame 同态，其中 $\mathrm{Idl}(f)(I) = \downarrow f(I)$ $(\forall I \in \mathrm{Idl}(D))$。

证明　由习题 2 中第 15 题的结论知，$(\mathrm{Idl}(f), f^{-1})$ 构成从 $\mathrm{Idl}(D)$ 到 $\mathrm{Idl}(E)$ 的一个 Galois 伴随，从而 $\mathrm{Idl}(f)$ 保任意并。另外，显然有 $\mathrm{Idl}(f)(\downarrow d) = \downarrow f(d)$ $(\forall d \in D)$，从而 $\mathrm{Idl}(f)$ 保紧元。接下来我们证明 $\mathrm{Idl}(f)$ 保有限交。事实上，一方面，$\mathrm{Idl}(f)(D) = \downarrow f(D) = E$（注意 $f(1) = 1$）；另一方面，设 $I, J \in \mathrm{Idl}(D)$，则有 $\mathrm{Idl}(f)(I \cap J) \subseteq \mathrm{Idl}(f)(I) \cap \mathrm{Idl}(f)(J)$。设 $x \in \mathrm{Idl}(f)(I) \cap \mathrm{Idl}(f)(J)$，存在 $a \in I, b \in J$ 使得

$$x \leqslant f(a) \wedge f(b) = f(a \wedge b) \in f(I \cap J) \subseteq \mathrm{Idl}(f)(I \cap J).$$

故 $x \in f(I \cap J) \subseteq \mathrm{Idl}(f)(I \cap J)$。由 x 的任意性，$\mathrm{Idl}(f)(I \cap J) \supseteq \mathrm{Idl}(f)(I) \cap \mathrm{Idl}(f)(J)$，进而 $\mathrm{Idl}(f)(I \cap J) = \mathrm{Idl}(f)(I) \cap \mathrm{Idl}(f)(J)$。因此，$\mathrm{Idl}(f)$ 保有限交。综上所述，$\mathrm{Idl}(f)$ 是一个凝聚 frame 同态。$\square$

令 **DLat** 为有界分配格及保界格同态构成的范畴。由定理 4.3.3 和定理 4.3.4，我们得到一个函子

$$\mathrm{Idl} : \mathbf{DLat} \longrightarrow \mathbf{CohFrm}.$$

定理 4.3.5　设 $g : A \longrightarrow B$ 是一个 **CohFrm**-态射，则 $g|_{K(A)} : K(A) \longrightarrow K(B)$ 是有界分配格之间的保界格同态。

证明　由 g 的定义知，$g|_{K(A)} : K(A) \longrightarrow K(B)$ 是一个定义好的映射。由于 $K(A)$，$K(B)$ 分别是 A, B 的保界子格，自然都是有界分配格。由于 g 是 frame 同态，故 $g|_{K(A)}$ 是保界格同态。□

定理 4.3.6　**DLat** 和 **CohFrm** 等价。

证明　由定理 4.3.2，对于任意的有界分配格 D，D 与 $K(\mathrm{Idl}(D))$ 序同构。设 L 是一个凝聚 frame，定义

$$f : L \longrightarrow \mathrm{Idl}(K(L)), \ f(a) = {\downarrow}a \cap K(L) \ (\forall a \in L);$$

$$g : \mathrm{Idl}(K(L)) \longrightarrow L, \ g(I) = \bigvee I \ (\forall I \in \mathrm{Idl}(K(L))).$$

容易证明 f, g 都是定义好的映射。一方面，显然有 $f(g(I)) = {\downarrow}(\bigvee I) \cap K(L) \supseteq I$；另外，对于任意的 $x \in {\downarrow}(\bigvee I) \cap K(L)$，有 $x \in K(L)$ 且 $x \leqslant \bigvee I$，从而 $x \in I$，故 $f(g(I)) \subseteq I$。这说明 $fg(I) = I \ (\forall I \in \mathrm{Idl}(K(L)))$。另一方面，由于 $K(L)$ 是 L 的并生成集，有 $g(f(a)) = \bigvee({\downarrow}a \cap K(L)) = a \ (\forall a \in L)$。因此，$L$ 与 $\mathrm{Idl}(K(L))$ 序同构。结合定理 4.3.4 和定理 4.3.5，**DLat** 和 **CohFrm** 等价。□

注 4.3.1　现有的介绍格论的专著中对 **DLat** 和 **CohFrm** 的等价性的处理过程大都存在一些细节上的不足，比如：

（1）仅将 **DLat** 的对象限定为一般的分配格，实际上应该是有界分配格；

（2）仅将 **DLat** 的态射限定为一般的格同态，实际上应该是保界格同态；

（3）在凝聚 frame 的定义中仅要求"$K(L)$ 是 L 的子格"，实际上应该是"$K(L)$ 是 L 的保界子格"。

定理 4.3.7　凝聚 frame 都是空间式的。

证明　本方法来自文献 [50]。由定理 4.3.6 知，我们只需证对于每个有界分配格 D，$\mathrm{Idl}(D)$ 是空间式 frame。事实上，在分配格中相对极大理想都是素理想，从而相对极大理想都是 $\mathrm{Idl}(D)$ 的交素元。而 $\mathrm{Idl}(D)$ 可以由全体相对极大理想交生成，故而也可以由全体素理想交生成。因此，$\mathrm{Idl}(D)$ 是空间式 frame（结合本章习题中的第 1 题）。□

定义 4.3.3　设 $(X, \mathcal{O}(X))$ 是一个拓扑空间。如果 $(X, \mathcal{O}(X))$ 是 sober 空间，且 $\mathcal{O}(X)$ 是凝聚 frame，则称 $(X, \mathcal{O}(X))$ 为**凝聚空间**（coherent space）。

当 $\mathcal{O}(X)$ 是凝聚 frame 时，由最大元是紧元知，$(X, \mathcal{O}(X))$ 是紧空间，从而凝聚空间都是紧空间。

如果映射 $f : (X, \mathcal{O}(X)) \longrightarrow (Y, \mathcal{O}(Y))$ 是连续的，且 $f^{-1} : \mathcal{O}(Y) \longrightarrow \mathcal{O}(X)$ 是凝聚 frame 同态，则称 f 为**凝聚连续映射**（coherent continuous mapping）。全体凝聚空间和凝聚连续映射构成的范畴记为 **CohTop**。

由定义知，将函子 $\Omega : \mathbf{Top} \longrightarrow \mathbf{Frm}^{op}$ 作限制，可得到函子

$$\Omega : \mathbf{CohTop} \longrightarrow \mathbf{CohFrm}^{op}.$$

定理 4.3.8 设 L 是一个凝聚 frame，则 $(pt(L), \Omega(pt(L)))$ 是凝聚空间。

证明 由 L 是完备格，$(pt(L), \Omega(pt(L)))$ 是 sober 空间。由定理 4.3.7，L 是空间式 frame。由定理 4.2.1，$\Omega(pt(L))$ 序同构于 L，从而也是凝聚 frame。故 $pt(L)$ 是凝聚空间。 $\square$

定理 4.3.9 设 $f : A \longrightarrow B$ 是一个凝聚 frame 同态，则 $pt(f) : pt(B) \longrightarrow pt(A)$ 是凝聚连续映射。

证明 显然，$pt(f) : pt(B) \longrightarrow pt(A)$ 是连续映射。对于 $(pt(f))^{-1} : \Omega(pt(A)) \longrightarrow \Omega(pt(B))$，由于

$$
\begin{aligned}
(pt(f))^{-1}(\phi(b)) &= \{p \in pt(A) \mid pt(f)(p) \in \phi(b)\} \\
&= \{p \in pt(A) \mid pt(f)(p)(b) = 1\} \\
&= \{p \in pt(A) \mid p(f(b)) = 1\} \\
&= \phi(f(b)).
\end{aligned}
$$

因此，$(pt(f))^{-1} : \Omega(pt(A)) \longrightarrow \Omega(pt(B))$ 一一对应于 $f : A \longrightarrow B$，从而 $(pt(f))^{-1}$ 也是凝聚 frame 同态。因此，$pt(f) : pt(B) \longrightarrow pt(A)$ 是凝聚连续映射。 $\square$

由定理 4.2.5、定理 4.3.6、定理 4.3.8 和定理 4.3.9，我们得到如下分配格的拓扑表示定理。

定理 4.3.10 **DLat** 与 **CohTop** 对偶等价。

接下来，我们来看 Boole 代数的拓扑表示定理。

定义 4.3.4 称凝聚的 T_2 空间为 **Stone 空间**（Stone space）。

对于有界分配格 D，记 $(pt(Idl(D)), \Omega(pt(Idl(D))))$ 为 $(\mathrm{Spec}(D), \Omega(\mathrm{Spec}(D)))$，称为 D 的**谱空间**（spectral space）。

定理 4.3.11 设 D 是一个有界分配格，则 $\mathrm{Spec}(D)$ 是 T_2 的当且仅当 D 是 Boole 代数。

证明 必要性：由定理 4.3.3 和定理 4.3.8 知，$\mathrm{Spec}(D)$ 是凝聚空间，从而是紧空间。当它是 T_2 空间时，则其紧子集等同于闭子集，于是 $K(\Omega(\mathrm{Spec}(D)))$ 恰是由 $\mathrm{Spec}(D)$ 的全体开闭集构成的集族，故它是 Boole 代数（留作习题）。另

外由定理 4.3.7 和定理 4.2.5，$\mathrm{Idl}(D) \cong \Omega(\mathrm{Spec}(D))$，从而 $D \cong K(\mathrm{Idl}(D)) \cong K(\Omega(\mathrm{Spec}(D)))$，从而 D 也是 Boole 代数。

充分性：设 D 是一个 Boole 代数，取 $P, Q \in \mathrm{Spec}(D)$，则 P, Q 是 D 的素理想。如果 $P \neq Q$，不失一般性，假设存在 $a \in Q \backslash P$，则 $a' \notin Q$，$a' \in P$。从而 $\downarrow a \not\subseteq P$，$\downarrow a' \not\subseteq Q$，则 $P \in \phi(\downarrow a)$，$Q \in \phi(\downarrow a')$，于是 $\phi(\downarrow a) \cap \phi(\downarrow a') = \phi(\downarrow a \cap \downarrow a') = \phi(\downarrow 0) = \varnothing$。因此，$\mathrm{Spec}(D)$ 是 T_2 空间。□

记 **Boole** 为全体 Boole 代数和保界格同态构成的范畴，**Stone** 为全体 Stone 空间和凝聚连续映射构成的范畴。由定理 4.3.10 和定理 4.3.11 得下面的定理。

定理 4.3.12　**Boole** 与 **Stone** 对偶等价。

证明　证明过程留给读者。□

注 4.3.2　Priestley 在文献 [62, 63] 中利用序方法对分配格的 Stone 表示定理进行了描述。设集合 X 上带有一个拓扑 $\mathcal{O}(X)$ 和一个偏序关系 $\leqslant$，如果对于任意的 $x, y \in X$，当 $x \not\leqslant y$ 时，都存在一个既开又闭的下集 U 使得 $y \in U$ 且 $x \notin U$，那么称 $(X, \mathcal{O}(X), \leqslant)$ 为**完全序不连通空间**（totally order-disconnected space），并称紧的完全序不连通空间为 **Priestley 空间**（Priestley space）。Priestley 证明了有界分配格与 Priestley 空间范畴对偶等价，从而 Priestley 空间和凝聚空间范畴同构，即 Priestley 空间是凝聚空间在序语言下的一个等价描述。

4.4　核映射和余核映射

核映射和余核映射是研究 frame 的子结构和商结构的重要工具。

定义 4.4.1　设 L 是一个 frame，$f: L \longrightarrow L$ 是一个映射。若 f 是闭包算子（相应地，内部算子）且 $f(a \wedge b) = f(a) \wedge f(b)\ (\forall a, b \in L)$，则称 f 为 L 上的**核映射**（nucleus）（相应地，**余核映射**（conucleus））。

注 4.4.1　设 L 是一个 frame。

（1）$j: L \longrightarrow L$ 是核映射当且仅当 "j 保序，$a \leqslant j(a)$，$jj(a) \leqslant j(a)$，$j(a) \wedge j(b) \leqslant j(a \wedge b)\ (\forall a, b \in L)$"。

（2）$h: L \longrightarrow L$ 是余核映射当且仅当 "h 保序，$h(a) \leqslant a$，$h(a) \leqslant hh(a)$，$h(a) \wedge h(b) \leqslant h(a \wedge b)\ (\forall a, b \in L)$"。

例 4.4.1　设 L 是一个 frame。对于任意的 $a \in L$，$a \vee (\text{-})$ 和 $a \rightarrow (\text{-})$ 都是核映射，$a \wedge (\text{-})$ 则是余核映射。

定理 4.4.1　设 L 是一个 frame，则

（1）$j: L \longrightarrow L$ 是核映射当且仅当 $j(a) \rightarrow j(b) = a \rightarrow j(b)\ (\forall a, b \in L)$。

（2）$h: L \longrightarrow L$ 是余核映射当且仅当 $a \wedge h(a) \wedge h(h(b)) = h(a \wedge b)$ $(\forall a, b \in L)$。

证明 （1）必要性：由 $j(a) \geqslant a$ 得，$j(a) \rightarrow j(b) \leqslant a \rightarrow j(b)$。另外，设 $t \leqslant a \rightarrow j(b)$，则 $j(t) \wedge j(a) = j(t \wedge a) \leqslant j(j(b)) = j(b)$，从而 $t \leqslant j(t) \leqslant j(a) \rightarrow j(b)$。由 t 的任意性知，$j(a) \rightarrow j(b) \geqslant a \rightarrow j(b)$。因此，$j(a) \rightarrow j(b) = a \rightarrow j(b)$。

充分性：令 $b = a$，则 $a \rightarrow j(a) = j(a) \rightarrow j(a) = 1$，从而 $a \leqslant j(a)$，即 j 是增值的；当 $a \leqslant b$ 时，有 $j(a) \rightarrow j(b) = a \rightarrow j(b) \geqslant a \rightarrow b = 1$，从而 $j(a) \leqslant j(b)$，即 j 是保序的；由 a 的任意性，$j(j(a)) \rightarrow j(a) = j(a) \rightarrow j(a) = 1$，从而 $jj(a) \leqslant j(a)$，结合增值性知 j 是幂等的；由 $a \wedge b \leqslant j(a \wedge b)$，有 $a \leqslant b \rightarrow j(a \wedge b) = j(b) \rightarrow j(a \wedge b)$，从而 $j(b) \leqslant a \rightarrow j(a \wedge b) = j(a) \rightarrow j(a \wedge b)$，故 $j(a) \wedge j(b) \leqslant j(a \wedge b)$。综上所述，$j$ 是核映射。

（2）必要性：对于任意的 $a, b \in L$，$a \wedge h(a) \wedge h(h(b)) = h(a) \wedge h(b) = h(a \wedge b)$。

充分性：令 $b = a$，则 $a \wedge h(a) \wedge h(h(a)) = h(a)$，从而 $h(a) \leqslant a$，$h(a) \leqslant h(h(a))$，这可推出 h 是减值的且是幂等的，于是条件可简化为 $h(a) \wedge h(b) = h(a \wedge b)$。因此，$h$ 是余核映射。 □

定理 4.4.2 设 L 是一个 frame。若 (g, B) 是 L 的商对象，则存在唯一的核映射 $j: L \longrightarrow L$ 使得 B 与 $\mathrm{Im}j$ 通过 g^* 和 g 序同构，其中 $g^*: B \longrightarrow L$ 是 $g: L \longrightarrow B$ 的右伴随。

证明 第一步：为了避开 j 的唯一性的证明，我们先将

存在核映射 $j: L \longrightarrow L$ 使得 B 与 $\mathrm{Im}j$ 通过 g^* 和 g 序同构

看作条件来反推 j 的表达式：$j = g^* g$。设 $x \in L$。一方面，由 $x \leqslant g^* g(x)$ 得，$j(x) \leqslant j(g^* g(x)) = g^* g(x)$（注意 $g^* g(x) \in \mathrm{Im}j$）；另一方面，则 $j(x) = g^* g(j(x)) \geqslant g^* g(x)$（注意 $j(x) \in \mathrm{Im}j$ 且 $g^* g = \mathrm{id}_{\mathrm{Im}j}$）。因此，$j = g^* g$。

第二步：首先，显然 j 是闭包算子；其次，由于 g^* 保任意交，g 保有限交，故 j 保有限交。因此，$j: L \longrightarrow L$ 是核映射。

第三步：由于 g 是满射，$gg^* = \mathrm{id}_B$。对于任意的 $x \in \mathrm{Im}j$，$g^* g(x) = j(x) = x$，故 $g^* g = \mathrm{id}_{\mathrm{Im}j}$。因此，$B$ 与 $\mathrm{Im}j$ 通过 g^* 和 g 序同构。 □

定理 4.4.3 设 L 是一个 frame。若 (A, f) 是 L 的子对象，则存在唯一的余核映射 $h: L \longrightarrow L$ 使得 A 与 $\mathrm{Im}h$ 通过 f 和 f^* 序同构，其中 $f^*: L \longrightarrow A$ 是 $f: A \longrightarrow L$ 的右伴随。

证明 第一步：为了避开 h 的唯一性的证明，我们先将

存在余核映射 $h: L \longrightarrow L$ 使得 A 与 $\mathrm{Im}h$ 通过 f 和 f^* 序同构

看作条件来反推 h 的表达式：$h = f f^*$。设 $x \in L$，一方面，由 $f f^*(x) \leqslant x$ 得，$f f^*(x) = h(f f^*(x)) \leqslant h(x)$（注意 $f f^*(x) \in \mathrm{Im}h$）；另一方面，$h(x) = f f^*(h(x)) \leqslant$

$ff^*(x)$（注意 $h(x) \in \mathrm{Im}h$ 且 $ff^* = \mathrm{id}_{\mathrm{Im}h}$）。

第二步：首先，显然 h 是内部算子；其次，由于 f 保有限交，f^* 保任意交，故 h 保有限交。因此，$h = ff^*$ 是余核映射。

第三步：由于 f 是单射，$f^*f = \mathrm{id}_A$。对于任意的 $x \in \mathrm{Im}h$，$ff^*(x) = h(x) = x$，故 $ff^* = \mathrm{id}_{\mathrm{Im}h}$。因此，$A$ 与 $\mathrm{Im}h$ 通过 f 和 f^* 序同构。□

定义 4.4.2　设 L 是一个 frame，A 是 L 的一个非空子集，R 是 L 上的一个等价关系。

（1）如果 A 对 L 中的有限交和任意并封闭，则称 A 为 L 的**子 frame**(subframe)；

（2）如果

$$(x_1, y_1),\ (x_2, y_2) \in R \text{蕴含} (x_1 \wedge x_2, y_1 \wedge y_2) \in R;$$

$$\{(x_k, y_k) \mid k \in K\} \subseteq R \text{蕴含} \left(\bigvee_k x_k, \bigvee_k y_k \right) \in R,$$

则称 R 为 L 上的 **frame 同余关系**（frame congruence relation）。

下面的两个结论实际上是定理 4.4.2 和定理 4.4.3 的推论。

定理 4.4.4　设 L 是一个 frame，则 L 上的 frame 同余关系与 L 上的核映射一一对应。

证明　对于 L 上的核映射 j，容易验证 $R_j = \{(a, b) \in L \times L \mid j(a) = j(b)\}$ 是 L 上的等价关系。设 $(x_1, y_1),\ (x_2, y_2) \in R_j$，则 $j(x_i) = j(y_i)$ $(i = 1, 2)$，从而 $j(x_1 \wedge x_2) = j(x_1) \wedge j(x_2) = j(y_1) \wedge j(y_2) = j(y_1 \wedge y_2)$，于是 $(x_1 \wedge x_2, y_1 \wedge y_2) \in R_j$；设 $\{(x_k, y_k) \mid k \in K\} \subseteq R_j$，$j\left(\bigvee_k x_k \right) = \bigvee_k^j j(x_k) = \bigvee_k^j j(y_k) = j\left(\bigvee_k y_k \right)$，从而 $\left(\bigvee_k x_k, \bigvee_k y_k \right) \in R_j$。故 R_j 是 L 上的同余关系。上述过程中 $\bigvee_k^j j(x_k)$ 表示 $\{j(x_k) \mid k \in K\}$ 在 $\mathrm{Im}j$ 中的上确界，将用到本章习题中第 12 题的结论。

设 R 是 L 上的一个 frame 同余关系，令 $j_R(x) = \bigvee [x]_R$ $(\forall x \in L)$。容易证明 $(x, j_R(x)) \in R$ 且 $x \leqslant j_R(x)$。设 $x \leqslant y$，则对于任意的 $a \in [x]_R$，即 $(a, x) \in R$，从而 $(a \vee y, x \vee y) = (a \vee y, y) \in R$，进而 $a \leqslant a \vee y \leqslant j_R(y)$。由 a 的任意性得，$j_R(x) \leqslant j_R(y)$，即 j_R 保序。设 $a \in [j_R(x)]_R$，则 $(a, j_R(x)) \in R$。由 $(x, j_R(x)) \in R$ 得，$(a, x) \in R$，从而 $a \leqslant j_R(x)$。由 a 的任意性得 $j_R(j_R(x)) \leqslant j_R(x)$。设 $x, y \in X$，则

$$j_R(x) \wedge j_R(y) = \bigvee [x]_R \wedge \bigvee [y]_R$$

$$= \bigvee \{a \wedge b \mid a \in [x]_R,\ b \in [y]_R\}$$

$$= \bigvee \{a \wedge b \mid (a,x) \in R,\ (b,y) \in R\}$$

$$\leqslant \bigvee \{a \wedge b \mid (a \wedge b, x \wedge y) \in R\}$$

$$\leqslant \bigvee \{c \mid (c, x \wedge y) \in R\}$$

$$= \bigvee \{c \mid c \in [x \wedge y]_R\}$$

$$= j_R(x \wedge y)。$$

故 j_R 是 L 上的核映射。

对于任意的 $x \in L$，有

$$j_{R_j}(x) = \bigvee [x]_{R_j} = \bigvee \{y \in L \mid (x,y) \in R_j\} = \bigvee \{y \in L \mid j(x) = j(y)\} = j(x),$$

故 $j_{R_j} = j$。对于任意的 $x, y \in L$，有

$(x,y) \in R_{j_R}$ 当且仅当 $j_R(x) = j_R(y)$，当且仅当 $(x,y) \in R$（因为 $(x, j_R(x)),\ (y, j_R(y)) \in R$），故 $R_{j_R} = R$。

综上所述，L 上的 frame 同余关系与 L 上的核映射一一对应。 □

定理 4.4.5 设 L 是一个 frame，则 L 的子 frame 与 L 上的保持最大元的余核映射一一对应。

证明 证明过程类似于拓扑与拓扑内部算子的一一对应性，留给读者。 □

习题 4

1. 设 L 是一个完备格，$pt_e(L)$ 是其交生成集，则 L 是 frame。

2. 设 L 是一个完备格，则 $\mathrm{Fil}(L)$ 和 $\mathrm{Idl}(L)$ 都是空间式 frame。

3. 设 $f: A \longrightarrow B$，$g: B \longrightarrow A$ 是 frame 之间的保序映射，且 $f \dashv g: A \rightharpoonup B$。证明：

（1）$g(f(a) \rightarrow b) = a \rightarrow g(b)$ $(\forall a, b \in L)$；

（2）如果 B 是空间式的，那么 f 是 frame 同态当且仅当 g 保交素元。

4. 设 $(X, \mathcal{O}(X))$ 是一个拓扑空间，称 $pt(\mathcal{O}(X))$ 为 X 的 **sober 化**（sobrification）。试证明 T_0 的拓扑空间的 sober 化具有如下万有性质：

如果 $f: X \longrightarrow Y$ 是一个连续映射，Y 是一个 sober 空间，则存在唯一的连续映射 $h: pt(\mathcal{O}(X)) \longrightarrow Y$ 使得 $f = h \circ \psi_X$。

5. 在 Alexandrov 空间 $(X, \mathcal{O}(X))$ 中，$A \subseteq X$ 是 $\mathcal{O}(X)$ 的紧元当且仅当 A 是某点的最小开邻域。

6. 设 $\mathscr{A}$ 是由拓扑空间 X 中的所有既开又闭的子集构成的集族，那么 $\mathscr{A}$ 在包含序下是 Boole 代数。

7. 如果一个拓扑空间的连通子集都是单点集，则称它为**全不连通空间**（totally disconnected space）。证明：拓扑空间 X 是 Stone 空间当且仅当 X 是紧 T_2 的全不连通空间。

8. 每个完全序不连通空间都是 T_2 空间。

9. 直接证明一个拓扑空间是 Priestly 空间当且仅当它是凝聚空间。

10. 设 L 是一个 frame，$a \in L$。证明：$((\text{-}) \to a)) \to a$ 是核映射。

11. 设 L 是一个 frame，试证明：

(1) 若 (g, B) 是 L 的商对象，则 $g^* g(x) = \bigwedge \{g^*(b) \mid b \in B,\ x \leqslant g^*(b)\}$ $(\forall x \in L)$；

(2) 若 (A, f) 是 L 的子对象，则 $f f^*(x) = \bigvee \{f(a) \mid a \in A,\ f(x) \leqslant b\}$ $(\forall x \in L)$。

12. 设 L 是一个 frame，$j: L \longrightarrow L$ 是一个核映射，则 $\operatorname{Im} j$ 也是 frame，其中 $\bigvee_k^j x_k = j\left(\bigvee_k x_k\right)$ $(\forall \{x_k \mid k \in K\} \subseteq \operatorname{Im} j)$。

13. 证明定理 4.4.5。

14. 设 L 是一个 frame，记 L 上的所有核映射之集为 $N(L)$。对于任意的 $a \in L$，记 $c(a): L \longrightarrow L$ 为 $c(a) = a \vee (\text{-})$。试证明：

(1) $N(L)$ 在逐点序下也是 frame；

(2) $c: L \longrightarrow N(L)$ 是 frame 满同态；

(3) c 是序同构当且仅当 L 是 Boole 代数。

15. 证明：j 是 $N(L)$ 中的交素元当且仅当存在 L 的交素元 p 使得 $j = ((\text{-}) \to p) \to p$。

第 5 章|
CHAPTER 5

Domain 与连续格

Domain 理论由图灵奖得主 D.S. Scott 于 20 世纪 70 年代开创 [72-73]，旨在为理论计算机科学的指称语义学提供数学模型，揭示了计算中"逐步逼近"的本质：用部分逼整体，用有限逼近无限，用具体逼近抽象。Domain 理论的基本思想是在输入集和输出集上基于所含信息量的多少赋予序结构，构成定向完备偏序集；而作为程序的映射则是 Scott 连续映射，Scott 拓扑恰是使得映射的 Scott 连续性和拓扑连续性等价的那个拓扑结构。1980 年，Scott 等六位作者共同撰写了 Domain 理论的第一部专著 *A Compendium of Continuous Lattices*，2003 年该书第二版 *Continuous Lattices and Domains* 更新了大量研究成果。J. Goubault-Larrecq 的专著 Non-Hausdorff Topology and Domain Theory 以广义度量空间为基本结构对 Domain 理论进行了专题式研究。

本章我们介绍一些基本的 Domain 结构，如定向完备偏序集、domain、连续格、代数 domain、代数格等，介绍 Scott 拓扑的定义及其性质，Hofmann-Mislove 定理，连续格与入射 T_0 空间的范畴同构，连续格的 monad 代数表示。

5.1 基本 Domain 结构

定义 5.1.1 设 L 是一个偏序集，如果 L 的每个定向子集都有上确界，则称 L 为**定向完备偏序集**（directed-complete poset，简记为 dcpo）。

易证，偏序集 L 是 dcpo 当且仅当每个理想都有上确界，从而有限偏序集都是 dcpo。

定义 5.1.2 设 L 是一个 dcpo，$x, y \in L$。如果对于 L 的任意定向子集 D，$x \leqslant \bigvee D$ 蕴含 $y \in \downarrow D$，则称 y **双小于**（way below）x，记作 $y \ll x$，并记

$$\Downarrow x = \{y \in L \mid y \ll x\},$$

$$\Uparrow x = \{z \in L \mid x \ll z\}。$$

注 5.1.1 （1）在 dcpo L 中，$y \ll x$ 当且仅当对于 L 的任意理想 I，$x \leqslant \bigvee I$

蕴含 $y \in I$。

（2）第 4 章中定义的完备格的紧元可以扩展到 dcpo 上，即 x 是紧元当且仅当 $x \ll x$。

（3）对于任意的偏序集 P，$\mathrm{Idl}(P)$ 和 $\mathrm{Fil}(P)$ 都是 dcpo。

（4）每个完备格都是 dcpo，但实数集 $\mathbb{R}$ 和自然数集 $\mathbb{N}$ 都不是 dcpo。

定理 5.1.1　设 L 是一个 dcpo，则对于任意的 $u, x, y, z \in L$，有

（1）$x \ll y$ 蕴含 $x \leqslant y$；

（2）$u \leqslant x \ll y \leqslant z$ 蕴含 $u \ll z$；

（3）如果 $x \ll z$，$y \ll z$ 且 $x \vee y$ 存在，则 $x \vee y \ll z$；

（4）如果 L 有最小元 0，则 $0 \ll x$。

例 5.1.1　（1）在 $[0,1]$ 中，$x \ll y$ 当且仅当 $x < y$ 或者 $x = 0$。

（2）设 $(X, \mathcal{O}(X))$ 是一个局部紧空间[①]。对于任意的 $U, V \in \mathcal{O}(X)$，$U \ll V$ 当且仅当存在紧子集 K 使得 $U \subseteq K \subseteq V$。

（3）设 X 是一个非空集合。在幂集格 $\mathcal{P}(X)$ 中，$A \ll B$ 当且仅当 A 是 B 的有限子集。

定义 5.1.3　设 L 是一个 dcpo。

（1）如果对于任意的 $x \in L$，$\Downarrow x$ 是 L 的定向子集且 $x = \bigvee \Downarrow x$，则称 L 为**连续 dcpo**（continuous dcpo）或 **domain**。

（2）如果 L 是完备格且作为 dcpo 是连续的，则称 L 为**连续格**（continuous lattice）。

定理 5.1.2　设 L 是一个 dcpo，$x \in L$，$I \in \mathrm{Idl}(L)$。如果 $x \leqslant \bigvee I$，那么 $\Downarrow x \subseteq I$；如果 L 是 domain，那么二者等价。

定理 5.1.1 和定理 5.1.2 的证明比较直接，留作练习。

例 5.1.2　完备链、环的理想格和局部紧空间的开集格都是连续格。

定理 5.1.3　设 L 是一个 dcpo，$x \in L$。如果存在定向集 D 使得 $D \subseteq \Downarrow x$ 且 $x \leqslant \bigvee D$，则 $\Downarrow x$ 也是定向集且 $x = \bigvee \Downarrow x$。

证明　设 $a, b \in \Downarrow x$，则存在 $d_1, d_2 \in D$ 使得 $a \leqslant d_1$，$b \leqslant d_2$。对于 $d_1, d_2 \in D$，存在 $c \in D \subseteq \Downarrow x$ 使得 $d_1, d_2 \leqslant c$，从而 $a, b \leqslant c$，故 $\Downarrow x$ 是定向集。又 $x \leqslant \bigvee D \leqslant \bigvee \Downarrow x \leqslant x$，故 $x = \bigvee \Downarrow x$。□

定理 5.1.4（插入性质）　设 L 是一个 domain，则对于任意的 $x, y \in L$，如果 $x \ll y$，则存在 $z \in L$ 使得 $x \ll z \ll y$。

证明　设 $y \in L$，则

$$y = \bigvee \{z \in L \mid z \ll y\}$$
$$= \bigvee \left\{ \bigvee \Downarrow z \mid z \in L, z \ll y \right\}$$
$$= \bigvee \left(\bigcup \{\Downarrow z \mid z \in L, z \ll y\} \right)$$
$$= \bigvee \{w \in L \mid \exists z \in L \ \text{s.t.} \ w \ll z \ll y\}.$$

上式右端是由一些理想构成的定向集族的并，故它也是理想。若 $x \ll y$，则由双小于关系的定义知，$x \in \{w \in L \mid \exists z \in L \ \text{s.t.} \ w \ll z \ll y\}$，即存在 $z \in L$ 使得 $x \ll z \ll y$。□

定理 5.1.5 设 L 是一个 dcpo，则下列条件等价：

（1）L 是 domain；

（2）对于任意的 $x \in L$，$\Downarrow x$ 是满足 $x \leqslant \bigvee I$ 的最小理想；

（3）$\Downarrow \dashv \bigvee : L \rightharpoonup \mathrm{Idl}(L)$ 是 Galois 伴随。

证明 （1）$\Longrightarrow$（2）：由连续性的定义和定理 5.1.2 立得。

（2）$\Longrightarrow$（3）：由条件知，$\Downarrow : L \longrightarrow \mathrm{Idl}(L)$ 是保序映射。对于任意的 $x \in L$ 和 $I \in \mathrm{Idl}(L)$，若 $\Downarrow x \subseteq I$，则 $x \leqslant \bigvee \Downarrow x \leqslant \bigvee I$；若 $x \leqslant \bigvee I$，则由定理 5.1.2 得，$\Downarrow x \subseteq I$。因此，$\Downarrow \dashv \bigvee : L \rightharpoonup \mathrm{Idl}(L)$ 是 Galois 伴随。

（3）$\Longrightarrow$（1）：由条件知，$\Downarrow x$ 是理想且 $x \leqslant \bigvee \Downarrow x$；又 $\Downarrow x \subseteq {\downarrow} x$，从而 $\bigvee \Downarrow x \leqslant \bigvee {\downarrow} x = x$，进而 $\bigvee \Downarrow x = x$。因此，L 是 domain。□

定义 5.1.4 设 L 是一个 dcpo。

（1）如果对于任意的 $x \in L$，$K(L) \cap {\downarrow} x$ 是 L 的定向子集且 $x = \bigvee K(L) \cap {\downarrow} x$，则称 L 为**代数 domain**（algebraic domain）。

（2）如果代数 domain L 还是完备格，则称 L 为**代数格**（algebraic lattice）。

由定理 5.1.1，完备格 L 中每个 $\Downarrow x$ 自然都是定向集，因此完备格 L 是连续格当且仅当 $x = \bigvee \Downarrow x \ (\forall x \in L)$。由定理 4.3.1 知，完备格 L 中每个 $K(L) \cap {\downarrow} x$ 都是定向集，因此完备格 L 是代数格当且仅当 $x = \bigvee K(L) \cap {\downarrow} x \ (\forall x \in L)$。显然，凝聚 frame 是代数格。

定理 5.1.6 设 L 是一个 dcpo，则下列条件等价：

（1）L 是代数 domain；

（2）L 是 domain，且 $x \ll y$ 当且仅当存在 $k \in K(L)$ 使得 $x \leqslant k \leqslant y$。

证明 （1）$\Longrightarrow$（2）：设 L 是一个代数 domain，则由定理 5.1.3 知，L 是 domain。如果存在 $k \in K(L)$ 使得 $x \leqslant k \leqslant y$，显然有 $x \ll y$；反过来，如果

$x \ll y$，则由 $K(L) \cap {\downarrow} y$ 是定向集且 $y = \bigvee K(L) \cap {\downarrow} y$ 知，存在 $k \in K(L)$ 使得 $x \leqslant k \leqslant y$。

（2）$\Longrightarrow$（1）：设 $x \in L$。任取 $a, b \in K(L) \cap {\downarrow} x$，则 $a, b \ll x$。由 L 是 domain 知，存在 $c \ll x$ 使得 $a, b \leqslant c$。由条件知，存在 $k \in K(L)$ 使得 $c \leqslant k \leqslant x$，从而 k 是 a, b 在 $K(L) \cap {\downarrow} x$ 中的上界，故 $K(L) \cap {\downarrow} x$ 是定向集。由条件知，${\downarrow} x \subseteq {\downarrow}(K(L) \cap {\downarrow} x)$，从而 $x = \bigvee {\downarrow} x \leqslant \bigvee {\downarrow}(K(L) \cap {\downarrow} x) = \bigvee(K(L) \cap {\downarrow} x) \leqslant x$，故 $x = \bigvee K(L) \cap {\downarrow} x$。因此，$L$ 是代数 domain。$\square$

偏序集和格的理想是重要的子结构，其构成的集族兼具分配性特征、连续性特征和拓扑特征，是研究格序结构和拓扑结构之间的内在联系的重要工具。

定义 5.1.5　设 P 是一个偏序集。

（1）如果对于任意的 $\{x, y\} \subseteq P$，$\{x, y\}^u$ 非空蕴含 $x \vee y$ 存在，则称 P 为**条件并半格**（conditional join-semilattice）。

（2）如果对于任意的 $\{x, y\} \subseteq P$，$\{x, y\}^l$ 非空蕴含 $x \wedge y$ 存在，则称 P 为**条件交半格**（conditional meet-semilattice）。

（3）如果对于任意子集 $S \subseteq P$（包括空集），S^u 非空蕴含 $\bigvee S$ 存在，则称 P 为**有界完备的偏序集**（bounded complete poset）。

可以证明，有界完备的偏序集等价于**完备交半格**（complete meet-semilattice），即任意非空子集都有下确界的偏序集。

定理 5.1.7　设 P 是一个偏序集，则

（1）$\mathrm{Idl}(P)$ 是一个代数 domain，其紧元恰是主理想；

（2）$x \to {\downarrow} x : P \longrightarrow K(\mathrm{Idl}(P))$ 是序同构；

（3）如果 P 是具有最小元的条件并半格（相应地，并半格），则 $\mathrm{Idl}(P)$ 是有界完备的代数 domain（相应地，代数格）。

反过来，设 L 是一个代数 domain，则

（4）$a \mapsto {\downarrow} a \cap K(L) : L \longrightarrow \mathrm{Idl}(K(L))$ 是序同构；

（5）如果 L 是有界完备的代数 domain（相应地，代数格），则 $K(L)$ 是有最小元的条件并半格（相应地，并半格）。

证明　（1），（2），（4）的证明过程类似于定理 4.3.6。

（3）设 P 是一个有最小元的条件并半格，$\{I_j \mid j \in J\} \subseteq \mathrm{Idl}(P)$。若 $J = \varnothing$，则 $\bigvee_j I_j = \{0\}$。若 $J \neq \varnothing$ 且存在 $I \in \mathrm{Idl}(P)$ 使得 $\bigcup_j I_j \subseteq I$，则任取 $x_1, x_2, \cdots, x_n \in \bigcup_j I_j \subseteq I$ $(n \in \mathbb{N})$，由于 $\{x_1, x_2, \cdots, x_n\}$ 在 I 中有上界，从而 $x_1 \vee x_2 \vee \cdots \vee x_n$

存在，于是 $(\bigcup\limits_{j} I_j]$ 存在且是 $\{I_j \mid j \in J\}$ 的上确界。因此，$\mathrm{Idl}(P)$ 是一个有界完备的代数 domain。当 P 是有最小元 0 的并半格时，$\mathrm{Idl}(P)$ 是完备格，从而它是代数格。

（5）设 L 是一个有界完备的代数 domain，则 L 有最小元 0，显然 $0 \in K(L)$。另外，设 $x, y \in K(L)$，如果存在 $z \in K(L)$ 使得 $x, y \leqslant z$，则由有界完备性，$x \vee y$ 存在。由定理 4.3.1 知，$x \vee y \in K(L)$。因此，$K(L)$ 是一个有最小元的条件并半格。显然，当 L 是代数格时，$K(L)$ 是有最小元的并半格。 $\square$

定理 5.1.8　设 $\mathbf{SSL}_0$ 是由有最小元的并半格和保持最小元的并半格同态构成的范畴，$\mathbf{AlgLat}$ 是代数格和保任意交保定向并的映射构成的范畴，则 $\mathbf{SSL}_0$ 和 $\mathbf{AlgLat}$ 对偶等价。

定理 5.1.8 的证明留给读者。

定义 5.1.6　设 P 是一个偏序集，$p \in P$。如果 p 是极大元但不是最大元，或 $\uparrow p \backslash \{p\}$ 有最小元（记为 p^+），则称 p 为**完全交既约元**（completely meet-irreducible element）。记 P 的完全交既约元之集为 $\mathrm{Irr}(P)$。

定理 5.1.9　设 L 是一个条件并半格，$p \in L$，则下列条件等价：

（1）p 是完全交既约元；

（2）$\forall A \subseteq L$，若 $\bigwedge A$ 存在，则 $\bigwedge A = p$ 蕴含 $p \in A$。

证明　（1）$\Longrightarrow$（2）：设 $\bigwedge A = p$，但 $p \notin A$，则 $A \subseteq \uparrow p \backslash \{p\}$。如果 p 是极大元但不是最大元，则 $\uparrow p \backslash \{p\} = \varnothing$，从而 $A = \varnothing$，进而 $p = \bigwedge A$ 是 L 的最大元，与假设矛盾。如果 p^+ 存在，则 $A \subseteq \uparrow p^+$，从而 $p = \bigwedge A \geqslant p^+$，这也矛盾。

（2）$\Longrightarrow$（1）：设 $\uparrow p \backslash \{p\} \neq \varnothing$（即 p 不是极大元），且 $\uparrow p \backslash \{p\}$ 没有最小元。若可以证明 $\bigwedge \uparrow p \backslash \{p\} = p$，则这将与条件矛盾，下证之。事实上，显然 p 是 $\uparrow p \backslash \{p\}$ 的一个下界。设 a 也是 $\uparrow p \backslash \{p\}$ 的另一个下界。如果 $a \not\leqslant p$，则 $p \not\leqslant a$（否则 $p < a$，$a \in \uparrow p \backslash \{p\}$，从而 a 是 $\uparrow p \backslash \{p\}$ 的最小元，与假设矛盾），故 $a \parallel p$。显然 a, p 有上界，从而 $a \vee p$ 存在，于是 $a \vee p$ 也是 $\uparrow p \backslash \{p\}$ 的一个下界，但易见 $a \vee p > p$，$a \vee p \in \uparrow p \backslash \{p\}$，从而 $a \vee p$ 是 $\uparrow p \backslash \{p\}$ 的最小元，再次与假设矛盾。因此，$a \leqslant p$。由 a 的任意性，p 是 $\uparrow p \backslash \{p\}$ 的下确界。 $\square$

注 5.1.2　定义 5.1.6 给出的完全交既约元的描述方式来自文献 [24]，定理 5.1.9（2）中的经典描述方式出现在文献 [1] 中，当 L 是条件并半格时二者一致。

定理 5.1.10　如果 S 是偏序集 L 的交生成集，则 $\mathrm{Irr}(L) \subseteq S$。

证明　设 $p \in \mathrm{Irr}(L)$，则 $p = \bigwedge \{s \in S \mid p \leqslant s\}$。如果 p 是极大元而非最大元，则 $\{s \in S \mid p \leqslant s\} = \{p\}$，故 $p \in S$。如果 $\uparrow p \backslash \{p\}$ 有最小元 p^+ 且 $p \notin S$，则

$p = \bigwedge\{s \in S \mid p \leqslant s\} \geqslant p^+$，这与 $p < p^+$ 矛盾。因此，$\mathrm{Irr}(L) \subseteq S$。□

定理 5.1.11　设 L 是一个有界完备的代数 domain，则 $\mathrm{Irr}(L)$ 是最小的交生成集。

证明　由定理 5.1.10，只需证 $\mathrm{Irr}(L)$ 是 L 的交生成集。设 $x \in L$，$y = \bigwedge\{p \in \mathrm{Irr}(L) \mid x \leqslant p\}$，下面只需证明 $y \leqslant x$。设 $y \not\leqslant x$，由于 $y = \bigvee K(L) \cap {\downarrow}y$，存在 $k \in K(L)$ 使得 $k \leqslant y$ 但 $k \not\leqslant x$。设 C 是 $L\backslash{\uparrow}k$ 中的含有 x 的一个极大链，并令 $m = \bigvee C$（注意 C 是定向集），则 $m \in L\backslash{\uparrow}k$。否则由 $k \ll k \leqslant m = \bigvee C$ 得，存在 $c \in C$ 使得 $k \leqslant c$，这与 $C \subseteq L\backslash{\uparrow}k$ 矛盾。故元素 m 满足 $x \leqslant m$ 但 $k \not\leqslant m$。下证 $m \in \mathrm{Irr}(L)$，从而可以得到与 $y = \bigwedge\{p \in \mathrm{Irr}(L) \mid x \leqslant p\} \not\leqslant m$ 的矛盾。事实上，如果 m 是极大元，则 $m \in \mathrm{Irr}(L)$（注意 m 显然不是最大元）；如果 m 不是 L 的极大元，则由 m 在 $L\backslash{\uparrow}k$ 中的极大性知，$\varnothing \neq {\uparrow}m\backslash\{m\} \subseteq {\uparrow}k$，于是 $m^+ = \bigwedge {\uparrow}m\backslash\{m\}$ 存在（注意 $m^+ \geqslant k$，从而有 $m^+ \neq m$）。因此，$m \in \mathrm{Irr}(L)$。□

根据对偶原理，由定理 5.1.7，有最大元的条件交半格 L 的滤子集 $\mathrm{Fil}(L)$ 是一个有界完备的代数 domain，而有界完备的代数 domain 中完全交既约元之集是最小交生成集。如何刻画条件交半格 L 的滤子集 $\mathrm{Fil}(L)$ 中的完全交既约元是一个有趣的问题。下面将利用相对极大滤子给出一种刻画，这里我们并不要求 L 有最大元。

定理 5.1.12 [49]　设 L 是一个条件交半格，则 F 是 $\mathrm{Fil}(L)$ 的完全交既约元当且仅当 F 是一个相对极大滤子。

证明　从定理 5.1.7（3）的证明过程可以看出，当 L 是条件交半格时，$\mathrm{Fil}(L)$ 中非空子集如果有上界则必有上确界，从而它是一个条件并半格。

必要性: 设 F 是 $\mathrm{Fil}(L)$ 的一个完全交既约元，记 $\mathcal{S} = {\uparrow}F\backslash\{F\}$。如果 $\mathcal{S} = \varnothing$，则对于任意的 $a \notin F$（注意 F 不是 $\mathrm{Fil}(L)$ 的最大元，必有 $F \neq L$），易见 F 是关于 a 的相对极大滤子。若 $\mathcal{S} \neq \varnothing$，则 $\mathcal{S}$ 中存在最小元 F^+，任取 $a \in F^+\backslash F$。如果 $F \subsetneqq G \in \mathrm{Fil}(L)$，则 $G \in \mathcal{S}$，从而 $a \in F^+ \subseteq G$。这说明 F 是关于 a 的相对极大滤子。

充分性: 设 F 是关于 a 的相对极大滤子，则 F 不可能是 $\mathrm{Fil}(L)$ 的最大元（${\uparrow}a \not\subseteq F$）。仍令 $\mathcal{S} = {\uparrow}F\backslash\{F\}$。若 $\mathcal{S} = \varnothing$，则 F 是 $\mathrm{Fil}(L)$ 的极大元；若 $\mathcal{S} \neq \varnothing$，则对于任意的 $G \in \mathcal{S}$，有 $F \subsetneqq G$，从而 $a \in G$，${\uparrow}a \subseteq G$。这说明 F 和 ${\uparrow}a$ 在 $\mathrm{Fil}(L)$ 中有上界，从而 $F \vee {\uparrow}a$ 存在。由 G 的任意性可知，$F \vee {\uparrow}a$ 恰是 F^+。因此，F 是 $\mathrm{Fil}(L)$ 的完全交既约元。□

5.2 Scott 拓扑

设 L 是一个偏序集，$\mathcal{S}$ 是 L 的一个子集族，定义 $\mathcal{S}^l = \bigcup\limits_{A \in \mathcal{S}} A^l$，称为 $\mathcal{S}$ 的下界集。易见，$\mathcal{S}^l$ 是下集；如果 $\mathcal{S}$ 是 $(\mathcal{P}(L), \subseteq)$ 的上集，则 $x \in \mathcal{S}^l$ 当且仅当 $\uparrow x \in \mathcal{S}$。

定义 5.2.1　设 L 是一个 dcpo，$\xi = (x_\delta)_{\delta \in \Delta}$ 和 $\mathcal{F}$ 分别是 L 的网和集滤子，$x \in L$。

（1）如果存在 L 的定向子集 $D \subseteq L$ 使得 $\bigvee D \geqslant x$，且对于任意的 $d \in D$，$x_\delta \geqslant d$ 最终成立，则称 ξ **Scott 收敛**（be Scott convergent to）于 x，记作 $\xi \to_s x$；

（2）如果存在 L 的定向子集 D 使得 $D \subseteq \mathcal{F}^l$ 且 $\bigvee D \geqslant x$，则称 $\mathcal{F}$ **Scott 收敛**于 x，记作 $\mathcal{F} \to_s x$。

在文献 [16] 中，M. Erné 研究了一般偏序集中的网和滤子的 Scott 收敛及其导出拓扑。

注 5.2.1　（1）当 $x \leqslant y$ 时，常值网 $\overline{y} \to_s x$，点滤子 $\dot{y} \to_s x$。

（2）设 D 是 L 的定向集，则从 D 到 L 的含入映射是一个网，仍记作 D，则 $D \to_s \bigvee D$。

定理 5.2.1　设 L 是一个 dcpo，$\xi = (x_\delta)_{\delta \in \Delta}$ 和 $\mathcal{F}$ 分别是 L 的网和集滤子，$x \in L$，则

（1）$\xi \to_s x \Longleftrightarrow \mathcal{F}_\xi \to_s x$；

（2）$\mathcal{F} \to_s x \Longleftrightarrow \xi_\mathcal{F} \to_s x$。

证明　（1）一方面，设 $\xi = \{x_\delta\}_{\delta \in \Delta} \to_s x$，则存在定向集 $D \subseteq L$ 使得 $\bigvee D \geqslant x$，且对于任意的 $d \in D$，$x_\delta \geqslant d$ 最终成立。容易验证 $D \subseteq \mathcal{F}_\xi^l$，故 $\mathcal{F}_\xi \to_s x$。另一方面，设 $\mathcal{F}_\xi \to_s x$，则存在定向集 $D \subseteq L$ 使得 $D \subseteq \mathcal{F}_\xi^l$ 且 $\bigvee D \geqslant x$。对于任意的 $d \in D \subseteq \mathcal{F}_\xi^l$，存在 $F \in \mathcal{F}_\xi$ 使得 $d \in F^l$。对于这个 $F \in \mathcal{F}_\xi$，又存在 $\delta_0 \in \Delta$ 使得 $\{x_\delta \mid \delta \geqslant \delta_0\} \subseteq F \subseteq \uparrow d$。因此 $\xi \to_s x$。

（2）一方面，设 $\mathcal{F} \to_s x$，则存在定向集 $D \subseteq L$ 使得 $D \subseteq \mathcal{F}^l$，且 $\bigvee D \geqslant x$。对于任意的 $d \in D \subseteq \mathcal{F}^l$，存在 $F \in \mathcal{F}$ 使得 $d \in F^l$。取定 $a \in F$（注意 $\varnothing \notin \mathcal{F}$），则 $(a, F) \in \Delta_\mathcal{F}$。任取 $(b, G) \in \Delta_\mathcal{F}$ 使得 $(b, G) \geqslant (a, F)$，则 $G \subseteq F$ 且 $\xi_\mathcal{F}(b, G) = b \in G \subseteq F$，从而 $\xi_\mathcal{F}(b, G) \geqslant d$，故 $\xi_\mathcal{F} \to_s x$。另一方面，由于 $\mathcal{F}_{\xi_\mathcal{F}} = \mathcal{F}$，根据（1）知，若 $\xi_\mathcal{F} \to_s x$，则 $\mathcal{F} \to_s x$。$\square$

定理 5.2.2　设 L 是一个 dcpo，$A \subseteq L$，则下列条件等价：

（1）A 是上集，且对于任意的定向集 D 都有 $\bigvee D \in A$ 蕴含 $D \cap A \neq \varnothing$；

（2）A 是上集，且对于任意的理想 I 都有 $\bigvee I \in A$ 蕴含 $I \cap A \neq \varnothing$；

（3）对于任意集滤子 $\mathcal{F}$，如果 $\mathcal{F} \to_s x \in A$，那么 $A \in \mathcal{F}$；

（4）对于任意网 ξ，如果 $\xi \to_s x \in A$，那么 $\xi \in A$ 最终成立。

证明　（1）$\Longleftrightarrow$（2）：显然。

（1）$\Longrightarrow$（3）：设 $\mathcal{F} \to_s x \in A$，则存在定向集 D 使得 $\bigvee D \geqslant x$ 且 $D \subseteq \mathcal{F}^l$，于是 $\bigvee D \in A$，从而 $D \cap A \neq \varnothing$，即存在 $y \in D \cap A$。由 $y \in D \subseteq \mathcal{F}^l$ 知，$\uparrow y \in \mathcal{F}$。由 $y \in A$ 得 $\uparrow y \subseteq A$。由 $\mathcal{F}$ 是上集得，$A \in \mathcal{F}$。

（3）$\Longrightarrow$（4）：设 ξ 是一个网，如果 $\xi \to_s x \in A$，那么 $\mathcal{F}_\xi \to_s x \in A$，从而 $A \in \mathcal{F}_\xi$，这说明 ξ 最终在 A 中。

（4）$\Longrightarrow$（1）：设 $x \leqslant y$ 且 $x \in A$，则常值网 $\bar{y} \to_s x$，从而 $\bar{y}$ 最终在 A 中，则 $y \in A$，这说明 A 是上集。设 D 是 L 的定向子集且 $\bigvee D \in A$，则 $D \to_s \bigvee D \in A$，从而网 D 最终在 A 中，必有 $D \cap A \neq \varnothing$。$\square$

定理 5.2.3　设 L 是一个 dcpo，$B \subseteq L$，则下列条件等价：

（1）B 是下集，且对于任意的定向集 D 都有 $D \subseteq B$ 蕴含 $\bigvee D \in B$；

（2）B 是下集，且对于任意的理想 I 都有 $I \subseteq B$ 蕴含 $\bigvee I \in B$；

（3）对于任意集滤子 $\mathcal{F}$，如果 $B \in \mathcal{F} \to_s x$，那么 $x \in B$；

（4）对于任意网 ξ，如果 ξ 最终在 B 中且 $\xi \to_s x$，那么 $x \in B$。

证明　（1）$\Longleftrightarrow$（2）：显然。

（1）$\Longrightarrow$（3）：设 $B \in \mathcal{F} \to_s x$，则存在定向集 D 使得 $\bigvee D \geqslant x$ 且 $D \subseteq \mathcal{F}^l$。如果 $x \notin B$，则 $\bigvee D \notin B$，从而 $D \not\subseteq B$，即存在 $y \in D \backslash B$。于是有 $y \in \mathcal{F}^l$，进而 $\uparrow y \in \mathcal{F}$，$\uparrow y \cap B \in \mathcal{F}$，这说明 $\uparrow y \cap B \neq \varnothing$，即存在 $z \in \uparrow y \cap B$。由 B 是下集得，$y \in B$，矛盾。

（3）$\Longrightarrow$（4）：设 ξ 是一个网，如果 ξ 最终在 B 中且 $\xi \to_s x$，则 $B \in \mathcal{F}_\xi \to_s x$，故 $x \in B$。

（4）$\Longrightarrow$（1）：设 $x \leqslant y \in B$，则常值网 $\bar{y} \subseteq B$ 且 $\bar{y} \to_s x$，从而 $x \in B$，这说明 B 是下集。设 D 是 L 的定向子集且 $D \subseteq B$，则由 $D \to_s \bigvee D$ 得，$\bigvee D \in B$。$\square$

定义 5.2.2　设 L 是一个 dcpo。

（1）如果子集 U 满足定理 5.2.2 的条件，则称 U 为 **Scott 开集**（Scott open set）；

（2）如果子集 V 满足定理 5.2.3 的条件，则称 V 为 **Scott 闭集**（Scott closed set）。

将 L 的全体 Scott 开集记作集族 $\sigma(L)$，易证 $\sigma(L)$ 是一个拓扑，称为 L 上的 **Scott 拓扑**（Scott topology），相应的拓扑空间记作 $\Sigma(L)$。容易验证，子集 U 是 Scott 开集当且仅当其补集 U' 是 Scott 闭集。

例 5.2.1 （1）有限偏序集作为 dcpo，Scott 开集恰为上集。

（2）对于每个 dcpo L 及任意的 $x \in L$，都有 $L \backslash \downarrow x \in \sigma(L)$。

（3）对于 $[0,1]$，则 U 是 Scott 开集当且仅当 $U = [0,1]$ 或存在 $x \in [0,1]$ 使得 $U = (x,1]$。

（4）$\sigma(\mathbf{2}) = \{\varnothing, \{1\}, \{0,1\}\}$，称为 **Sierpinski 空间**（Sierpinski space）。

（5）整数集 $\mathbb{Z}$ 上的数字拓扑 τ 是指以 $\{\{2k-1, 2k, 2k+1\} \mid k \in \mathbb{Z}\}$ 为子基生成的拓扑[43,69]。在 $\mathbb{Z}$ 上定义偏序 $\leqslant_d = \{(2k, 2k+1), (2k+2, 2k+1) \mid k \in \mathbb{Z}\}$，则 $(\mathbb{Z}, \leqslant_d)$ 是 dcpo，且 τ 恰为其 Scott 拓扑。

定义 5.2.3 设 $f : L \longrightarrow M$ 是 dcpo 之间的一个映射。如果对于 L 的任意定向子集 D 都有 $f(\bigvee D) = \bigvee f(D)$，则称 f 为 **Scott 连续映射**（Scott continuous mapping）。

容易验证，$f : L \longrightarrow M$ 是一个 Scott 连续映射当且仅当对于 L 的任意理想 I 都有 $f(\bigvee I) = \bigvee f(I)$。令 **DCPO** 为由 dcpo 和 Scott 连续映射构成的范畴，**Dom** 是由 domain 构成的 **DCPO** 的满子范畴，**Cont** 是由连续格构成的 **DCPO** 的满子范畴。

定理 5.2.4 设 $f : L \longrightarrow M$ 是 dcpo 之间的映射，则下列条件等价：

（1）$f : L \longrightarrow M$ 是 Scott 连续映射；

（2）$f : \Sigma(L) \longrightarrow \Sigma(M)$ 是连续映射。

证明 （1）$\Longrightarrow$（2）：设 $f : L \longrightarrow M$ 是一个 Scott 连续映射，$V \in \sigma(M)$。设 $y \geqslant x \in f^{-1}(V)$，则 $f(y) \geqslant f(x) \in V$，$f(y) \in V$，$y \in f^{-1}(V)$，故 $f^{-1}(V)$ 是上集。设 I 是 L 的理想且 $\bigvee I \in f^{-1}(V)$，则 $\bigvee\limits_{x \in I} f(x) = f(\bigvee I) \in V$。由于 $\{f(x) \mid x \in I\}$ 是定向集，存在 $x \in I$ 使得 $f(x) \in V$，这说明 $I \cap f^{-1}(V) \neq \varnothing$。故 $f^{-1}(V)$ 是 L 的 Scott 开集。因此，$f : \Sigma(L) \longrightarrow \Sigma(M)$ 是连续映射。

（2）$\Longrightarrow$（1）：设 $x \leqslant y$，但 $f(x) \not\leqslant f(y)$，则有 $f(x) \in M \backslash \downarrow f(y) \in \sigma(M)$，从而 $x \in f^{-1}(M \backslash \downarrow f(y)) \in \sigma(L)$，于是 $y \in f^{-1}(M \backslash \downarrow f(y))$，即 $f(y) \in M \backslash \downarrow f(y)$，但这是不可能的，故 f 保序。设 I 是 L 的理想，只需证 $f(\bigvee I) \leqslant \bigvee f(I)$。事实上，若 $f(\bigvee I) \not\leqslant \bigvee f(I)$，则 $\bigvee I \in f^{-1}(M \backslash \downarrow (\bigvee f(I)))$，从而 $I \cap f^{-1}(M \backslash \downarrow (\bigvee f(I))) \neq \varnothing$，即存在 $x \in I$ 使得 $f(x) \not\leqslant \bigvee f(I)$，这也是不可能的。因此，$f : L \longrightarrow M$ 是 Scott 连续映射。$\square$

请注意，Scott 连续映射一定是保序映射，且在验证某映射的 Scott 连续性时，我们一般先验证其保序性。定理 5.2.4 表明 Scott 拓扑是使得 dcpo 上的序特征和拓扑特征完美相融的拓扑结构。

定理 5.2.5　设 L 是一个 domain，则

（1）上集 U 是 Scott 开集当且仅当对于任意的 $x \in U$，存在 $y \in U$ 使得 $y \ll x$；

（2）$\{ \Uparrow x \mid x \in L \}$ 是 $\sigma(L)$ 的一个基。

证明　（1）必要性：设 $x \in U \in \sigma(L)$，则 $\bigvee \Downarrow x \in U$，从而 $\Downarrow x \cap U \neq \varnothing$，即存在 $y \in U$ 使得 $y \ll x$。充分性：设 I 是理想且满足 $\bigvee I \in U$，则存在 $y \in U$ 使得 $y \ll \bigvee I$，从而 $y \in I$，即有 $I \cap U \neq \varnothing$，故 $U \in \sigma(L)$。

（2）由定理 5.1.1 知，$\Uparrow x$ 是上集。设 $y \in \Uparrow x$，则 $x \ll y$。由双小于关系的插入性质，存在 $z \in L$ 使得 $x \ll z \ll y$，即 $z \ll y$ 且 $z \in \Uparrow x$。由（1）知，$\Uparrow x \in \sigma(L)$。设 $U \in \sigma(L)$，下证 $U = \bigcup \{ \Uparrow x \mid x \in U \}$。首先显然有 $U \supseteq \bigcup \{ \Uparrow x \mid x \in U \}$；其次对于任意的 $y \in U$，由（1）知，存在 $x \in U$ 使得 $x \ll y$，从而 $y \in \bigcup \{ \Uparrow x \mid x \in U \}$。故 $U = \bigcup \{ \Uparrow x \mid x \in U \}$。因此，$\{ \Uparrow x \mid x \in L \}$ 是 $\sigma(L)$ 的一个基。$\square$

如同拓扑空间中网收敛和集滤子收敛的协调性一样，dcpo 的网和集滤子的 Scott 收敛也是相互协调的，并且可用来刻画 dcpo 的连续性。

定理 5.2.6　设 L 是一个 dcpo，则

（1）网和集滤子的 Scott 收敛可推出它们按 Scott 拓扑收敛；

（2）L 是 domain 当且仅当 Scott 收敛等价于按 Scott 拓扑收敛。

证明　（1）由定理 5.2.1 知，只需证（1）对集滤子成立。设 $\mathcal{F}$ 是 L 的一个集滤子，它 Scott 收敛于 x，则存在理想 I 使得 $x \leqslant \bigvee I$ 且 $I \subseteq \mathcal{F}^l$。设 U 是一个含有 x 的 Scott 开集，则 $\bigvee I \in U$，从而 $I \cap U \neq \varnothing$，进而 $U \cap \mathcal{F}^l \neq \varnothing$，即存在 $y \in U$ 使得 $y \in \mathcal{F}^l$。由 $y \in U$ 得 $\uparrow y \subseteq U$，由 $y \in \mathcal{F}^l$ 得 $\uparrow y \in \mathcal{F}$，由 $\mathcal{F}$ 是上集得 $U \in \mathcal{F}$。故 $\mathcal{U}(x) \subseteq \mathcal{F}$，$\mathcal{F}$ 按 Scott 拓扑收敛于 x。

（2）必要性：设 L 是一个 domain，设集滤子 $\mathcal{F}$ 按 Scott 拓扑收敛于 $x \in L$，则 $\mathcal{U}(x) \subseteq \mathcal{F}$。令 $I = \mathcal{U}(x)^l$。设 $a, b \in I$，则存在 $U, V \in \mathcal{U}(x)$ 使得 $U \subseteq \uparrow a, V \subseteq \uparrow b$。对于 $x \in U \cap V$，由定理 5.2.5 知，存在 $x_1 \in U, x_2 \in V$ 使得 $x_1 \ll x, x_2 \ll x$。由 $\Downarrow x$ 是定向集知，存在 $c \ll x$ 使得 $x_1, x_2 \leqslant c$。显然，$a, b \leqslant c$ 且 $c \in (\uparrow c)^l \subseteq (\Uparrow c)^l \subseteq \mathcal{U}(x)^l = I$。故 I 是一个理想且 $I \subseteq \mathcal{F}^l$。另外，由于 $\{ \Uparrow y \mid y \ll x \} \subseteq \mathcal{U}(x)$，有 $\Downarrow x = \{ y \mid y \ll x \} \subseteq \{ \Uparrow y \mid y \ll x \}^l \subseteq \mathcal{U}(x)^l = I$，故 $x = \bigvee \Downarrow x \leqslant \bigvee I$。因此，$\mathcal{F}$ Scott 收敛于 x。

充分性：如果集滤子的 Scott 收敛和按 Scott 拓扑收敛等价，则对于任意的 $x \in X$，$\mathcal{U}(x)$ Scott 收敛于 x，于是存在理想 I 使得 $x \leqslant \bigvee I$ 且 $I \subseteq \mathcal{U}(x)^l$。下面只需证 $I \subseteq \Downarrow x$，从而由定理 5.1.3 有 $\Downarrow x$ 定向且 $x = \bigvee \Downarrow x$，由此得到 L 的连续性。事实上，设 $y \in I$ 且 $x \leqslant \bigvee J$（J 是理想），则 $y \in \mathcal{U}(x)^l$，从而存在 Scott

开集 U 使得 $x \in U \subseteq \uparrow y$，则 $\bigvee J \in U$，于是 $J \cap U \neq \varnothing$，存在 $z \in J \cap U$ 使得 $y \leqslant z$，从而 $y \in J$，这说明 $y \in \Downarrow x$。由 y 的任意性有 $I \subseteq \Downarrow x$。 $\square$

在 dcpo L 中，如果子集 F 既是 Scott 开集又是偏序意义下的滤子，则称 F 为 L 的 **Scott 开滤子**（Scott open filter）。将 L 的全体 Scott 开滤子构成的集族记作 $\mathrm{OFil}(L)$。

定理 5.2.7 设 $\{x_n\}_{n \in \mathbb{N}}$ 是一个递减双小于链，即 $\cdots \ll x_n \ll \cdots \ll x_2 \ll x_1$，则 $F = \bigcup\limits_n \uparrow x_n$ 是 Scott 开滤子。

证明 首先，F 是上集。其次，设 I 是理想且 $\bigvee I \in F$，则存在 $n \in \mathbb{N}$ 使得 $\bigvee I \in \uparrow x_n$，从而 $x_{n+1} \ll \bigvee I$，这可推出 $x_{n+1} \in I$，从而 $I \cap F \neq \varnothing$，故 F 是 Scott 开集。最后，设 $a, b \in F$，则存在 $m, n \in \mathbb{N}$ 使得 $x_m \leqslant a$，$x_n \leqslant b$，则 $x_{m+n} \leqslant a, b$，故 F 是滤子。因此，F 是 Scott 开滤子。 $\square$

定理 5.2.8 设 L 是一个 domain。如果 $x \not\leqslant y$，则存在 Scott 开滤子 F 使得 $x \in F$，$y \notin F$。

证明 由 L 的连续性知，当 $x \not\leqslant y$ 时，存在 $z \ll x$ 使得 $z \not\leqslant y$。由双小于关系的插入性质，存在 $\{x_n\}_{n \in \mathbb{N}} \subseteq L$ 使得 $z \ll \cdots \ll x_{n+1} \ll x_n \ll \cdots \ll x$。于是得到 Scott 开滤子 $F = \bigcup\limits_n \uparrow x_n$，易见 $x \in F$ 但 $y \notin F$。 $\square$

定理 5.2.9 设 L 是 dcpo，则 $\Sigma(L)$ 是 T_0 空间；若 L 是 domain，则 $\Sigma(L)$ 是 sober 空间。

证明 $\Sigma(L)$ 的 T_0 分离性由例 5.2.1（2）易得。设 L 是一个 domain，$\mathcal{F} \subseteq \sigma(L)$ 是一个完全素滤子。令 $D = \{x \in L \mid \Uparrow x \in \mathcal{F}\}$。

第一步：D 是定向子集。首先，由 $\bigcup\limits_{x \in L} \Uparrow x = L \in \mathcal{F}$，存在 $x \in L$ 使得 $\Uparrow x \in \mathcal{F}$，故 $x \in D$，则 D 非空；其次，设 $x, y \in D$，则 $\Uparrow x, \Uparrow y \in \mathcal{F}$，从而 $\Uparrow x \cap \Uparrow y \in \mathcal{F}$，而由定理 5.2.5（2），$\Uparrow x \cap \Uparrow y = \bigcup\{\Uparrow z \mid z \in \Uparrow x \cap \Uparrow y\}$，则存在 $z \in \Uparrow x \cap \Uparrow y \subseteq \uparrow x \cap \uparrow y$ 使得 $\Uparrow z \in \mathcal{F}$，即 $z \in D$。因此，D 是定向集。

第二步：令 $a = \bigvee D$，则 $\mathcal{F} = \mathcal{U}(a)$。事实上，对于任意的 $A \in \sigma(L)$，有

$$A \in \mathcal{U}(a) \Leftrightarrow a \in A$$
$$\Leftrightarrow D \cap A \neq \varnothing$$
$$\Leftrightarrow 存在 x \in A 使得 \Uparrow x \in \mathcal{F}$$
$$\Leftrightarrow A \in \mathcal{F}.$$

故 $\mathcal{F} = \mathcal{U}(a)$。元素 a 的唯一性由 $\sigma(L)$ 的 T_0 分离性决定。 $\square$

定理 5.2.9 的证明采用了纯开集的方法，来自文献 [95]。而传统的方法是混合使用开集和闭集，稍冗长且不易理解。

定理 5.2.10　设 L 是一个 dcpo，则

（1）　$J(\sigma(L)) = \mathrm{OFil}(L)$；

（2）　$\{L\backslash{\downarrow}x \mid x \in L\} \subseteq M(\sigma(L))$；

（3）　若 L 是 domain，则 $M(\sigma(L)) = \{L\backslash{\downarrow}x \mid x \in L\}$。

证明　（1）只需证 Scott 开集 U 是 $\sigma(L)$ 的并素元当且仅当 U 是 L 的可滤子集。设 U 是 $\sigma(L)$ 的并素元，$x, y \in U$。如果 ${\downarrow}x \cap {\downarrow}y \cap U = \varnothing$，则 $U \subseteq L\backslash({\downarrow}x \cap {\downarrow}y) = (L\backslash{\downarrow}x) \cup (L\backslash{\downarrow}y)$，从而 $U \subseteq L\backslash{\downarrow}x$ 或 $U \subseteq L\backslash{\downarrow}y$，这与 $x, y \in U$ 矛盾。故存在 $z \in {\downarrow}x \cap {\downarrow}y \cap U$，这说明 U 是 L 的可滤子集。反过来，设 $U \in \sigma(L)$ 是可滤子集。如果 $U \subseteq A \cup B$ $(A, B \in \sigma(L))$，但 $U \nsubseteq A$，$U \nsubseteq B$，则存在 $x, y \in U$ 使得 $x \notin A$，$y \notin B$。由 U 的可滤性，存在 $z \in U$ 使得 $z \leqslant x$，$z \leqslant y$。由 A, B 是上集知，$z \notin A \cup B$，矛盾。故 $U \subseteq A$ 或 $U \subseteq B$，U 是 $\sigma(L)$ 的并素元。

（2）设 $A, B \in \sigma(L)$ 满足 $A \cap B \subseteq L\backslash{\downarrow}x$，则 $x \in A' \cup B'$，即 $x \in A'$ 或 $x \in B'$，从而 ${\downarrow}x \subseteq A'$ 或 ${\downarrow}x \subseteq B'$，即 $A \subseteq L\backslash{\downarrow}x$ 或 $B \subseteq L\backslash{\downarrow}x$，故 $L\backslash{\downarrow}x$ 是 $\sigma(L)$ 的交素元。因此，$\{L\backslash{\downarrow}x \mid x \in L\} \subseteq M(\sigma(L))$。

（3）设 L 是 domain。如果 $U \in M(\sigma(L))$，那么 U' 是一个既约闭集，由 sober 性存在唯一的点 $x \in L$ 使得 $U' = \{x\}^- = {\downarrow}x$，故 $U = L\backslash{\downarrow}x$。因此，$M(\sigma(L)) = \{L\backslash{\downarrow}x \mid x \in L\}$。 □

定理 5.2.11　设 L 是一个 dcpo，则下列条件等价：

（1）　L 是 domain；

（2）　每个 ${\Uparrow}x$ 都是 Scott 开集，且对于任意的 $U \in \sigma(L)$ 都有 $U = \bigcup\{{\Uparrow}x \mid x \in U\}$；

（3）　$\mathrm{OFil}(L)$ 是 $\sigma(L)$ 的一个基，$\sigma(L)$ 是连续格。

证明　（1）$\Longrightarrow$（2）：由定理 5.2.5 可得结论。

（2）$\Longrightarrow$（3）：设 $x \in U \in \sigma(L)$。由条件知，存在递减双小于链 $\{y_n \mid n \in N\} \subseteq U$ 使得 $y_n \ll x$，则 $F := \bigcup_n {\Uparrow}y_n$ 是一个 Scott 开滤子，且 $x \in F \subseteq U$。因此，$\mathrm{OFil}(L)$ 是 $\sigma(L)$ 的一个基。设 $U \in \sigma(L)$，易证对任意的 $y \in U$ 都有 ${\Uparrow}y \ll U$，则 $U = \bigcup_{y \in U} {\Uparrow}y \subseteq \bigcup\{V \mid V \ll U\} \subseteq U$，故 $U = \bigvee {\downdownarrows}U$。因此，$\sigma(L)$ 是连续格。

（3）$\Longrightarrow$（1）：设 $x \in U \in \sigma(L)$。由 $\sigma(L)$ 的连续性，存在 $V \in \sigma(L)$ 使得 $x \in V \ll U$，进而存在 Scott 开滤子 F 使得 $x \in F \subseteq V$，则必存在 $y \in U$ 使得 $F \subseteq {\uparrow}y$。若不然，对于任意的 $y \in U$ 都有 $F \nsubseteq {\uparrow}y$，则存在 $z_y \in F$ 使得

$y \in L\backslash\downarrow z_y$，从而存在 Scott 开滤子 F_y 使得 $y \in F_y \subseteq L\backslash\downarrow z_y$。集族 $\{F_y \mid y \in U\}$ 构成 U 的一个开覆盖，从而有 $F_{y_1}, F_{y_2}, \cdots, F_{y_n}$ 覆盖 V 和 F（$n \in \mathbb{N}$），进而存在 $k \in \{1, 2, \cdots, n\}$ 使得 $F \subseteq F_{y_k}$（这里可采用反证法，用到条件：F 是滤子），故 $z_{y_k} \in F \subseteq F_{y_k} \subseteq L\backslash\downarrow z_{y_k}$，矛盾。

对于 $x \in L$，考虑集合 $D = \{y \in L \mid x \in (\uparrow y)^\circ\}$，则有 $D \subseteq \downarrow x$（本章习题中的第 3 题）。设 $y_1, y_2 \in D$，则 $x \in (\uparrow y_1)^\circ \cap (\uparrow y_2)^\circ$。由上知，存在 Scott 开滤子 F 及 $y \in (\uparrow y_1)^\circ \cap (\uparrow y_2)^\circ$ 使得 $x \in F \subseteq \uparrow y$，则 $y_1, y_2 \leqslant y \in D$，故 D 是定向集。设 $a = \bigvee D$，如果 $x \nleqslant a$，则 $x \in L\backslash\downarrow a$，则存在 Scott 开滤子 F 及 $y \in L\backslash\downarrow a$ 使得 $x \in F \subseteq \uparrow y$，则 $y \in D$，从而 $y \leqslant a$，与 $y \in L\backslash\downarrow a$ 矛盾，故 $x \leqslant \bigvee D$。由定理 5.1.3 知，$\downarrow x$ 是定向集且 $x = \bigvee \downarrow x$。因此，L 是 domain。□

问题　定理 5.2.11 中条件（2）是否能改成：$\{\Uparrow x \mid x \in L\}$ 是 $\sigma(L)$ 的一个基，或者，再加上条件"$\sigma(L)$ 是连续格"？

定理 5.2.12　设 L 是一个完备格，则 L 是连续格当且仅当 $x = \bigvee \mathcal{U}(x)^l (\forall x \in L)$。

证明　必要性：只需证 $\downarrow x \subseteq \mathcal{U}(x)^l \subseteq \downarrow x$。首先，$\mathcal{U}(x)^l \subseteq \downarrow x$ 是显然的。其次，对于任意的 $y \ll x$，有 $x \in \Uparrow y \in \sigma(L)$，从而 $\Uparrow y \in \mathcal{U}(x)$。这说明 $y \in (\uparrow y)^l \subseteq (\Uparrow y)^l \subseteq \mathcal{U}(x)^l$。由 y 的任意性，$\downarrow x \subseteq \mathcal{U}(x)^l$，得证。

充分性：只需证 $\mathcal{U}(x)^l \subseteq \downarrow x$。如果 $y \in \mathcal{U}(x)^l$，那么存在 $A \in \mathcal{U}(x)$ 使得 $y \in A^l$。设 $I \in \mathrm{Idl}(L)$ 且 $x \leqslant \bigvee I$，则 $\bigvee I \in A$，从而存在 $z \in A \cap I$，于是 $y \leqslant z$，进而 $y \in I$，故 $y \ll x$。因此，$\mathcal{U}(x)^l \subseteq \downarrow x$。□

设 $\mathcal{O}(L)$ 是偏序集 L 上的拓扑，如果 $\mathcal{O}(L)$ 的特殊化序和 L 上的序相同，则称 $\mathcal{O}(L)$ 为**序相容的**（order compatible）。下面的结论说明 dcpo 上的 Scott 拓扑是序相容的。

定理 5.2.13　设 $(L, \leqslant_L)$ 是一个 dcpo，则 $\leqslant_{\sigma(L)} = \leqslant_L$，即 $\Theta(\Sigma(L)) = (L, \leqslant_L)$。

证明　只需证对于任意的 $x, y \in L$，$x \leqslant_L y$ 当且仅当 $\mathcal{U}(x) \subseteq \mathcal{U}(y)$。必要性：设 $x \leqslant_L y$，$A \in \mathcal{U}(x)$，由 A 是上集知 $y \in A$，则 $A \in \mathcal{U}(y)$，故 $\mathcal{U}(x) \subseteq \mathcal{U}(y)$。充分性：设 $\mathcal{U}(x) \subseteq \mathcal{U}(y)$ 但 $x \nleqslant_L y$，则 $x \in L\backslash\downarrow y \in \sigma(L)$，从而 $L\backslash\downarrow y \in \mathcal{U}(x) \subseteq \mathcal{U}(y)$，矛盾。□

5.3　Hofmann-Mislove 定理

设 X 是一个拓扑空间，如果 $S \subseteq X$ 可以表示成若干个开集的交，那么称 S 为**饱和子集**或**饱和集**（saturated subset）。对于任意的 $A \subseteq X$，令

$$\mathrm{sat}(A) = \bigcap \{U \in \mathcal{O}(X) \mid A \subseteq U\},$$

称为 A 的**饱和化**（saturation）。容易验证，$A \subseteq X$ 是饱和子集当且仅当 $\mathrm{sat}(A) = A$ 当且仅当 A 是特殊化序下的上集。

记 $Q(X)$ 为 X 的所有紧饱和子集构成的集族。下面我们将在反包含序下考虑 $Q(X)$，即考虑偏序集 $(Q(X), \supseteq)$。

定理 5.3.1　设 L 是一个 domain，则

（1）对于任意的 $x, y \in L$，若 $x \ll y$，则存在 $U \in \mathrm{OFil}(L)$ 使得 $y \in U \subseteq \Uparrow x$；

（2）对于任意的 $U, V \in \mathrm{OFil}(L)$，$V \ll U$ 当且仅当 $(\exists x \in U) \, V \subseteq \uparrow x$；

（3）$\mathrm{OFil}(L)$ 在包含序下是 domain。

证明　（1）若 $x \ll y$，则 $y \in \Uparrow x \in \sigma(L)$。由于 $\mathrm{OFil}(L)$ 是 $\sigma(L)$ 的一个基，存在 $U \in \mathrm{OFil}(L)$ 使得 $y \in U \subseteq \Uparrow x$。

（2）设 $V \ll U$。由于 U 是滤子，$\{\Uparrow x \mid x \in U\}$ 是定向集族且以 U 为上确界，从而存在 $x \in U$ 使得 $V \subseteq \Uparrow x \subseteq \uparrow x$。反过来，设存在 $x \in U$ 使得 $V \subseteq \uparrow x$。如果 $U \subseteq \bigcup_i F_i$（这里设 $\{F_i \mid i \in I\}$ 是 $\mathrm{OFil}(L)$ 的定向子集），则存在 $i_0 \in I$ 使得 $x \in F_{i_0}$，从而 $V \subseteq \uparrow x \subseteq F_{i_0}$，这说明 $V \ll U$。

（3）对于 $U \in \mathrm{OFil}(L)$，有 $\Downarrow U = \{V \in \mathrm{OFil}(L) \mid (\exists x \in U) \, V \subseteq \uparrow x\}$。首先，设 $V_1, V_2 \in \Downarrow U$，则存在 $u_1, u_2 \in U$ 使得 $V_n \subseteq \uparrow u_n$ $(n = 1, 2)$。对于 $u_1, u_2 \in U$，存在 $u \in U$ 使得 $u \leqslant u_n$ $(n = 1, 2)$。对于 $u \in U$，存在 $v \in U$ 使得 $v \ll u$。由（1）知，存在 $V \in \mathrm{OFil}(L)$ 使得 $u \in V \subseteq \Uparrow v \subseteq \uparrow v$。由（2）知，$V \ll U$，且 $V_n \subseteq \uparrow u_n \subseteq \uparrow u \subseteq V$ $(n = 1, 2)$。故 $\Downarrow U$ 是定向集。其次，设 $u \in U$，存在 $v \in U$ 使得 $v \ll u$，由（1）知，存在 $V \in \mathrm{OFil}(L)$ 使得 $u \in V \subseteq \uparrow v$。这说明 $U \subseteq \bigcup\{V \in \mathrm{OFil}(L) \mid (\exists x \in U) \, V \subseteq \uparrow x\}$，从而 $U = \bigvee \Downarrow U$。由 U 的任意性，$\mathrm{OFil}(L)$ 是 domain。$\square$

定理 5.3.2　设 X 是一个拓扑空间。若 K 是 X 的一个紧子集，则

$$\varPhi(K) = \{U \in \mathcal{O}(X) \mid K \subseteq U\}$$

是 $\mathcal{O}(X)$ 的 Scott 开滤子。

证明较容易，留给读者。

定理 5.3.3　设 X 是一个 sober 空间，$\mathcal{F}$ 是 $\mathcal{O}(X)$ 的一个 Scott 开滤子，则

（1）令 $\varPsi(\mathcal{F}) = \bigcap \mathcal{F}$，则对于任意的 $U \in \mathcal{O}(X)$，有 $\varPsi(\mathcal{F}) \subseteq U$ 当且仅当 $U \in \mathcal{F}$；

（2）$K = \bigcap \mathcal{F}$ 是紧饱和子集。

证明　（1）充分性是显然的。必要性：设 $\mathcal{F}$ 是 $\mathcal{O}(X)$ 的一个 Scott 开滤子，令 $K = \bigcap \mathcal{F}$。设 $K \subseteq U \in \mathcal{O}(X)$ 但 $U \notin \mathcal{F}$。令 $\mathcal{S} = \{W \in \mathcal{O}(X) \mid U \subseteq W \notin \mathcal{F}\}$，则

$\mathcal{S}$ 是一个非空偏序集，易证每个非空链都有上确界，从而由 Zorn 引理知，$\mathcal{S}$ 中存在极大元 V，则 V 是 $\mathcal{O}(X)$ 的交素元。否则，存在 $A, B \in \mathcal{O}(X)$ 使得 $V = A \cap B$ 但 $V \subsetneq A$，$V \subsetneq B$，于是由 V 的极大性得 $A, B \in \mathcal{F}$，从而 $V = A \cap B \in \mathcal{F}$，矛盾。由 X 是 sober 空间知，存在唯一一点 $x \in X$ 使得 $\mathcal{O}(X) \backslash {\downarrow} V = \mathcal{U}(x)$。由于显然有 $\mathcal{F} \subseteq \mathcal{U}(x)$，我们有 $x \in F$ 对任意的 $F \in \mathcal{F}$ 都成立，于是 $x \in K \subseteq U \subseteq V$，但这与 $\mathcal{O}(X) \backslash {\downarrow} V = \mathcal{U}(x)$ 矛盾。

(2) 由于 K 是开集的交，故它是饱和集。设 $\mathcal{C}$ 是 K 的一个开覆盖，则 $C = \bigcup \mathcal{C}$ 是包含 K 的开集，$C \in \mathcal{F}$。由于 $\mathcal{F}$ 是 Scott 开集，故存在 $\{C_1, C_2, \cdots, C_n\} \subseteq \mathcal{C}$ $(n \in \mathbb{N})$ 使得 $\bigcup\limits_{k=1}^{n} C_n \in \mathcal{F}$，从而 $K \subseteq \bigcup\limits_{k=1}^{n} C_n$。故 K 是紧子集。因此，K 是紧饱和子集。□

定理 5.3.4（Hofmann-Mislove 定理） 设 X 是一个 sober 空间，则映射
$$\Phi : (Q(X), \supseteq) \longrightarrow (\mathrm{OFil}(\mathcal{O}(X)), \subseteq), \ \Phi(K) = \{U \in \mathcal{O}(X) \mid K \subseteq U\},$$
$$\Psi : (\mathrm{OFil}(\mathcal{O}(X)), \subseteq) \longrightarrow (Q(X), \supseteq), \ \Psi(\mathcal{F}) = \bigcap \mathcal{F}$$
是互逆序同构。

证明 由定理 5.3.2 和定理 5.3.3，Φ 和 Ψ 都是定义好的保序映射。设 $K \in Q(X)$，由于 K 是饱和子集，故

$$\Psi \circ \Phi(K) = \bigcap \{U \in \mathcal{O}(X) \mid K \subseteq U\} = \mathrm{sat}(K) = K。$$

设 $\mathcal{F} \in \mathrm{OFil}(\mathcal{O}(X))$，则

$$\Phi \circ \Psi(\mathcal{F}) = \{U \in \mathcal{O}(X) \mid \Psi(\mathcal{F}) \subseteq U\} = \{U \in \mathcal{O}(X) \mid U \in \mathcal{F}\} = \mathcal{F}。$$

因此，Φ 和 Ψ 是互逆序同构。□

5.4 连续格的拓扑式刻画

本节和下一节中所需用到的范畴论知识请参阅附录。

定理 5.4.1 设 X 是 Y 在 **Top** 中的一个收缩，则存在连续映射 $f : Y \longrightarrow Y$ 使得 $f \circ f = f$，且 Y 的子空间 $\mathrm{Im} f$ 同胚于 X。

证明 设 X 是 Y 在 **Top** 中的收缩，则存在连续映射 $d : X \longrightarrow Y$ 和 $r : Y \longrightarrow X$ 使得 $r \circ d = \mathrm{id}_X$。令 $f = d \circ r : Y \longrightarrow Y$，则 $f \circ f = f$。设 $y \in \mathrm{Im} f$，则 $y = f(y) = d(r(y)) \in d(X)$；设 $y \in d(X)$，则存在 $x \in X$ 使得 $y = d(x) = d(rd(x)) = (dr)(d(x)) = f(d(x)) \in \mathrm{Im} f$。故 $\mathrm{Im} f = d(X)$，从而

$d^\circ : X \longrightarrow \mathrm{Im}f$ 和 $r|_{\mathrm{Im}f} : \mathrm{Im}f \longrightarrow X$ 是互逆的连续映射，因此子空间 $\mathrm{Im}f$ 同胚于 X。□

定理 5.4.2　在范畴 **DCPO** 中，有

（1）domain 的收缩是 domain；

（2）连续格的收缩是连续格；

（3）每个连续格 L 都是 $\mathcal{P}(L)$ 的收缩。

证明　（1）设 X 是 domain Y 在 **DCPO** 中的收缩，则存在 Scott 连续映射 $d : X \longrightarrow Y$ 和 $r : Y \longrightarrow X$ 使得 $r \circ d = \mathrm{id}_X$。任取 $x \in X$，有 $\Downarrow d(x) \in \mathrm{Idl}(Y)$ 且 $\bigvee \Downarrow d(x) = d(x)$。令 $D = r(\Downarrow d(x))$，则 D 是定向集且 $\bigvee D = \bigvee r(\Downarrow d(x)) = r(\bigvee \Downarrow d(x)) = rd(x) = x$。由定理 5.1.3，下面只需证 $D \subseteq \Downarrow x$。设 $x_1 \in D$，则存在 $y \ll d(x)$ 使得 $x_1 = r(y)$。设 I 是 X 的定向子集且 $x \leqslant \bigvee I$，则 $d(I)$ 是 Y 的定向子集且 $d(x) \leqslant d(\bigvee I) = \bigvee d(I)$，从而存在 $y_1 \in d(I)$ 使得 $y \leqslant y_1$，进而 $x_1 = r(y) \leqslant r(y_1) \in rd(I) = I$，故 $x_1 \ll x$。因此，$D \subseteq \Downarrow x$。

（2）只需证在（1）的条件下，当 Y 是完备格时 X 也是完备格。易见，$r(0_Y)$ 是 X 的最小元。设 $S \subseteq X$ $(S \neq \varnothing)$，则 $d(S) \subseteq Y$，令 $y = \bigvee d(S)$，下证 $r(y) = \bigvee S$。设 $s \in S$，则 $d(s) \leqslant y$，从而 $s = rd(s) \leqslant r(y)$，这说明 $r(y)$ 是 S 的一个上界。设 x 也是 S 的一个上界，则对于任意的 $s \in S$ 都有 $s \leqslant x$，从而 $d(s) \leqslant d(x)$。这说明 $d(x)$ 是 $d(S)$ 的上界，从而 $y \leqslant d(x)$，进而 $r(y) \leqslant rd(x) = x$。故 $r(y) = \bigvee S$。因此，X 是完备格。

（3）设 L 是一个连续格，定义 $d : L \longrightarrow \mathcal{P}(L)$ 为 $d(x) = \Downarrow x$ $(\forall x \in L)$，定义 $r : \mathcal{P}(L) \longrightarrow L$ 为 $r(S) = \bigvee S$ $(\forall S \subseteq L)$。容易证明 d, r 都是 Scott 连续映射，且 $r \circ d = \mathrm{id}_L$，因此 L 是 $\mathcal{P}(L)$ 的收缩。□

定理 5.4.3　设 L 是一个连续格，$f : L \longrightarrow L$ 是一个 Scott 连续的投射，则 $\mathrm{Im}f$ 也是连续格，且 $\sigma(\mathrm{Im}f) = \sigma(L)|_{\mathrm{Im}f}$。

证明　容易证明，$\mathrm{Im}f$ 作为 L 的子偏序集也是一个 dcpo，且含入映射 $i : \mathrm{Im}f \longrightarrow L$ 和 $f^\circ : L \longrightarrow \mathrm{Im}f$ 构成 **DCPO** 中的收缩对，由定理 5.4.2（2）知，$\mathrm{Im}f$ 也是一个连续格。设 $U \in \sigma(L)$，令 $V = U \cap \mathrm{Im}f$，则 V 是 $\mathrm{Im}f$ 的上集。设 D 是 $\mathrm{Im}f$ 的定向子集且 $\bigvee D \in V$，则 D 也是 L 的定向子集且 $\bigvee D \in U$（由 f 的连续性，$\mathrm{Im}f$ 对 L 中定向子集的并封闭），从而 $D \cap U \neq \varnothing$。由于 $D \subseteq \mathrm{Im}f$，则 $D \cap V = D \cap U \cap \mathrm{Im}f = D \cap U \neq \varnothing$。故 $V \in \sigma(\mathrm{Im}f)$，这说明 $\sigma(\mathrm{Im}f) \supseteq \sigma(L)|_{\mathrm{Im}f}$。反过来，设 $V \in \sigma(\mathrm{Im}f)$，则由 $f^\circ : L \longrightarrow \mathrm{Im}f$ 的 Scott 连续性知，$f^{-1}(V) = (f^\circ)^{-1}(V) \in \sigma(L)$。对于任意的 $x \in L$，$x \in f^{-1}(V) \cap \mathrm{Im}f$ 当且仅当 $x = f(x) \in V$，当且仅当 $x \in V$，即 $V = f^{-1}(V) \cap \mathrm{Im}f$。故 $V \in \sigma(L)|_{\mathrm{Im}f}$，

这说明 $\sigma(\mathrm{Im}f) \subseteq \sigma(L)|_{\mathrm{Im}f}$。因此，$\sigma(\mathrm{Im}f) = \sigma(L)|_{\mathrm{Im}f}$。$\square$

定理 5.4.4 $\Sigma(\mathbf{2})$ 是入射的 T_0 空间。

证明 显然 $\Sigma(\mathbf{2})$ 是一个 T_0 空间。设 $i : (X, \mathcal{O}(X)) \longrightarrow (Y, \mathcal{O}(Y))$ 是含入映射，$f : (X, \mathcal{O}(X)) \longrightarrow \Sigma(\mathbf{2})$ 是一个连续映射，则 $f^{-1}(1) \in \mathcal{O}(X)$，从而存在 $A \in \mathcal{O}(Y)$ 使得 $f^{-1}(1) = A \cap X$，即 $f(x) = 1$ 当且仅当 $x \in A$ $(\forall x \in X)$。易见 $g = \chi_A : (Y, \mathcal{O}(Y)) \longrightarrow \Sigma(\mathbf{2})$ 是一个连续映射，且对于任意的 $x \in X$，有 $g \circ i(x) = 1$ 当且仅当 $g(x) = 1$，当且仅当 $x \in A$，当且仅当 $f(x) = 1$，故 $g \circ i = f$。因此，$\Sigma(\mathbf{2})$ 是入射空间。$\square$

设 X 是一个集合，由定理 1.3.2 和定理 1.3.3 知，我们有三种等价的方式来理解 $\mathbf{2}^X$：X 的所有子集之族，从 X 到 $\mathbf{2}$ 的所有映射之集，所有 $|X|$ 维 0,1 值向量之集。在下面的结论中，我们将灵活理解它。

定理 5.4.5 设 X 是一个集合，则 $\{\uparrow A \mid A \in \mathrm{Fin}(X)\}$ 是 $\sigma(\mathbf{2}^X)$ 的一个基。

证明 首先，易见 $\{\uparrow A \mid A \in \mathrm{Fin}(X)\}$ 对有限交封闭。其次，设 $A = \{x_1, x_2, \cdots, x_n\} \in \mathrm{Fin}(X) \setminus \{\varnothing\}$ $(n \in \mathbb{N})$。如果 $\mathcal{I}$ 是 $\mathbf{2}^X$ 的一个理想且 $\bigvee \mathcal{I} \in \uparrow A$，则 $A \subseteq \bigcup \mathcal{I}$，从而存在 $I_k \in \mathcal{I}$ 使得 $x_k \in I_k$ $(k = 1, 2, \cdots, n)$。由于 $\mathcal{I}$ 是一个定向集族，存在 $I \in \mathcal{I}$ 使得 $I_k \subseteq I$ $(k = 1, 2, \cdots, n)$，于是 $A \subseteq I$，进而 $I \in \uparrow A \cap \mathcal{I}$。故 $\uparrow A$ 是 Scott 开集。最后，设 $\mathcal{U} \subseteq \mathbf{2}^X$ 是一个 Scott 开集，需证明

$$\mathcal{U} = \bigcup \{\uparrow A \mid A \in \mathcal{U},\ A \in \mathrm{Fin}(X)\}.$$

事实上，令等式右端为 $\mathcal{V}$，显然有 $\mathcal{V} \subseteq \mathcal{U}$。又对于 X 的任意非空子集 $B \in \mathcal{U}$ 有 $\bigvee \mathrm{Fin}(B) = B \in \mathcal{U}$；由 $\mathrm{Fin}(B)$ 是理想和 $\mathcal{U}$ 是 Scott 开集知，$\mathrm{Fin}(B) \cap \mathcal{U} \neq \varnothing$，即存在 $A \in \mathrm{Fin}(B) \subseteq \mathrm{Fin}(X)$ 使得 $A \in \mathcal{U}$ 且 $B \in \uparrow A$，这说明 $\mathcal{U} \subseteq \mathcal{V}$。综上所述，$\{\uparrow A \mid A \in \mathrm{Fin}(X)\}$ 是 $\sigma(\mathbf{2}^X)$ 的一个基。$\square$

定理 5.4.6 （1）设 M 是一个集合，则 $\Sigma(\mathbf{2}^M) = (\Sigma(\mathbf{2}))^M$，且 $\Sigma(\mathbf{2}^M)$ 是入射的。

（2）每个 T_0 空间 $(X, \mathcal{O}(X))$ 都可以嵌入到 $(\Sigma(\mathbf{2}))^{\mathcal{O}(X)}$ 中，这里考虑 $\mathcal{O}(X)$ 为指标集。

（3）每个入射 T_0 空间 $(X, \mathcal{O}(X))$ 都是某个 $(\Sigma(\mathbf{2}))^M$ 的收缩，从而存在连续映射 $f : (\Sigma(\mathbf{2}))^M \longrightarrow (\Sigma(\mathbf{2}))^M$ 使得 $f \circ f = f$ 且 $\mathrm{Im}f$ 同胚于 X。

证明 （1）对于 $m \in M$ 及投射 $p_m : \mathbf{2}^M \longrightarrow \mathbf{2}$，

$$(p_m)^{-1}(1) = \{B \subseteq M \mid p_m(B) = 1\} = \{B \subseteq M \mid m \in B\} = \uparrow\{m\}.$$

于是 $\mathcal{S} = \{\uparrow\{m\} \mid m \in M\}$ 是积拓扑 $(\Sigma(\mathbf{2}))^M$ 的一个子基，相应的基恰为

$\{\uparrow A \mid A \in \mathrm{Fin}(M)\}$。由定理 5.4.5 知，$\Sigma(\mathbf{2}^M) = (\Sigma(\mathbf{2}))^M$。由定理 5.4.4 及入射对象对乘积的封闭性知，$\Sigma(\mathbf{2}^M)$ 是入射空间。

（2）设 $(X, \mathcal{O}(X))$ 是一个 T_0 空间。定义映射 $\psi : X \longrightarrow \mathbf{2}^{\mathcal{O}(X)}$ 为

$$\psi(x) = \mathcal{U}(x)。$$

由于 X 是 T_0 的，ψ 是一个单射。对于每一个投射 $p_A : \mathbf{2}^{\mathcal{O}(X)} \longrightarrow \mathbf{2}$，我们有 $(p_A \circ \psi)^{-1}(1) = A \in \mathcal{O}(X)$，从而 $p_A \circ \psi : (X, \mathcal{O}(X)) \longrightarrow \mathbf{2}$ 是连续映射。由 $A \in \mathcal{O}(X)$ 的任意性，$\psi : X \longrightarrow \mathbf{2}^{\mathcal{O}(X)}$ 也是连续映射。接下来只需要证明 $\psi : X \longrightarrow \psi(X)$ 是一个开映射。设 $A \in \mathcal{O}(X)$，令 $U = (p_A)^{-1}(1)$，则 U 是 $\mathbf{2}^{\mathcal{O}(X)}$ 中的开集，对于任意的 $\psi(x) \in \psi(X)$，

$$\psi(x) \in U \Longleftrightarrow \psi(x) \in (p_A)^{-1}(1) \Longleftrightarrow A \in \psi(x) \Longleftrightarrow x \in A \Longleftrightarrow \psi(x) \in \psi(A),$$

这里用到了 ψ 是单射。故，$\psi(A) = U \cap \psi(X)$ 是子空间 $\psi(X)$ 中的开集，这说明 $\psi : X \longrightarrow \psi(X)$ 是开映射。因此，$(X, \mathcal{O}(X))$ 可以嵌入 $(\Sigma(\mathbf{2}))^{\mathcal{O}(X)}$ 中。

（3）记 $M = \mathcal{O}(X)$。由（2），$\psi : X \longrightarrow \mathbf{2}^M$ 是拓扑嵌入映射，从而 $\psi^\circ : X \longrightarrow \psi(X)$ 是同胚映射，进而 $(\psi^\circ)^{-1} : \psi(X) \longrightarrow X$ 也是同胚映射。由于 X 是入射的，$(\psi^\circ)^{-1} : \psi(X) \longrightarrow X$ 可以连续扩张为连续映射 $g : \mathbf{2}^M \longrightarrow X$。设 $x \in X$，则

$$(g \circ \psi)(x) = g(\psi(x)) = (\psi^\circ)^{-1}(\psi(x)) = x,$$

故 $g \circ \psi = \mathrm{id}_X$。因此，$X$ 是 $(\Sigma(\mathbf{2}))^M$ 的收缩。$\square$

定理 5.4.7　设 L 是一个连续格，则 $\Sigma(L)$ 是入射 T_0 空间，且 $\Theta(\Sigma(L)) = L$。

证明　由于连续格 L 是 $\mathbf{2}^L$ 在 $\mathbf{Cont}$ 中的收缩，$\Sigma : \mathbf{Cont} \longrightarrow \mathbf{Top}_0$ 是一个函子，则 $\Sigma(L)$ 是 $\Sigma(\mathbf{2}^L) = (\Sigma(\mathbf{2}))^L$ 在 $\mathbf{Top}_0$ 中的收缩。由 $(\Sigma(\mathbf{2}))^L$ 是入射空间知，$\Sigma(L)$ 也是入射空间。由定理 5.2.13 知，$\Theta(\Sigma(L)) = L$。$\square$

定理 5.4.8　设 X 是一个入射 T_0 空间，则 $\Theta(X)$ 是连续格，且 $(X, \mathcal{O}(X)) = \Sigma(\Theta(X))$。

证明　由定理 5.4.6（3），$(X, \mathcal{O}(X))$ 是某 $\Sigma(\mathbf{2}^M)$ 在 $\mathbf{Top}_0$ 中的收缩，从而存在连续映射 $f = f \circ f : \Sigma(\mathbf{2}^M) \longrightarrow \Sigma(\mathbf{2}^M)$ 使得 $\mathrm{Im} f$ 同胚于 X。由于 $\mathbf{2}^M$ 是一个连续格，$f : \mathbf{2}^M \longrightarrow \mathbf{2}^M$ 是 Scott 连续的投射，故 $\mathrm{Im} f$ 也是一个连续格。由 $\mathbf{2}^M$ 是连续格知，$\mathbf{2}^M = \Theta(\Sigma(\mathbf{2}^M))$，从而

$$\Theta(X, \mathcal{O}(X)) \cong \Theta(\Sigma(\mathbf{2}^M)|_{\mathrm{Im} f}) = (\Theta(\Sigma(\mathbf{2}^M)))|_{\mathrm{Im} f} = \mathbf{2}^M|_{\mathrm{Im} f}$$

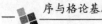

是连续格 (用到习题 1 中第 21 题的结论)。最后，由定理 5.4.3，得

$$\Sigma(\Theta(X)) \cong \Sigma(\mathbf{2}^M|_{\mathrm{Im}f}) = (\Sigma(\mathbf{2}^M))|_{\mathrm{Im}f} \cong (X, \mathcal{O}(X)).$$

易见，二者之间的同胚映射为恒同映射，故 $(X, \mathcal{O}(X)) = \Sigma(\Theta(X))$。 □

令 $\mathbf{InjTop}_0$ 是由入射 T_0 空间构成的 $\mathbf{Top}$ 的满子范畴，则由定理 5.4.7 和定理 5.4.8 有如下定理。

定理 5.4.9 $\mathbf{InjTop}_0$ 与 $\mathbf{Cont}$ 同构。

证明 仅需证明 Σ 和 Θ 都构成函子。首先，由定理 5.2.4 和定理 5.4.7 得，$\Sigma : \mathbf{Cont} \longrightarrow \mathbf{InjTop}_0$ 是函子；其次，易证 $\Theta : \mathbf{SobTop} \longrightarrow \mathbf{DCPO}$ 是函子（见本章习题中的第 8 题），由定理 5.4.8 和定理 5.2.9 知，入射 T_0 空间是 sober 空间，限制后可得函子 $\Theta : \mathbf{InjTop}_0 \longrightarrow \mathbf{Cont}$。 □

5.5 连续格的 monad 代数表示

本节我们研究连续格的范畴代数表示，相关内容及主要思想方法来自文献 [11] 和文献 [88]，我们对其中一些具体过程进行了必要的改写，以增强可读性。

定义 5.5.1 设 $(X, \mathcal{O}(X))$ 是一个拓扑空间。如果集族 v 是 $(\mathcal{O}(X), \subseteq)$ 的一个格滤子，则称 v 为 X 的**开滤子**（open filter）。

记 $\Gamma(X)$ 为 X 的所有开滤子构成的集族，即 $\Gamma(X) = \mathrm{Fil}(\mathcal{O}(X))$，从而有 $\mathrm{v} \in \Gamma(X)$ 当且仅当 $\mathrm{v} \neq \varnothing$ 且

（OF） $A \cap B \in \mathrm{v} \Longleftrightarrow A, B \in \mathrm{v}\ (\forall A, B \in \mathcal{O}(X))$。

例 5.5.1 设 $(X, \mathcal{O}(X))$ 是一个拓扑空间，$A \subseteq X$，$x \in X$。令 $[A] = \{B \in \mathcal{O}(X) \mid A \subseteq B\}$，则 $[A] \in \Gamma(X)$[①]。记 $[\{x\}]$ 为 $[x]$，则 $[x]$ 即为 $\mathcal{U}(x)$。易证：

(1) 对于任意的 $\mathrm{v} \in \Gamma(X)$，有 $\mathrm{v} = \bigcup_{A \in \mathrm{v}} [A]$；

(2) 对于任意的 $B \in \mathcal{O}(X)$，$B \in \mathrm{v}$ 当且仅当 $[B] \subseteq \mathrm{v}$。

设 $(X, \mathcal{O}(X))$ 是一个拓扑空间。对于任意的 $U \in \mathcal{O}(X)$，定义 $\phi(U) \subseteq \Gamma(X)$ 为

$$\phi(U) = \{\mathrm{v} \in \Gamma(X) \mid U \in \mathrm{v}\}.$$

易见 $\phi(A) \cap \phi(B) = \phi(A \cap B)\ (\forall A, B \in \mathcal{O}(X))$，从而 $\{\phi(U) \mid U \in \mathcal{O}(X)\}$ 构成 $\Gamma(X)$ 上的某拓扑的基，将该拓扑记为 $\mathcal{O}(\Gamma(X))$。容易验证，$\mathcal{O}(\Gamma(X))$ 满足 T_0 分离性，且其开集都是 $(\Gamma(X), \subseteq)$ 的上集。

---

① 请注意，这里允许 $A = \varnothing$，此时 $[\varnothing] = \mathcal{O}(X)$。这一点与拓扑学中用于 Moore-Smith 收敛理论的集滤子不同。

设 $f : X \longrightarrow Y$ 是一个连续映射，定义 $\Gamma f : \Gamma(X) \longrightarrow \Gamma(Y)$ 为

$$\Gamma f(\mathbb{v}) = \{B \in \mathcal{O}(Y) \mid f^{-1}(B) \in \mathbb{v}\}.$$

则 Γf 是一个定义好的连续映射（自行验证）。因此，Γ 是 $\mathbf{Top}_0$ 上的一个自函子[2]。

定义 $\eta_X : X \longrightarrow \Gamma(X)$ 为

$$\eta_X(x) = [x] \ (\forall x \in X).$$

定义 $\mu_X : \Gamma^2(X) \longrightarrow \Gamma(X)$ 为

$$\mu_X(\alpha) = \{A \in \mathcal{O}(X) \mid \phi(A) \in \alpha\} \ (\forall \alpha \in \Gamma^2(X)).$$

则 η_X, μ_X 都是定义好的映射。可以证明，(Γ, η, μ) 是 $\mathbf{Top}_0$ 上的一个 monad。

性质定理　设 X 是一个连续格并赋予 Scott 拓扑，定义 $r : \Gamma(X) \longrightarrow X$ 为 $r(\mathbb{v}) = \bigvee \mathbb{v}^l$，则偶对 (X, r) 是一个 $\mathbf{Top}_0$ 上的 Γ-代数。

接下来，我们逐步证明该性质定理。

引理 5.5.1　设 X 是一个完备格，则 $r : \Gamma(X) \longrightarrow X$ 是连续映射。

证明　设 $A \in \sigma(X)$，对于任意的 $\mathbb{v} \in \Gamma(X)$，有

$$
\begin{aligned}
\mathbb{v} \in r^{-1}(A) &\Longleftrightarrow r(\mathbb{v}) \in A \\
&\Longleftrightarrow \bigvee \mathbb{v}^l \in A \\
&\Longleftrightarrow \mathbb{v}^l \cap A \neq \varnothing \\
&\Longleftrightarrow \exists x \in A, \exists B \in \mathbb{v} \ \text{s.t.} \ x \in B^l \\
&\Longleftrightarrow \exists B \in \sigma(X) \ \text{s.t.} \ \bigwedge B \in A, \ \mathbb{v} \in \phi(B).
\end{aligned}
$$

这说明 $r^{-1}(A) = \bigcup\{\phi(B) \mid \bigwedge B \in A, \ B \in \sigma(X)\}$。由 $A \in \sigma(X)$ 的任意性，$r : \Gamma(X) \longrightarrow X$ 是连续映射。　$\square$

引理 5.5.2　设 $\mathbb{v} \in \Gamma(X)$，则 $\mathbb{v}^l \in \mathrm{Idl}(X)$。

证明　显然 $\mathbb{v}^l$ 是非空下集。设 $x, y \in \mathbb{v}^l$，则存在 $A, B \in \mathbb{v}$ 使得 $x \in A^l, y \in B^l$，从而 $A \subseteq \uparrow x$，$B \subseteq \uparrow y$，于是 $A \cap B \subseteq \uparrow x \cap \uparrow y = \uparrow(x \vee y)$，则 $x \vee y \in (A \cap B)^l \subseteq \mathbb{v}^l$。因此，$\mathbb{v}^l \in \mathrm{Idl}(X)$。　$\square$

引理 5.5.3　对于任意的 $A \in \sigma(X)$，有 $r^{-1}(A) \subseteq \phi(A)$。

证明　设 $\mathbb{v} \in r^{-1}(A)$，则 $\bigvee \mathbb{v}^l = r(\mathbb{v}) \in A$。由于 $\mathbb{v}^l$ 是理想，有 $\mathbb{v}^l \cap A \neq \varnothing$，即存在 $x \in A$ 使得 $x \in \mathbb{v}^l$，从而 $\uparrow x \subseteq A$ 且 $\uparrow x \in \mathbb{v}$，故 $A \in \mathbb{v}$，于是有 $\mathbb{v} \in \phi(A)$。因此，$r^{-1}(A) \subseteq \phi(A)$。　$\square$

引理 5.5.4   设 $A \in \sigma(X)$，$x \in X$。如果 $x \ll \bigwedge A$，那么 $\phi(A) \subseteq r^{-1}(\mathord{\uparrow} x)$。

证明   设 $\mathbb{v} \in \phi(A)$，即 $A \in \mathbb{v}$，则 $\bigwedge A \in \mathbb{v}^l$，从而 $\bigwedge A \leqslant \bigvee \mathbb{v}^l = r(\mathbb{v})$。若 $x \ll \bigwedge A$，则 $x \ll r(\mathbb{v})$，于是 $\mathbb{v} \in r^{-1}(\mathord{\uparrow} x)$。由 $\mathbb{v}$ 的任意性，$\phi(A) \subseteq r^{-1}(\mathord{\uparrow} x)$。   □

定理 5.5.1 $r \circ \Gamma r = r \circ \mu_X$。

证明   设 $\alpha \in \Gamma^2(X)$，则

$$r(\Gamma r(\alpha)) = \bigvee (\Gamma r(\alpha))^l, \quad r(\mu_X(\alpha)) = \bigvee (\mu_X(\alpha))^l.$$

首先

$$
\begin{aligned}
(\Gamma r(\alpha))^l &= \{x \in X \mid \exists A \in \sigma(X) 使得 A \in \Gamma r(\alpha) 且 A \subseteq \mathord{\uparrow} x\} \\
&= \{x \in X \mid \exists A \in \sigma(X) 使得 r^{-1}(A) \in \alpha 且 A \subseteq \mathord{\uparrow} x\}, \\
(\mu_X(\alpha))^l &= \{x \in X \mid \exists A \in \sigma(X) 使得 A \in \mu_X(\alpha) 且 A \subseteq \mathord{\uparrow} x\} \\
&= \{x \in X \mid \exists A \in \sigma(X) 使得 \phi(A) \in \alpha 且 A \subseteq \mathord{\uparrow} x\}_\circ
\end{aligned}
$$

由引理 5.5.3，$(\Gamma r(\alpha))^l \subseteq (\mu_X(\alpha))^l$，从而 $r(\Gamma r(\alpha)) \leqslant r(\mu_X(\alpha))$。其次，令 $x_0 = r(\mu_X(\alpha)) = \bigvee(\mu_X(\alpha))^l$，由定理 5.1.2 得，$\mathord{\Downarrow} x_0 \subseteq (\mu_X(\alpha))^l$。下面只需证明 $\mathord{\Downarrow} x_0 \subseteq (\Gamma r(\alpha))^l$，即可推出 $r(\mu_X(\alpha)) = x_0 \leqslant \bigvee(\Gamma r(\alpha))^l = r(\Gamma r(\alpha))$。事实上，如果 $x \ll x_0$，那么存在 $y \in X$ 使得 $x \ll y \ll x_0$。由于 $(\mu_X(\alpha))^l$ 是理想，有 $y \in (\mu_X(\alpha))^l$，从而存在 $A \in \sigma(X)$ 使得 $\phi(A) \in \alpha$ 且 $A \subseteq \mathord{\uparrow} y$。这可推出 $y \leqslant \bigwedge A$ 且 $x \ll \bigwedge A$，由引理 5.5.4 得 $r^{-1}(\mathord{\uparrow} x) \in \alpha$。又 $\mathord{\uparrow} x \in \sigma(X)$ 且 $\mathord{\uparrow} x \subseteq \mathord{\uparrow} x$，有 $x \in (\Gamma r(\alpha))^l$。故 $\mathord{\Downarrow} x_0 \subseteq (\Gamma r(\alpha))^l$。因此，$r \circ \Gamma r = r \circ \mu_X$。   □

定理 5.5.2 $r \circ \eta_X = \mathrm{id}_X$。

证明   对于任意的 $x \in X$，由定理 5.2.12 得，$r \circ \eta_X(x) = r([x]) = \bigvee [x]^l = x$。   □

判定定理   设 (X, r) 是一个 **Top**$_0$ 上的 Γ-代数，则在特殊化序下，X 是连续格且 $r(\mathbb{v}) = \bigvee \mathbb{v}^l$。

接下来，我们逐步证明该判定定理。为了使得接下来的叙述过程更加清晰，我们需要区分一下映射 $r : \Gamma(X) \longrightarrow X$ 和它的提升 $r^{\rightarrow} : \mathcal{P}(\Gamma(X)) \longrightarrow \mathcal{P}(X)$。

引理 5.5.5   对于任意的 $A \in \mathcal{O}(X)$，有 $A \subseteq r^{\rightarrow}(\phi(A))$。

证明   设 $x \in A$，则 $[x] \in \phi(A)$，从而 $x = r(\eta_X(x)) = r([x]) \in r^{\rightarrow}(\phi(A))$。因此，$A \subseteq r^{\rightarrow}(\phi(A))$。   □

引理 5.5.6 $r : \Gamma(X) \longrightarrow X$ 是保序映射。

证明   设 $\mathbb{v}, \mathbb{w} \in \Gamma(X)$ 且 $\mathbb{v} \subseteq \mathbb{w}$。设 $A \in \mathcal{O}(X)$ 且 $r(\mathbb{v}) \in A$，则 $\mathbb{v} \in$

$r^{-1}(A) \in \mathcal{O}(\Gamma(X))$。由于 $r^{-1}(A)$ 是上集，有 $\mathrm{w} \in r^{-1}(A)$，从而 $r(\mathrm{w}) \in A$。由 A 的任意性，$r(\mathrm{v}) \leqslant_{\mathcal{O}(X)} r(\mathrm{w})$。因此，$r : \Gamma(X) \longrightarrow X$ 是保序映射。□

定理 5.5.3　偏序集 $(X, \leqslant_{\mathcal{O}(X)})$ 是一个完备格，其中 $\bigwedge A = r([A])$。

证明　设 $A \subseteq X$。首先，如果 $x \in A$，则 $[A] \subseteq [x]$。由引理 5.5.6，$r([A]) \leqslant r([x]) = x$，这说明 $r([A])$ 是 A 的下界。设 y 也是 A 的下界，即 $A \subseteq {\uparrow}y$。如果 $B \in [y]$，那么 ${\uparrow}y \subseteq B$，从而 $B \in [A]$，由 B 的任意性得 $[y] \subseteq [A]$，进而 $y = r([y]) \leqslant r([A])$。因此，$\bigwedge A = r([A])$。□

引理 5.5.7　设 $\mathcal{A}$ 是 $\Gamma(X)$ 的一个定向子集。定义 $\widetilde{\mathcal{A}} \subseteq \mathcal{O}(\Gamma(X))$ 为

$$\widetilde{\mathcal{A}} = \{W \in \mathcal{O}(\Gamma(X)) \mid \mathcal{A} \cap W \neq \varnothing\},$$

则 $\widetilde{\mathcal{A}} \in \Gamma^2(X)$ 且 $\mu_X(\widetilde{\mathcal{A}}) = \bigvee \mathcal{A}$。

证明　对于任意的 $W_1, W_2 \in \mathcal{O}(\Gamma(X))$，如果 $W_1 \cap W_2 \in \widetilde{\mathcal{A}}$，那么 $W_1, W_2 \in \widetilde{\mathcal{A}}$。反过来，如果 $W_1, W_2 \in \widetilde{\mathcal{A}}$，那么 $\mathcal{A} \cap W_1 \neq \varnothing$ 且 $\mathcal{A} \cap W_2 \neq \varnothing$，从而存在 $\mathrm{v}_1, \mathrm{v}_2 \in \mathcal{A}$ 使得 $\mathrm{v}_1 \in W_1$，$\mathrm{v}_2 \in W_2$。由于 $\mathcal{A}$ 是定向集，存在 $\mathrm{v} \in \mathcal{A}$ 使得 $\mathrm{v}_1, \mathrm{v}_2 \subseteq \mathrm{v}$。由于 W_1, W_2 是 $(\Gamma(X), \subseteq)$ 的上集，我们有 $\mathrm{v} \in W_1 \cap W_2$，这说明 $W_1 \cap W_2 \in \widetilde{\mathcal{A}}$。因此，$\widetilde{\mathcal{A}} \in \Gamma^2(X)$。

对于任意的 $A \in \mathcal{O}(X)$，有

$$A \in \mu_X(\widetilde{\mathcal{A}}) \iff \phi(A) \in \widetilde{\mathcal{A}} \Leftrightarrow \phi(A) \cap \mathcal{A} \neq \varnothing \iff \exists \mathrm{u} \in \mathcal{A}\, \mathrm{s.t.}\, A \in \mathrm{u} \Leftrightarrow A \in \bigvee \mathcal{A}.$$

因此，$\mu_X(\widetilde{\mathcal{A}}) = \bigvee \mathcal{A}$。□

定理 5.5.4　$r : \Gamma(X) \longrightarrow X$ 是一个 Scott 连续映射。

证明　设 $\mathcal{A}$ 是 $\Gamma(X)$ 的一个定向子集。由引理 5.5.7，有

$$r\left(\bigvee \mathcal{A}\right) = r \circ \mu_X(\widetilde{\mathcal{A}}) = r \circ \Gamma r(\widetilde{\mathcal{A}}).$$

下证 $r \circ \Gamma r(\widetilde{\mathcal{A}}) \leqslant \bigvee r^{\rightarrow}(\mathcal{A})$（左边大于等于右边是显然的）。由推论 1.2.1 和定理 5.5.3 知，$\bigvee r^{\rightarrow}(\mathcal{A}) = \bigwedge (r^{\rightarrow}(\mathcal{A}))^u = r([(r^{\rightarrow}(\mathcal{A}))^u])$，只需要证明

$$\Gamma r(\widetilde{\mathcal{A}}) \subseteq [(r^{\rightarrow}(\mathcal{A}))^u].$$

事实上，设 $A \in \Gamma r(\widetilde{\mathcal{A}})$，则 $r^{-1}(A) \in \widetilde{\mathcal{A}}$，从而 $\mathcal{A} \cap r^{-1}(A) \neq \varnothing$，于是存在 $\mathrm{v} \in \mathcal{A}$ 使得 $r(\mathrm{v}) \in A$。设 $x \in (r^{\rightarrow}(\mathcal{A}))^u$，由 $\mathrm{v} \in \mathcal{A}$ 得 $r(\mathrm{v}) \in r^{\rightarrow}(\mathcal{A})$，从而 $r(\mathrm{v}) \leqslant x$，进而 $x \in A$。由 x 的任意性得，$(r^{\rightarrow}(\mathcal{A}))^u \subseteq A$；由 A 的任意性得，$\Gamma r(\widetilde{\mathcal{A}}) \subseteq [(r^{\rightarrow}(\mathcal{A}))^u]$。□

引理 5.5.8 设 $v \in \Gamma(X)$，定义 $\mathcal{A}_v \subseteq \Gamma(X)$ 为

$$\mathcal{A}_v = \{[A] \mid A \in v\},$$

则 $\mathcal{A}_v$ 是 $\Gamma(X)$ 的定向子集，且 $\bigvee \mathcal{A}_v = v$。

证明 首先，显然有 $\mathcal{A}_v \neq \varnothing$。设 $[A], [B] \in \mathcal{A}_v$，即 $A, B \in v$，则 $A \cap B \in v$，从而 $[A \cap B] \in \mathcal{A}_v$。易见，$[A], [B] \subseteq [A \cap B]$，这说明 $\mathcal{A}_v$ 是定向的。其次，$v = \bigcup\limits_{A \in v} [A] = \bigvee \mathcal{A}_v$。$\square$

定理 5.5.5 对于任意的 $v \in \Gamma(X)$，$r(v) = \bigvee v^l$。

证明 需证 $r(v)$ 是 v^l 的上确界。首先，对于任意的 $x \in v^l$，存在 $A \in v$ 使得 $x \in A^l$，于是有 $[A] \subseteq v$ 且 $x \leqslant \bigwedge A = r([A]) \leqslant r(v)$，故 $r(v)$ 是 v^l 的一个上界。其次，设 y 也是 v^l 的一个上界。由定理 5.5.4 和引理 5.5.8 知，$r(v) = r(\bigvee \mathcal{A}_v) = \bigvee r^{\to}(\mathcal{A}_v)$，下面只需证 $z \leqslant y$ 对于任意的 $z \in r^{\to}(\mathcal{A}_v)$ 都成立。事实上，对于 $z \in r^{\to}(\mathcal{A}_v)$，存在 $A \in v$ 使得 $z = r([A]) = \bigwedge A$，从而 $z \in A^l \subseteq v^l$，进而 $z \leqslant y$。因此，$r(v) = \bigvee v^l$。$\square$

定理 5.5.6 $(X, \leqslant_{\mathcal{O}(X)})$ 是一个连续格。

证明 由定理 5.5.5，等式 $x = r([x]) = \bigvee [x]^l$ 对任意的 $x \in X$ 都成立。再由定理 5.2.12 和定理 5.5.3，$\Sigma(X, \leqslant_{\mathcal{O}(X)}) = (X, \mathcal{O}(X))$（请读者证明），故 X 是一个连续格。$\square$

习题 5

1. 证明：有界完备偏序集等价于完备交半格。

2. 证明：$\mathbf{SSL}_0$ 和 $\mathbf{AlgLat}$ 对偶等价。

3. 设 L 是一个 dcpo，$x, y \in L$。如果 $y \in (\uparrow x)^{\circ}$，那么 $x \ll y$。

4. 设 $\mathscr{B}$ 是拓扑空间 $(X, \mathcal{O}(X))$ 的一个基，$x, y \in X$，则下列条件等价：

(1) $x \leqslant_{\mathcal{O}(X)} y$；

(2) $x \in A$ 蕴含 $y \in A$ ($\forall A \in \mathscr{B}$)。

5. 设 U, V 是拓扑空间 X 的两个开集，则下列条件等价：

(1) 在 $(\mathcal{O}(X), \subseteq)$ 中，$U \ll V$；

(2) 每一个含有 U 的滤子有一个聚点在 V 中；

(3) 每一个含有 U 的滤子有一个极限点在 V 中。

6. 设 X 是一个拓扑空间，则

(1) 子集 K 是饱和集当且仅当 K 在特殊化序下是上集；

（2）K 是紧的当且仅当 $\mathrm{sat}(K)$ 是紧的。

7. 在 **Top** 中，sober 空间的收缩是 sober 空间。

8. 证明: sober 空间的特殊化序集是 dcpo，且构成从 **SobTop** 到 **DCPO** 的函子。

9. 设 L 是一个 dcpo，则下列条件等价:

（1）L 是一个 domain;

（2）存在代数 domain A 和 Scott 连续映射 $r : A \longrightarrow L$ 是一个满射，且有左伴随;

（3）存在代数 domain A 和 Scott 连续的内部算子 $r : A \longrightarrow A$ 使得 $L = \mathrm{Im}\, r$。

10. 设 X 是一个 T_0 空间，证明: $\mathcal{O}(\Gamma(X))$ 满足 T_0 分离性，且 $\mathcal{O}(\Gamma(X))$ 中的元素都是 $(\Gamma(X), \subseteq)$ 中的上集。

11. 设 L, M 是两个连续格。证明: $f : L \longrightarrow M$ 是 Scott 连续的保交映射当且仅当 $f \circ r_L = r_M \circ (\Gamma f)$。

12. 证明定理 5.3.2。

13. 设 P 是一个偏序集，$\mathcal{O}(P)$ 是 P 上的一个拓扑。证明: $\mathcal{O}(P)$ 是序相容的当且仅当 $\{x\}^- = \downarrow x \ (\forall x \in P)$。

第 6 章|
CHAPTER 6

完全分配格

完全分配格是基础格论中分配性最强的一类格，具有非常重要的应用。就历史而言，一般观点认为，G.N. Raney 在 1952 年发表的论文 [64] 是完全分配格的开山之作，其实不然，完全分配格的定义早在 1930 年 A. Tarski 的论文 [78] 中，甚至更早的年代就出现了。

完全分配格是集代数特征、序特征和拓扑特征于一体的一种数学结构。其早期研究主要集中在代数结构和序结构方面[4,64-66]，后来随着 domain 理论的兴起，人们发现完全分配格实际上是连续 dcpo 上的 Scott 拓扑的开集格[33,46]，再后来王国俊先生更是把完全分配格当作一种特殊的无点化的拓扑结构直接作为研究对象，创立了拓扑分子格理论[83]。另外，在模糊数学中，完全分配格通常被选作赋值格[48,82]，它在一些概念的表述过程和一些结论的证明方法中起的作用类似于单位区间 [0,1]，因此以 [0,1] 为赋值格的模糊数学结构的相关内容和结论大多可以推广到以完全分配格为赋值格的框架下。

本章讲述完全分配格的基本概念和各种刻画方法，包括三角小于关系刻画、极小集刻画、domain 式刻画、关系型刻画和拓扑式刻画等。

6.1　完全分配格的定义

完全分配格的定义需要借助选择函数。设 $\{J_i \mid i \in I\}$ 是一个以 I 为指标集的集族，记 $\prod\limits_{i \in I} J_i = \{f : I \longrightarrow \coprod\limits_i J_i \mid \forall i \in I, \ f(i) \in J_i\}$，其中 $\coprod\limits_i J_i$ 表示 $\{J_i \mid i \in I\}$ 的不交并。根据选择公理，对于任意非空指标集 I，若对于每一个 $i \in I, J_i \neq \varnothing$，则有 $\prod\limits_{i \in I} J_i \neq \varnothing$。实际上，$\prod\limits_{i \in I} J_i$ 就是集族 $\{J_i \mid i \in I\}$ 的笛卡儿积，因为每个 $f \in \prod\limits_{i \in I} J_i$ 可以等价地看作一个 $|I|$ 维向量，对于每个 $i \in I, f(i) \in J_i$ 就是其第 i 个分量。

定义 6.1.1　设 L 是一个完备格。若对于 L 的任意子集族 $S_i = \{a_{ij} \mid j \in J_i\}$ $(i \in I)$，都有

(CD1)　　$\displaystyle\bigwedge_{i\in I}\bigvee_{j\in J_i} a_{ij} = \bigvee_{f\in\prod_{i\in I} J_i}\bigwedge_{i\in I} a_{i,f(i)}$;

(CD2)　　$\displaystyle\bigvee_{i\in I}\bigwedge_{j\in J_i} a_{ij} = \bigwedge_{f\in\prod_{i\in I} J_i}\bigvee_{i\in I} a_{i,f(i)}$,

则称 L 为**完全分配格**（completely distributive lattice），其中（CD1）称为交对并的完全分配律，（CD2）称为并对交的完全分配律。

需要指出的是，有些文献并不要求完全分配格首先是一个完备格，分配律（CD1）和（CD2）中的子集的交和并都预先假设存在，所以也就有了完备的完全分配格（complete completely distributive lattice）和完全分配的完备格（completely distributive complete lattice）的名称。在本书中，我们约定完全分配格首先是完备格。

令 $I=\{1,2\}$，$S_1=\{a\}$，$S_2=\{b_j\mid j\in J\}$，则（CD1）即为第一无限分配律，（CD2）为其对偶形式。故如果 L 是完全分配格，则 L 和 L^{op} 都是 frame。

定理 6.1.1　　完全分配律（CD1）和（CD2）相互等价。

证明　这里我们只证明（CD1）可推出（CD2），（CD2）推出（CD1）可类似证明。一方面，对于每个固定的 $f\in\prod_{i\in I} J_i$，任取 $i_0\in I$，都有 $\bigwedge_{j\in J_{i_0}} a_{i_0,j}\leqslant\bigvee_{i\in I} a_{i,f(i)}$。由 i_0 和 f 的任意性知，（CD2）的左边总是小于等于其右边。另一方面，将 $a_{i,f(i)}$ 记为 $b_{f,i}$，将 $\prod_{i\in I} J_i$ 记为 F，则（CD2）的右边变为 $\bigwedge_{f\in F}\bigvee_{i\in I} b_{f,i}$，它与（CD1）左边的形式完全一样，但 $b_{f,i}$ 的第二个指标集恒为 I，不随 f 的改变而改变。由（CD1），我们有

$$\bigwedge_{f\in F}\bigvee_{i\in I} b_{f,i} = \bigvee_{\phi\in I^F}\bigwedge_{f\in F} b_{f,\phi(f)}.$$

对于任意的 $\phi\in I^F$，必有 $i\in I$ 使得 $\{a_{ij}\mid j\in J_i\}\subseteq\{b_{f,\phi(f)}\mid f\in F\}$。否则存在 $h\in F$ 使得对于任意的 $i\in I$，有 $j=h(i)\in J_i$ 使得 $a_{i,h(i)}\notin\{b_{f,\phi(f)}\mid f\in F\}$。由于 $\phi:F\longrightarrow I$ 是映射，对于 $h\in F$，记 $i_0=\phi(h)$，则 $b_{h,\phi(h)}=a_{\phi(h),h(\phi(h))}=a_{i_0,h(i_0)}$，矛盾。因此，$\bigwedge_{f\in F} b_{f,\phi(f)}\leqslant\bigwedge_{j\in J_i} a_{ij}$。由 ϕ 的任意性，有

$$\bigvee_{\phi\in I^F}\bigwedge_{f\in F} b_{f,\phi(f)}\leqslant\bigvee_{i\in I}\bigwedge_{j\in J_i} a_{ij}.$$

因此，（CD2）的右边总是小于等于左边。□

定理 6.1.1 说明，完全分配性是一个自对偶性质，即 L 是完全分配格当且仅当其对偶偏序集 L^{op} 也是完全分配格。

例 6.1.1 （1）对于任意集合 X（包括空集），其幂集格 $\mathcal{P}(X)$ 是完全分配格。

（2）任意完备链（如单位区间 $[0,1]$）都是完全分配格。

（3）对于偏序集 P，$\mathcal{D}(P)$ 和 $\mathcal{U}(P)$ 在包含序下都是完全分配格。

定理 6.1.2 （1）一族完全分配格的直积仍是完全分配格。

（2）完全分配格的子完备格也是完全分配格。

对于例 6.1.1 和定理 6.1.2，我们现在不必急于用基本定义去证明。待学完后面几节，大家会发现验证起来很容易。

6.2 极小集与极大集

用特殊子集描述完全分配格的思想源于 B. Hutton 的论文[37]。在那篇文章中，Hutton 定义了极小族的概念，证明了完全分配格的每个元素都有极小族，但它无法用来完全刻画完全分配格。王国俊先生在文献 [81] 中修改了 Hutton 极小族的定义，给出了极小集的概念，实现了对完全分配格的完全刻画。

定义 6.2.1 设 L 是一个完备格，$a \in L, B \subseteq L$。如果

（1）B 是 a 的**恰当覆盖**（proper cover），即 $a = \bigvee B$；

（2）B 加细 a 的每个覆盖，即若 $a \leqslant \bigvee S$，则对于任意的 $b \in B$，存在 $s \in S$ 使得 $b \leqslant s$，则称 B 为 a 的**极小集**（minimal set）。

注 6.2.1 定义 6.2.1 中条件（2）可等价地替换为

（2′）B 包含于 a 的每一个下集覆盖，即当 $a \leqslant \bigvee S$ 且 $S \in \mathcal{D}(L)$ 时都有 $B \subseteq S$。

从定义可以看出，如果 $B_j (j \in J)$ 是 a 的一族极小集，则 $\bigcup\limits_{j} B_j$ 也是 a 的极小集，从而如果 a 有极小集，则 a 有最大极小集，记为 $\beta(a)$。

定理 6.2.1 完备格 L 是完全分配格当且仅当其每个元都有极小集。

证明 必要性：设 $a \in L$，若 $a = 0$，则 $\varnothing$ 是 a 的极小集。下设 $a \neq 0$。令 $\mathcal{B} = \{B \subseteq L \mid a \leqslant \bigvee B\}$，由于 $\{a\} \in \mathcal{B}$，所以 $\mathcal{B}$ 非空。记 $\mathcal{B} = \{B_i \mid i \in I\}$，$B_i = \{a_{ij} \mid j \in J_i\}$。由 $a \neq 0$ 知，对任意 $i \in I$ 都有 $J_i \neq \varnothing$。令 $B = \{\bigwedge\limits_{i} a_{if(i)} \mid f \in \prod\limits_{i} J_i\}$，则 B 是 a 的极小集。事实上，B 是 a 的恰当覆盖，这

是因为由完全分配律，得

$$\bigvee_{f\in\prod\limits_i J_i}\left(\bigwedge_{i\in I}a_{if(i)}\right)=\bigwedge_i\bigvee_{j\in J_i}a_{ij}=\bigwedge_{i\in I}\left(\bigvee B_i\right)=a,$$

右端等于 a 是因为对每一个 B_i 都有 $\bigvee B_i\geqslant a$，并且其中一个 $B_i=\{a\}$。设 C 是 a 的一个覆盖，则有 $i_0\in I$ 使得 $C=B_{i_0}$。设 $x=\bigwedge\limits_i a_{if(i)}$ 是 B 的任意元，则 $y=a_{i_0f(i_0)}\in B_{i_0}=C$，且 $x\leqslant y$，所以 B 加细 C。

充分性：（CD1）的左边总大于等于其右边，下面只需证左边小于等于其右边。设左边等于 a，右边等于 b，则对于任意的 $i\in I$，$\bigvee\limits_{j\in J_i}a_{ij}\geqslant a$，即每一个 $\{a_{ij}\mid j\in J_i\}$ 都是 a 的覆盖。由于 $\beta(a)$ 是 a 的极小集，对于 $x\in\beta(a)$，对于任意的 $i\in I$，有 $j=f(i)\in J_i$ 使得 $x\leqslant a_{if(i)}$。这时 $x\leqslant\bigwedge\limits_i a_{if(i)}$，从而 $x\leqslant b$。由 x 的任意性知，$a\leqslant b$。$\square$

定理 6.2.2 设 L 是一个完全分配格，则

（1）$\beta(a)$ 是下集 $(\forall a\in L)$；

（2）$\beta\dashv\bigvee:L\rightharpoonup\mathcal{D}(L)$ 是 Galois 伴随；

（3）映射 $\beta:L\longrightarrow\mathcal{D}(L)$ 保任意并；

（4）$\beta(a)=\bigcup\limits_{b\in\beta(a)}\beta(b)\ (\forall a\in L)$；

（5）设 $a,c\in L$，若 $a\in\beta(c)$，则存在 $b\in L$ 使得 $a\in\beta(b)$，$b\in\beta(c)$；

（6）设 $a,b,c\in L$，若 $a\in\beta(b)$，$b\in\beta(c)$，则 $a\in\beta(c)$。

证明 （1）设 $x\in\beta(a)$，$y\leqslant x$，则 $\beta(a)\cup\{y\}$ 是 a 的恰当覆盖且加细 $\beta(a)$，从而也加细 a 的任意覆盖，故 $\beta(a)\cup\{y\}$ 是 a 的极小集。由 $\beta(a)$ 的最大性，$y\in\beta(a)$，即 $\beta(a)$ 是下集。

（2）由极小集的定义，（1）和注 6.2.1 $(2')$ 立得。

（3）和（4）都是（2）的推论，（5）和（6）都是（4）的推论。$\square$

定理 6.2.3 设 L 是一个完备格，则 L 是完全分配格当且仅当 L 可序嵌入到一些完备链的直积中。

证明 由定理 6.1.2，我们只需证必要性。设 L 是一个完全分配格，在 L 上定义二元关系 R 为 $xRy\iff x\in\beta(y)$。

第一步：$R\circ R=R$。事实上，设 xRy，则 $x\in\beta(y)=\bigcup\limits_{z\in\beta(y)}\beta(z)$，从而存在 $z\in L$ 使得 $x\in\beta(z),z\in\beta(y)$，即 $xRzRy$，$xR\circ Ry$，因此 $R\subseteq R\circ R$。反过来，

如果 $xR \circ Ry$, 则存在 $z \in L$ 使得 $xRzRy$, 即 $x \in \beta(z), z \in \beta(y)$, 由定理 6.2.2 知 $x \in \beta(y)$, 即 xRy, 因此 $R \circ R \subseteq R$。

第二步: 令 $\{M_s \mid s \in S\}$ 是满足条件 "$\forall x, y \in M_s$, $x = y$ 或 xRy 或 yRx" 的 L 的极大子集构成的集族, 这里 S 是指标集。事实上, 由 Zorn 引理知, 这样的极大子集是存在的, 而且显然 0 属于每一个 M_s, 因为 $0 \in \beta(x)$ $(\forall x \in L \backslash \{0\})$。

第三步: 对于任意的 $s \in S$ 和任意满足 xRy 的 $x, y \in M_s$, 存在 $z \in M_s$ 使得 $xRzRy$。

事实上, 设 $s \in S$, $x, y \in M_s$ 满足 xRy。由 $R \circ R = R$, 存在 $z \in L$ 使得 $xRzRy$。设 $u \in M_s$, $u \neq x, y$, 则 uRx 或 xRu, 且 uRy 或 yRu。如果 uRx, 则 $uRxRz$, 从而 uRz; 如果 xRu, 则 yRu (否则有 uRy, 而这可推出 $xRuRy$, 此时结论已得证), 从而 $zRyRu$, 进而 zRu。因此, 对于每一个 $u \in M_s$, 若 $u \neq x, y$, 则 uRz 或 zRu。由 M_s 的极大性, $z \in M_s$。

第四步: 对每一个 $s \in S$, 定义映射 $f_s : L \longrightarrow \mathcal{P}(M_s)$ 为

$$f_s(a) = \{x \in M_s \mid 存在 y \in M_s 使得 xRyRa\}。$$

令 $C_s = f_s(L)$, 则 $C_s = \{f_s(a) \mid a \in L\}$ 在包含序下是一个完备链, 且 $f_s : L \longrightarrow C_s$ 是完备格同态。其论证过程如下:

(1) 设 $a, b \in L$ 且 $f_s(a) \not\subseteq f_s(b)$, 则存在 $x \in f_s(a) \backslash f_s(b)$, 于是存在 $y \in M_s$ 使得 $xRyRa$, 但对每一个 $u \in M_s$, $xRuRb$ 都不成立。设 $z \in f_s(b)$, 则存在 $u \in M_s$ 使得 $zRuRb$。对 $x, z \in M_s$ 进行分类讨论: 如果 xRz, 则 $xRzRuRb$, 从而 $xRuRb$, 这与假设矛盾; 如果 $x = z$, 则 $x \in f_s(b)$, 这又是一个矛盾; 故只有 zRx, 从而 $zRxRyRa$, $zRyRa$, 进而 $z \in f_s(a)$, 由 z 的任意性得 $f_s(b) \subseteq f_s(a)$。因此, C_s 是一个链 (由下面的 (2) 知, C_s 是完备的)。

(2) $f_s(\bigvee T) = \bigcup_{t \in T} f_s(t)$。事实上, 设 $x \in f_s(\bigvee T)$, 则存在 $y \in M_s$ 使得 $xRyR\bigvee T$, 即 $x \in \beta(y)$, $y \in \beta(\bigvee T)$。由定理 6.2.2, $\beta(\bigvee T) = \bigcup_{t \in T} \beta(t)$, 从而存在 $t_0 \in T$ 使得 $y \in \beta(t_0)$, 故 $xRyRt_0$, $x \in f_s(t_0) \subseteq \bigcup_{t \in T} f_s(t)$。以上各步可逆, 因此 $f_s(\bigvee T) = \bigcup_{t \in T} f_s(t)$。

(3) $f_s(\bigwedge T) = \bigwedge_{t \in T} f_s(t)$。显然左边包含于右边。由 (2) 知 C_s 是一个完备格, 从而 $\bigwedge_{t \in T} f_s(t)$ 存在, 即有 $b \in L$ 使得 $f_s(b) = \bigwedge_{t \in T} f_s(t)$。设 $x \in f_s(b)$, 则存在 $y \in M_s$ 使得 $xRyRb$。由于 $x, y \in M_s$, 运用第三步两次得, 存在 $u, v \in M_s$ 使得

$xRuRvRyRb$。这可推出 $v \in f_s(b) = \bigwedge\limits_{t \in T} f_s(t) \subseteq \bigcap\limits_{t \in T} f_s(t)$，从而对于任意的 $t \in T$ 有 $v \in f_s(t)$，进而存在 $w_t \in M_s$ 使得 vRw_tRt，即 $v \in \beta(w_t)$，$w_t \in \beta(t)$。由定理 6.2.2 得 $v \leqslant t \ (\forall t \in T)$，从而 $v \leqslant \bigwedge T$，故 $\beta(v) \subseteq \beta(\bigwedge T)$。又由于 uRv，我们有 $u \in \beta(v) \subseteq \beta(\bigwedge T)$，则 $xRuR\bigwedge T$。由 $u \in M_s$ 知，$x \in f_s(\bigwedge T)$。因此，左边包含右边。

第五步：$f : L \longrightarrow \prod\limits_{s \in S} C_s$，$f(a) = (f_s(a))_{s \in S}$ 就是所求的序嵌入（注意虽然每一个 f_s 都是满射，但是 f 一般不是满射）。由定理 6.2.2 知，f 是保序映射，余下的论证如下：

（1）对于任意的 $a \in L$，$\beta(a) = \bigcup\limits_{s \in S} f_s(a)$。事实上，设 $x \in \beta(a)$，则 xRa，存在 $s_0 \in S$ 使得 $\{x, a\} \in M_{s_0}$。由于 $R \circ R = R$，存在 $y \in M_{s_0}$ 使得 $xRyRa$，于是 $x \in f_{s_0}(a) \subseteq \bigcup\limits_{s \in S} f_s(a)$。以上各步可逆，因此 $\beta(a) = \bigcup\limits_{s \in S} f_s(a)$。

（2）设 $f(a) = f(b)$，则对于每一个 $s \in S$，$f_s(a) = f_s(b)$，从而 $\beta(a) = \bigcup\limits_{s \in S} f_s(a) = \bigcup\limits_{s \in S} f_s(b) = \beta(b)$，由定理 6.2.1，$a = \bigvee \beta(a) = \bigvee \beta(b) = b$。 □

类似于极小集，我们可以定义极大集的概念。

定义 6.2.2　设 L 是一个完备格，$a \in L$，$A \subseteq L$。如果

（1）$\bigwedge A = a$；

（2）对于任意的 $C \in \mathcal{U}(L)$，若 $\bigwedge C \leqslant a$，则 $A \subseteq C$，

则称 A 为 a 的一个**极大集**（maximal set）。

定理 6.2.4　设 L 是一个完备格，则 L 是完全分配格当且仅当其每个元 a 都有极大集，从而存在最大的极大集，记作 $\alpha(a)$。

定理 6.2.5　设 L 是一个完全分配格，$a, b \in L$。若 $b \in \alpha(a)$，则

（1）存在 $c \in L$ 使得 $b \in \alpha(c)$，$c \in \alpha(a)$；

（2）存在序列 $\{c_k\}_{k \in \mathbb{N}} \subseteq L$，满足 $c_1 \in \alpha(a)$，$c_{k+1} \in \alpha(c_k)$，$b \in \alpha(c_k) \ (k \in \mathbb{N})$。

定理 6.2.6　设 L 是一个完全分配格，$a, b \in L$。若 $b \in \alpha(a)$，则存在理想 I 满足

（1）$a \in I \subseteq \downarrow b$；

（2）$\forall x \in I'$，在 I' 中有极小元 m 使得 $m \leqslant x$。

证明　（1）设 $\{c_k \mid k \in \mathbb{N}\}$ 满足定理 6.2.5 中条件。令 $I = \bigcup\limits_k \downarrow c_k$，显然 I 是一个下集，且由定理 6.2.5 知 I 是定向的，所以 I 是理想。再由定理 6.2.5 得，$I \subseteq \downarrow b$。

（2）设 $x \in I'$，扩张 $\{x\}$ 为 I' 中的极大链 C。令 $m = \bigwedge C$，下面只需证 $m \notin I$。事实上，设 $m \in I$，则存在 $k \in \mathbb{N}$ 使得 $m \in \downarrow c_k$，从而 $m \leqslant c_k$，即 $\bigwedge C \leqslant c_k$。由 $c_{k+1} \in \alpha(c_k)$ 和极大集的定义知，存在 $y \in C$ 使得 $y \leqslant c_{k+1}$，那么 $y \in \downarrow c_{k+1} \subseteq I$，这与 $y \in C \subseteq I'$ 相矛盾。□

6.3　三角小于关系和分子式刻画

三角小于关系的定义及其对完全分配格的刻画首次出现在 Raney 的论文[65] 中。

定义 6.3.1　设 L 是一个完备格，$x, y \in L$。如果对于 L 的任意子集 S，当 $y \leqslant \bigvee S$ 时都存在 $s \in S$ 使得 $x \leqslant s$，则称 x **三角小于**（wedge below 或 totally below）y，记作 $x \lhd y$。

例 6.3.1　（1）在 $[0,1]$ 中，$x \lhd y$ 当且仅当 $x < y$。

（2）设 X 是一个非空集合，在 $\mathcal{P}(X)$ 中，$A \lhd B$ 当且仅当存在 $x \in B$ 使得 $A \subseteq \{x\}$。

（3）设 P 是一个偏序集，在 $\mathcal{D}(P)$ 中，$A \lhd B$ 当且仅当存在 $x \in B$ 使得 $A \subseteq \downarrow x$。

定理 6.3.1　设 L 是一个完备格，则对于任意的 $x, y, u, v \in L$，有

（1）$x \lhd y \Longrightarrow x \ll y \Longrightarrow x \leqslant y$；

（2）$u \leqslant x \lhd y \leqslant v \Longrightarrow u \lhd v$；

（3）若 $x \neq 0$，则 $0 \lhd x$。

这个定理的证明比较直接，留给读者。

定理 6.3.2　完备格 L 是完全分配格当且仅当 $a = \bigvee \{x \in L \mid x \lhd a\}$（$\forall a \in L$）。

证明　必要性：只需证 $a \leqslant \bigvee \{x \in L \mid x \lhd a\}$ 或 $\beta(a) \subseteq \{x \in L \mid x \lhd a\}$。设 $x \in \beta(a)$，$a \leqslant \bigvee S$，由于 $\beta(a)$ 是 a 的极小集，故对于 $x \in \beta(a)$ 存在 $s \in S$ 使得 $x \leqslant s$，这恰好说明 $x \lhd a$。

充分性：由定理 6.2.1，只需证 $B = \{x \in L \mid x \lhd a\}$ 是 a 的极小集。事实上，首先由 $a = \bigvee \{x \in L \mid x \lhd a\}$ 知，B 是 a 的恰当覆盖；其次，设 $a \leqslant \bigvee C$，对于任意的 $x \in B$ 即 $x \lhd a$，由三角小于的定义可知，存在 $c \in C$ 使得 $x \leqslant c$，这说明 B 加细 C。□

结合例 6.3.1 和定理 6.3.2 很容易证明例 6.1.1 和定理 6.1.2。由定理 6.3.1 和定理 6.3.2 知，完全分配格都是连续格，但可能不是代数格（如 $[0,1]$）。

推论 6.3.1　设 L 是一个完全分配格，则 $\beta(a) = \{x \in L \mid x \lhd a\}\ (\forall a \in L)$。

证明　定理 6.3.2的必要性证明了 $\beta(a) \subseteq \{x \in L \mid x \lhd a\}$，结合 $\beta(a)$ 在极小集中的最大性可得 $\beta(a) \supseteq \{x \in L \mid x \lhd a\}$。　□

定理 6.3.3（插入性质）　设 L 是一个完全分配格，则三角小于关系具有插入性质，即若 $x \lhd y$，则存在 $z \in L$ 使得 $x \lhd z \lhd y$。

证明　由定理 6.2.2和推论 6.3.1立得。　□

注 6.3.1　类似于三角小于关系，我们可以定义其对偶概念。设 L 是一个完备格，$x, y \in L$。如果对于 L 的任意子集 S，当 $\bigwedge S \leqslant x$ 时都存在 $s \in S$ 使得 $s \leqslant y$，则称 x **余三角小于**（co-wedge below）y，记作 $x \lhd^{co} y$。由完全分配律的自对偶性，上述关于三角小于关系的结论都可以被对偶成余三角小于关系的情形。

由于在分配格的条件下，并素元等价于并既约元，即并素元相对于运算 $\vee$ 无法再分解，因此王国俊先生将并素元称为**分子**（molecular）[81]。本章中我们将沿用这个名称。

定理 6.3.4 [59]　设 L 是一个完备格，B 是 $a \in L$ 的极小集，则 a 是分子当且仅当 B 是定向集。

证明　必要性：设 $a \in J(L)$，$s, t \in B$。令 $C = \{r \in B \mid s \leqslant r\}$，$D = \{r \in B \mid s \not\leqslant r\}$，则 $B = C \cup D$ 且 $a = \bigvee B = \bigvee C \vee \bigvee D$。由于 $a \in J(L)$，有 $a \leqslant \bigvee C$ 或 $a \leqslant \bigvee D$。如果 $a \leqslant \bigvee D$，则由 B 是 a 的极小集且 $s \in B$ 知，存在 $r \in D$ 使得 $s \leqslant r$，这是不可能的。所以只有 $a \leqslant \bigvee C$，同样由 B 是 a 的极小集且 $t \in B$ 知，存在 $r \in C \subseteq B$ 使得 $t \leqslant r$，从而有 $t \leqslant r$，$s \leqslant r$，所以 B 是定向集。

充分性：设 a 的极小集 B 是 L 的一个定向集，则 $B \neq \varnothing$，$a \neq 0$。如果 a 不是分子，则有 $\lambda, \mu \in L$ 使得 $a \leqslant \lambda \vee \mu$ 且 $a \not\leqslant \lambda, a \not\leqslant \mu$。由 $a = \bigvee B$ 得，存在 $s, t \in B$ 使得 $s \not\leqslant \lambda, t \not\leqslant \mu$。由 B 的定向性，存在 $r \in B$ 使得 $r \not\leqslant \lambda, r \not\leqslant \mu$。由于 B 是 a 的极小集，$\{\lambda, \mu\}$ 是 a 的一个覆盖，从而有 $r \leqslant \lambda$ 或 $r \leqslant \mu$，这就产生了矛盾。因此 a 是分子。　□

定理 6.3.5　设 L 是一个完全分配格，则其每个元素都可表示为分子的并。

证明　设 $e \in L$。若 $e = 0$，则取 $J(L)$ 的空子集便得 $e = \bigvee \varnothing$。下面设 $e \neq 0$，令 $\pi(e) = \{x \in L \mid x \leqslant e \text{ 且 } x \text{ 是分子}\}$，则 $\bigvee \pi(e) \leqslant e$ 是显然的，下证 $\bigvee \pi(e) \geqslant e$。事实上，设 $a = \bigvee \pi(e)$，如果 $a \not\geqslant e$，则必有 $b \in \alpha(a)$ 使得 $b \not\geqslant e$。设 I 是定理 6.2.6中的理想，则 $a \in I \subseteq \downarrow b$。因为 $e \notin \downarrow b$，所以 $e \notin I$，即 $e \in I'$。由定理 6.2.6知，I' 有极小元 m 使得 $m \leqslant e$。可以证明 m 必为分子，这是因为显然 $m \neq 0$，且若 $m = x \vee y$，$m \neq x$，$m \neq y$，则 $x, y < m$，由 m 的极小性知 $x, y \in I$，

这可推出 $m = x \vee y \in I$，矛盾。由上面的过程知，$m \in \pi(e)$，从而 $m \leqslant a$。由 $a \in I$ 及 I 是下集知，$m \in I$，而这又与 $m \in I'$ 矛盾。因此 $\bigvee \pi(e) = e$。 $\square$

定理 6.3.6 设 L 是一个完全分配格，$a \in L$，则 $\beta^*(a) = \beta(a) \cap J(L)$ 是 a 的一个极小集，称为 a 的**标准极小集**（standard minimal set）。

证明 首先对于任意的 $x \lhd a$，利用 $\lhd$ 的插入性质，存在 $b \in L$ 使得 $x \lhd b \lhd a$。对 $x \lhd b$ 应用定理 6.3.5，有 $c \in J(L)$ 使得 $x \leqslant c \leqslant b$，则 $c \in \beta^*(a)$，故 $x \leqslant \bigvee \beta^*(a)$。由 x 的任意性，$a \leqslant \bigvee \beta^*(a)$，故 $a = \bigvee \beta^*(a)$。其次，设 $a \leqslant \bigvee S$，$x \in \beta^*(a)$，则 $x \lhd a \leqslant \bigvee S$，从而存在 $s \in S$ 使得 $x \leqslant s$，故 $\beta^*(a)$ 加细 S。因此，$\beta^*(a)$ 是 a 的一个极小集。 $\square$

定理 6.3.7 设 L 是一个完备格，则

（1）$J(L)$ 中的定向子集的并等于它在 L 中的并，从而 $J(L)$ 是 dcpo；

（2）$\forall x \in J(L), \forall a \in L$，$x \ll a$ 当且仅当 $x \lhd a$。

证明 （1）设 D 是 $J(L)$ 在 L 的限制序下的定向子集且 $a = \bigvee D$，下面只需证 $a \in J(L)$。事实上，设 $a \leqslant x \vee y$ 但 $a \not\leqslant x, a \not\leqslant y$，则存在 $d_1, d_2 \in D$ 使得 $d_1 \not\leqslant x, d_2 \not\leqslant y$。对于 d_1, d_2，在 D 中存在它们的一个上界 d，显然有 $d \not\leqslant x, d \not\leqslant y$。由于 d 是分子，有 $d \not\leqslant x \vee y$，这与 $a \leqslant x \vee y$ 矛盾。故 $a \leqslant x$ 或 $a \leqslant y$，从而 $a \in J(L)$。

（2）充分性是显然的。必要性：设 $a \leqslant \bigvee S$（由 $a \neq 0$ 知 $S \neq \varnothing$），令 $T = \{\bigvee F \mid F$ 是 S 的非空有限子集$\}$，则 T 是定向集且 $\bigvee S = \bigvee T$。由 $x \ll a$ 知，存在 S 的非空有限子集 F 使得 $x \leqslant \bigvee F$；再由 $x \in J(L)$ 得，存在 $s \in F \subseteq S$ 使得 $x \leqslant s$。因此 $x \lhd a$。 $\square$

定理 6.3.8 设 L 是一个完全分配格，则 $x \ll_{J(L)} y$ 当且仅当 $x \lhd y$（$\forall x, y \in J(L)$）。

证明 充分性由定理 6.3.7 易得。必要性：设 $x, y \in J(L)$，且 $x \ll_{J(L)} y$。若 $y \leqslant \bigvee S$（$S \subseteq L$），则 $y \leqslant \bigvee \beta^*(\bigvee S)$，从而存在 $s_1, s_2, \cdots, s_n \in \beta^*(\bigvee S)$（$n \in \mathbb{N}$）使得 $x \leqslant s_1 \vee s_2 \vee \cdots \vee s_n$。由 $x \in J(L)$ 知，存在 $k \in \{1, 2, \cdots, n\}$ 使得 $x \leqslant s_k$。对于 $s_k \in \beta^*(\bigvee S)$，存在 $s \in S$ 使得 $s_k \leqslant s$，从而 $x \leqslant s$。因此 $x \lhd y$。 $\square$

定理 6.3.9 若 L 是一个完全分配格，则 $J(L)$ 是连续 dcpo。

证明 对于任意的 $a \in J(L)$，由定理 6.3.8 知有 $\Downarrow_{J(L)} a = \beta^*(a)$；由定理 6.3.4 和定理 6.3.6 知，$\Downarrow_{J(L)} a$ 是定向集且 $a = \bigvee \Downarrow_{J(L)} a$。因此，$J(L)$ 是连续 dcpo。
$\square$

定理 6.3.10 设 L 是分配的连续格，则 $M(L)$ 是 L 的交生成集，即 L 是空间式 frame。

证明 设 $a \in L$，令 $b = \bigwedge\{p \in M(L) |\ a \leqslant p\}$，只需证明 $b \leqslant a$。反设 $b \nleqslant a$，则 $b \in L \backslash {\downarrow} a \in \sigma(L)$。由于 L 是连续格，$\mathrm{OFil}(L)$ 是 $\sigma(L)$ 的一个基，从而存在 $F \in \mathrm{OFil}(L)$ 使得 $b \in F \subseteq L \backslash {\downarrow} a$。在 $L \backslash F$ 中取大于等于 a 的极大元 p，则 p 是交既约元（可借鉴定理 6.3.5 的证明过程中 m 的取法和证法），易见 $b \nleqslant p$ 但 $a \leqslant p$。由于 L 是分配格，$p \in M(L)$，矛盾。因此 $a = \bigwedge\{p \in M(L) |\ a \leqslant p\}$。由 a 的任意性，$M(L)$ 是 L 的交生成集。$\square$

定理 6.3.11 设 L 是一个完备格，则下列条件等价：

（1）L 是完全分配格；

（2）L 是分配格，且 L 和 L^{op} 都是连续格；

（3）L 是连续格，$J(L)$ 是 L 的并生成集。

证明 （1）$\Longrightarrow$（2）：当 L 是完全分配格时，L 必是分配的连续格且 L^{op} 也是完全分配格，从而 L^{op} 也是连续格。

（2）$\Longrightarrow$（3）：由于 L^{op} 是分配的连续格，由定理 6.3.10，$M(L^{op})$ 是 L^{op} 的交生成集。由对偶原理，$J(L)$ 是 L 的并生成集。

（3）$\Longrightarrow$（1）：对于任意的 $a \in L$，

$$
\begin{aligned}
a &= \bigvee\{x \in L \mid x \ll a\} \\
&= \bigvee\{y \in J(L) \mid \exists x \ll a \text{ s.t. } y \leqslant x\} \quad \text{（条件(3)）} \\
&= \bigvee\{y \in J(L) \mid y \ll a\} \\
&= \bigvee\{y \in J(L) \mid y \lhd a\} \quad \text{（定理6.3.7(2)）} \\
&= \bigvee\{z \in L \mid z \lhd a\}. \quad \text{（方法同第二个等号）}
\end{aligned}
$$

由定理 6.3.2 得，L 是完全分配格。$\square$

6.4 完全分配格与连续 dcpo

本节我们利用 Scott 拓扑建立完全分配格和连续 dcpo 之间的范畴对偶等价。

定理 6.4.1 若 D 是一个连续 dcpo，则 $\sigma(D)$ 是完全分配格，且 $pt(\sigma(D)) \cong D$。

证明 由定理 5.2.10 知，$J(\sigma(D)) = \mathrm{OFil}(D)$，由定理 5.2.11 知，$J(\sigma(D))$ 是 $\sigma(D)$ 的并生成集且 $\sigma(D)$ 是连续格。由定理 6.3.11 得，$\sigma(D)$ 是完全分配格。另外，由定理 6.3.9 和定理 5.2.9 知，$\Sigma(D)$ 是 sober 空间，由定理 4.2.4，$(D, \sigma(D))$ 同胚于 $(pt(\sigma(D)), \Omega(pt(\sigma(D))))$，从而 $pt(\sigma(D))$ 一一对应于 D，易证这种对应关系是序同构，即 $pt(\sigma(D)) \cong D$。$\square$

实际上，除了上述方法，我们也可以直接证明 $\sigma(D)$ 的完全分配性。设 $U \in \sigma(D)$。如果 $x \in U$，且 $\{V_i \mid i \in I\}$ 是 U 的一个开覆盖，则存在 $i_0 \in I$ 使得 $x \in V_{i_0}$，于是 $\Uparrow x \subseteq V_{i_0}$，这说明 $\Uparrow x \lhd U$。因此，$U = \bigcup\{\Uparrow x \mid x \in U\} \subseteq \bigcup\{W \in \sigma(D) \mid W \lhd U\} \subseteq U$，即有 $U = \bigcup\{W \in \sigma(D) \mid W \lhd U\}$。由定理 6.3.2 得，$\sigma(D)$ 是完全分配格。

定理 6.4.2　设 L 是一个完全分配格，$pt(L)$ 是连续 dcpo，且 $L \cong \sigma(pt(L))$。

证明　第一步：由完全分配律的自对偶性，L^{op} 也是一个完全分配格且 $(pt(L), \subseteq) \cong (M(L), \leqslant_L)^{op} = (J(L^{op}), \leqslant_{L^{op}})$，由定理 6.3.9 知，$pt(L)$ 是连续 dcpo。

第二步：由第一步知，$(J(L^{op}), \leqslant_{L^{op}}) \cong (pt(L), \subseteq)$ 且显然有 $(L^{op}, \leqslant_{L^{op}}) \cong (\{L \backslash \downarrow x \mid x \in L\}, \subseteq)$。由定理 6.3.8 知，对于任意的 $a \in J(L^{op})$，$\Downarrow_{J(L^{op})} a = \beta^*(a)$（注意前者取自 $J(L^{op})$，而后者取自 L^{op}），即对于任意的 $a, b \in J(L^{op})$，有 $a \ll_{J(L^{op})} b$ 当且仅当 $a \lhd b$。类比到 $pt(L)$ 和 $\{L \backslash \downarrow x \mid x \in L\}$ 中，对于任意的 $H, G \in pt(L)$，$H \ll_{pt(L)} G$ 当且仅当 $H \lhd G$ 在 $\{L \backslash \downarrow x \mid x \in L\}$ 中成立。

第三步：定义 $\Phi : L \longrightarrow \sigma(pt(L))$ 为 $\Phi(a) = \{F \in pt(L) \mid a \in F\}$。

（i）Φ 是映射，即对于任意的 $a \in L$，$\Phi(a)$ 是 $pt(L)$ 的 Scott 开集。显然 $\Phi(a)$ 是上集；另外，设 $\mathcal{S} \subseteq pt(L)$ 是定向集且 $\bigvee \mathcal{S} \in \Phi(a)$，则 $a \in \bigvee \mathcal{S} = \bigcup \mathcal{S}$，必有 $F \in \mathcal{S}$ 使得 $a \in F$，从而 $F \in \Phi(a)$，即有 $\mathcal{S} \cap \Phi(a) \neq \varnothing$。因此，$\Phi(a) \in \sigma(\Phi(L))$。

（ii）Φ 是序嵌入。对于任意的 $a, b \in L$，$\Phi(a) \subseteq \Phi(b)$，当且仅当 $a \in F \Rightarrow b \in F(\forall F \in pt(L))$，当且仅当 $a \in L \backslash \downarrow p \Rightarrow b \in L \backslash \downarrow p(\forall p \in M(L))$，当且仅当 $b \leqslant p \Rightarrow a \leqslant p(\forall p \in M(L))$，当且仅当 $a \leqslant b$。

（iii）Φ 是满射。设 $\mathcal{U} \in \sigma(pt(L))$，定义 $a = \bigwedge\{\bigvee F' \mid F \notin \mathcal{U}\}$。下证 $\Phi(a) = \mathcal{U}$，即 $a \in G \in pt(L)$ 当且仅当 $G \in \mathcal{U}$。设 $a \in G \in pt(L)$。如果 $G \notin \mathcal{U}$，则 $a \leqslant \bigvee G'$，从而 $G' \cap G \neq \varnothing$，矛盾，因此 $G \in \mathcal{U}$。反过来，令 $p_F = \bigvee F'$，则 p_F 是交素元且 $F = L \backslash \downarrow p_F$，则有 $a = \bigwedge\{p_F \mid F \notin \mathcal{U}\}$。设 $G \in \mathcal{U}$，则有 $H \in \mathcal{U}$ 使得 $H \ll_{pt(L)} G$，从而由第二步，$H \lhd G$ 在 $\{L \backslash \downarrow x \mid x \in L\}$ 中成立。如果 $a \notin G$，则

$$G \subseteq L \backslash \downarrow a = L \backslash \downarrow \left(\bigwedge_{F \notin \mathcal{U}} p_F \right) = \bigcup_{F \notin \mathcal{U}} L \backslash \downarrow p_F = \bigcup_{F \notin \mathcal{U}} F.$$

由 $H \lhd G$ 知，存在 $F \notin \mathcal{U}$ 使得 $H \subseteq F$，这与 $H \in \mathcal{U}$ 且 $\mathcal{U}$ 是上集矛盾，因此必有 $a \in G$。$\square$

记 **CD** 为所有完全分配格和 frame 同态构成的范畴。定义 $\Sigma : \mathbf{Dom} \longrightarrow \mathbf{CD}^{op}$ 为：对于任意的 $f : D_1 \longrightarrow D_2 \in \mathrm{mor}(\mathbf{Dom})$，$\Sigma(f) = f^{-1} : \sigma(D_2) \longrightarrow \sigma(D_1)$。定义 $\mathrm{Pt} : \mathbf{CD}^{op} \longrightarrow \mathbf{Dom}$ 为：对于任意的 $g : L_1 \longrightarrow L_2 \in \mathrm{mor}(\mathbf{CD})$，$\mathrm{Pt}(g) = g^{-1} :$

$pt(L_2) \longrightarrow pt(L_1)$。

定理 6.4.3　Σ 和 Pt 都是函子，它们构成 **Dom** 和 **CD** 之间的对偶等价。

证明　（1）Σ 是函子。设 $f : D_1 \longrightarrow D_2 \in \mathrm{mor}(\mathbf{Dom})$，则由定理 5.2.4 知，$\Sigma(f) = f^{-1} : \sigma(D_2) \longrightarrow \sigma(D_1)$ 是一个映射。由于 $f^{-1} : \mathcal{P}(D_2) \longrightarrow \mathcal{P}(D_1)$ 保任意并和任意交，而 Scott 拓扑对开集的任意并和有限交封闭，故 $f^{-1} : \sigma(D_2) \longrightarrow \sigma(D_1)$ 保任意并和有限交，因此 $f^{-1} : \sigma(D_2) \longrightarrow \sigma(D_1) \in \mathrm{mor}(\mathbf{CD})$。

（2）Pt 是函子。设 $g : L_1 \longrightarrow L_2 \in \mathrm{mor}(\mathbf{CD})$，需证 $\mathrm{Pt}(g) = g^{-1} : pt(L_2) \longrightarrow pt(L_1) \in \mathrm{mor}(\mathbf{Dom})$。事实上，容易证明 g^{-1} 是一个映射；由于 $g^{-1} : \mathcal{P}(L_2) \longrightarrow \mathcal{P}(L_1)$ 保任意并和任意交，而 $pt(L_1)$ 和 $pt(L_2)$ 对定向并封闭，因此 $\mathrm{Pt}(g) = g^{-1} : pt(L_2) \longrightarrow pt(L_1)$ 是一个 Scott 连续映射。$\square$

注 6.4.1　连续 dcpo 和完全分配格之间可建立在不同态射意义下的多种范畴之间的对偶等价，详见文献 [24, 33, 46, 100]，定理 6.4.3中的态射是这其中最简单的一种。文献 [17] 在 $\mathcal{Z}$-子集系统的框架下研究了连续 dcpo 和完全分配格之间范畴对偶等价的推广。

6.5　强代数格的 Galois 收缩

设 **C** 是 **Pos** 的一个子范畴，A, B 是两个 **C**-对象，如果存在由 **C**-态射构成的 Galois 伴随 $s \dashv r : A \to B$ 满足 $r \circ s = \mathrm{id}_A$，则称 A 为 B 在 **C** 中的 **Galois 收缩**（Galois retract）。

定理 6.5.1　设 L 是一个完全分配格，$p : L \longrightarrow L$ 是一个保并的投射，则 $p(L)$ 也是完全分配格，其中对于任意的 $a, b \in L$，$a \triangleleft_{p(L)} b$ 当且仅当存在 $c \triangleleft b$ 使得 $a \leqslant p(c)$。

证明　由 p 的保并性，易证 $p(L)$ 是完备格且并运算与 L 中相同。设 $a \triangleleft_{p(L)} b$，令 $S = p(\beta(b))$，则 $\bigvee S = \bigvee p(\beta(b)) = p(\bigvee \beta(b)) = p(b) = b$，于是存在 $c \in \beta(b)$ 即 $c \triangleleft b$ 使得 $a \leqslant p(c)$。反过来，如果存在 $c \triangleleft b$ 使得 $a \leqslant p(c)$，设 $b \leqslant \bigvee S$ 且 $S \subseteq p(L)$，则存在 $s \in S$ 使得 $c \leqslant s$，进而 $a \leqslant p(c) \leqslant p(s) = s \in S$，这说明 $a \triangleleft_{p(L)} b$。最后证明 $p(L)$ 是完全分配格。设 $b \in p(L)$，则

$$\bigvee\{a \in p(L) \mid a \triangleleft_{p(L)} b\} = \bigvee\{a \in p(L) \mid 存在 c \triangleleft b 使得 a \leqslant p(c)\}$$

$$= \bigvee\{p(c) \mid c \in L,\ c \triangleleft b\}$$

$$= p\Big(\bigvee\{c \in A \mid c \triangleleft b\}\Big) = p(b) = b。$$

由定理 6.3.2知，$p(L)$ 是完全分配格。 $\square$

定义 6.5.1   设 L 是一个完备格，$a \in L$。

（1）如果对于任意的上集 $S \subseteq L$，$\bigwedge S \leqslant a$ 蕴含 $a \in S$，则称 a 是 L 的**完全交素元**（completely meet-prime element）；

（2）如果对于任意的下集 $S \subseteq L$，$a \leqslant \bigvee S$ 蕴含 $a \in S$，即 $a \triangleleft a$，则称 a 是 L 的**完全并素元**（completely join-prime element）或**强紧元**（strongly compact element）。

定义 6.5.2   设 L 是一个完备格，令 $K_s(L)$ 为 L 的全体强紧元之集。如果对于任意的 $a \in L$，都有 $a = \bigvee \{x \in K_s(L) \mid x \leqslant a\}$，则称 L 为**强代数格** (strongly algebraic lattice) 或**完全生成格** [95](completely generated lattice)。

显然强代数格既是代数格又是完全分配格；每一个有限分配格都是强代数格。

定理 6.5.2   设 $\mathcal{O}(X)$ 是 X 上的一个 Alexandrov 拓扑，则 $(\mathcal{O}(X), \subseteq)$ 是强代数格。

证明   设元素 x 的最小开邻域为 $V(x)$。只需证明 $K_s(\mathcal{O}(X)) = \{V(x) \mid x \in X\}$，从而可由 $U = \bigcup \{V(x) \mid x \in U\}$ 得 $(\mathcal{O}(X), \subseteq)$ 是强代数格。事实上，对于任意的 $x \in X$，如果 $V(x) \subseteq \bigcup_i U_i$（$\{U_i \mid i \in I\} \subseteq \mathcal{O}(X)$），则存在 $i_0 \in I$ 使得 $x \in U_{i_0}$，从而 $V(x) \subseteq U_{i_0}$。即有 $V(x) \triangleleft V(x)$，由 $V(x)$ 的最小性有 $V(x) \in K_s(\mathcal{O}(X))$。反过来，任取 $V \in K_s(\mathcal{O}(X))$，则 $V = \bigcup_{x \in V} V(x)$，于是存在 $x_0 \in V$ 使得 $V \subseteq V(x_0)$。由于显然 $V \supseteq V(x_0)$，故 $V = V(x_0)$。 $\square$

定理 6.5.3   设 L 是一个完备格，则下列条件等价：

（1）L 是完全分配格；

（2）存在强代数格 A 以及满的完备格同态 $r : A \longrightarrow L$；

（3）存在强代数格 A 以及保任意并的内部算子 $k : A \longrightarrow A$ 使得 $L = \mathrm{Im}k$。

证明   （1）$\Longrightarrow$（2）：令 $A = \mathcal{D}(L)$，则 $\mathcal{D}(L)$ 是 L 上的一个 Alexandrov 拓扑，在包含序下是一个强代数格。令 $r = \sup : A \longrightarrow L$，则 r 是满射且保任意并，由定理 6.2.2 知，r 是 $\beta : L \longrightarrow A$ 的右伴随，从而也保任意交，故 $r : A \longrightarrow L$ 是满的完备格同态。

（2）$\Longrightarrow$（3）：设 A 是一个强代数格，$r : A \longrightarrow L$ 是满的完备格同态，则它有左伴随 $s : L \longrightarrow A$ 且 $r \circ s = \mathrm{id}_L$，令 $k = s \circ r$，则 $k : A \longrightarrow A$ 是一个保任意并的内部算子，由定理 2.1.3 知，$L = r(A) \cong s(L) = s(r(A)) = k(A) = \mathrm{Im}k$。

（3）$\Longrightarrow$（1）：由定理 6.5.1可得。 $\square$

令 **CLat** 是完备格和完备格同态构成的范畴，将定理 6.5.3放在范畴 **CLat**

中可以重述如下：

定理 6.5.4　完全分配格恰是强代数格在范畴 **CLat** 中的 Galois 收缩。

证明　可模仿定理 6.5.3 证明。□

6.6　关系型刻画

本节内容主要来自徐晓泉教授的论文 [89,90]，其中正则关系主要源于群论中正则元的概念。

设 X,Y 是两个集合，$\rho \subseteq X \times Y$。对于 $A \subseteq X$，记

$$\rho(A) = \{y \in Y \mid \exists x \in A \text{ s.t. } (x,y) \in \rho\},$$

称为 A 在 ρ 下的像 (例 2.1.1 中 $\rho(A)$ 曾表示为 $\rho^{\rightarrow}(A)$)。容易证明

$$\Phi_\rho(X) = \{\rho(A) \mid A \subseteq X\}$$

在包含序下是一个完备格，其中并为集合的通常并，但交不一定是集合的通常交。

定义 6.6.1　设 X,Y 是两个集合，$\rho \subseteq X \times Y$。如果存在关系 $\tau \subseteq Y \times X$ 使得 $\rho = \rho \circ \tau \circ \rho$，则称 ρ 为从 X 到 Y 的**正则关系**（regular relation）。若 $X = Y$，则称 ρ 为 X 上的正则关系。

例 6.6.1　（1）集合 X 与 $\mathcal{P}(X)$ 之间的属于关系 $\in$ 是正则的。事实上，令 $\tau = \{(\{x\},x) \mid x \in X\}$，则有 $\in \circ \tau \circ \in = \in$。

（2）设 $f: X \longrightarrow Y$ 是一个映射，令 $f = \{(x,f(x)) \mid x \in X\}$，则 f 是一个正则关系。事实上，令 $\tau = \{(f(x),x) \mid x \in X\}$，则有 $f \circ \tau \circ f = f$。

（3）设 ρ 是 X 上的一个幂等关系，则 $\rho \circ \Delta(X) \circ \rho = \rho$，因而 ρ 是正则的，其中 $\Delta(X) = \{(x,x) \mid x \in X\}$。

（4）设 $(P, \leqslant)$ 是一个预序集，则 $\leqslant$ 是 P 上的正则关系，这是因为 $\leqslant \circ \leqslant \circ \leqslant = \leqslant$。

设 $\rho \subseteq X \times Y$，记

$$\rho^{\sharp} = \{(y,x) \in Y \times X \mid \forall A \subseteq X, \ y \in \rho(A) \Longrightarrow \rho(x) \subseteq \rho(A)\}.$$

引理 6.6.1　设 X,Y 是两个集合，$\rho \subseteq X \times Y$，则

（1）$\rho^{\sharp} = \{(y,x) \in Y \times X \mid \forall z \in X, \ y \in \rho(z) \Longrightarrow \rho(x) \subseteq \rho(z)\}$；

（2）$\rho \circ \rho^{\sharp} \circ \rho \subseteq \rho$。

证明 （1）由 $\rho(A) = \bigcup\limits_{z \in A} \rho(z) \ (\forall A \subseteq X)$ 易得。

（2）设 $(x, y) \in \rho \circ \rho^{\sharp} \circ \rho$，则存在 $(u, v) \in X \times Y$ 使得 $(x, v) \in \rho$，$(v, u) \in \rho^{\sharp}$，$(u, y) \in \rho$。故 $v \in \rho(x)$，从而 $y \in \rho(u) \subseteq \rho(x)$，即得 $(x, y) \in \rho$。故 $\rho \circ \rho^{\sharp} \circ \rho \subseteq \rho$。 □

定理 6.6.1 设 X, Y 是两个集合，$\rho \subseteq X \times Y$，则下列条件等价:

（1）ρ 是正则关系；

（2）若 $(x, y) \in \rho$，则存在 $(u, v) \in X \times Y$ 使得

　　　（i）$(x, v), (u, y) \in \rho$，

　　　（ii）$\forall(s, t) \in X \times Y$，$(s, v), (u, t) \in \rho \Longrightarrow (s, t) \in \rho$；

（3）$(\Phi_{\rho}(X), \subseteq)$ 是完全分配格；

（4）$\forall M \in \Phi_{\rho}(X)$，$M = \bigcup\limits_{y \in M} \bigwedge\limits_{y \in N \in \Phi_{\rho}(X)} N$；

（5）$\rho = \rho \circ \rho^{\sharp} \circ \rho$。

证明 （1）$\Longrightarrow$（2）：由 ρ 的正则性，存在 $\tau \subseteq Y \times X$ 使得 $\rho \circ \tau \circ \rho$。设 $(x, y) \in \rho$，则存在 $(u, v) \in X \times Y$ 使得 $(x, v) \in \rho$，$(v, u) \in \tau$，$(u, y) \in \rho$。对于任意的 $(s, t) \in X \times Y$，若 $(s, v), (u, t) \in \rho$，则由 $(v, u) \in \tau$ 知，$(s, t) \in \rho \circ \tau \circ \rho = \rho$。

（2）$\Longrightarrow$（3）：设 $\{M_{ij} = \rho(A_{ij}) \mid i \in I, j \in J_i\} \subseteq \Phi_{\rho}(X)$。记 $M = \bigwedge\limits_{i \in I} \bigvee\limits_{j \in J_i} M_{ij} = \bigwedge\limits_{i \in I} \bigcup\limits_{j \in J_i} M_{ij}$，则存在 $A \subseteq X$ 使得 $M = \rho(A)$。设 $y \in M$，则存在 $x \in A$ 使得 $(x, y) \in \rho$。由条件知，存在 $(u, v) \in X \times Y$ 使得（i）（ii）成立。由（i），$v \in \rho(x) \subseteq \rho(A) = M \subseteq \bigcup\limits_{j \in J_i} M_{ij} = \bigcup\limits_{j \in J_i} \rho(A_{ij}) \ (\forall i \in I)$，则存在 $\phi_0 \in \prod\limits_{i \in I} J_i$ 使得 $a_{i\phi_0(i)} \in A_{i\phi_0(i)}$ 且 $(a_{i\phi_0(i)}, v) \in \rho \ (\forall i \in I)$。由（ii）知，$y \in \rho(u) \subseteq \rho(a_{i\phi_0(i)}) \subseteq M_{i\phi_0(i)} \ (\forall i \in I)$，从而 $y \in \bigwedge\limits_{i \in I} M_{i\phi_0(i)} \subseteq \bigvee\limits_{\phi \in \prod\limits_{i \in I} J_i} \bigwedge\limits_{i \in I} M_{i\phi(i)}$。由 y 的任意性，$M \subseteq \bigvee\limits_{\phi \in \prod\limits_{i \in I} J_i} \bigwedge\limits_{i \in I} M_{i\phi(i)}$。故（CD1）成立，$(\Phi_{\rho}(X), \subseteq)$ 是完全分配格。

（3）$\Longrightarrow$（4）：对于任意的 $y \in M$，记 $J_y = \{G \in \Phi_{\rho}(X) \mid y \in G\}$，则有 $y \in \phi(y) \ (\forall \phi \in \prod\limits_{y \in M} J_y)$，且

$$\bigcup\limits_{y \in M} \bigwedge\limits_{y \in N \in \Phi_{\rho}(X)} N = \bigvee\limits_{y \in M} \bigwedge\limits_{y \in N \in \Phi_{\rho}(X)} N$$

$$= \bigwedge_{\phi \in \prod\limits_{y \in M} J_y} \bigvee_{y \in M} \phi(y) = \bigwedge_{\phi \in \prod\limits_{y \in M} J_y} \bigcup_{y \in M} \phi(y) \supseteq M。$$

又由于对任意的 $y \in M$ 都有 $M \in J_y$，故 $\bigwedge\limits_{y \in N \in \Phi_\rho(X)} N \subseteq M$。因此，$M = \bigcup\limits_{y \in M} \bigwedge\limits_{y \in N \in \Phi_\rho(X)} N$。

（4）$\Longrightarrow$（5）：设 $(x, y) \in \rho$，则 $y \in \rho(x) = \bigcup\limits_{z \in \rho(x)} \bigwedge\limits_{z \in N \in \Phi_\rho(X)} N$，从而存在 $v \in \rho(x)$ 使得 $y \in \bigwedge\limits_{v \in N \in \Phi_\rho(X)} N$。由 $\bigwedge\limits_{v \in N \in \Phi_\rho(X)} N \in \Phi_\rho(X)$，存在 $B \subseteq X$ 使得 $\bigwedge\limits_{v \in N \in \Phi_\rho(X)} N = \rho(B)$，从而存在 $u \in B$ 使得 $y \in \rho(u) \subseteq \rho(B)$。易见 $(v, u) \in \rho^\sharp$，故 $(x, y) \in \rho \circ \rho^\sharp \circ \rho$。结合引理 6.6.1 得，$\rho = \rho \circ \rho^\sharp \circ \rho$。

（5）$\Longrightarrow$（1）：显然。$\square$

定理 6.6.2 设 L 是一个完备格，则 L 是完全分配格当且仅当 $\not\leqslant$ 是正则的。

证明 对于任意的 $A \subseteq X$，$\not\leqslant(A) = \{y \in L \mid \exists a \in A \text{ s.t. } a \not\leqslant y\} = L \backslash \uparrow(\bigvee A)$。故 $(\Phi_{\not\leqslant}(X), \subseteq) = \{L \backslash \uparrow x \mid x \in L\} \cong L$。由定理 6.6.1，$L$ 是完全分配格当且仅当 $\not\leqslant$ 是正则的。$\square$

定理 6.6.3 设 L 是一个完备格，则下列条件等价：

（1）L 是完全分配格；

（2）存在 X 上的幂等关系 ρ 使得 $L \cong (\Phi_\rho(X), \subseteq)$；

（3）存在 X 上的正则关系 ρ 使得 $L \cong (\Phi_\rho(X), \subseteq)$。

证明 （1）$\Longrightarrow$（2）：定义 $\rho = \{(x, y) \in L \times L \mid y \in \beta(x)\}$。由定理 6.2.3 证明的第一步知，$\rho$ 是幂等关系。由定理 6.2.2 得，$\rho(A) = \rho(\bigvee A)$ $(\forall A \subseteq X)$，从而 $\Phi_\rho(L) = \{\beta(x) \mid x \in L\}$。因此，$L \cong (\Phi_\rho(L), \subseteq)$。

（2）$\Longrightarrow$（3）：由于幂等关系是正则关系，故论断成立。

（3）$\Longrightarrow$（1）：由定理 6.6.1 可得。$\square$

对于单位区间 $[0,1]$，总有 $r = \bigvee\limits_{x<r} \bigwedge\limits_{y>x} y = \bigwedge\limits_{x>r} \bigvee\limits_{y<x} y$。实际上，这个连等式可以推广并用来刻画完全分配格。

定理 6.6.4 [97] 设 L 是一个完备格，则

（1）L 是完全分配格当且仅当对于任意 $r \in L$，$r = \bigvee\limits_{x \not\geqslant r} \bigwedge\limits_{y \not\geqslant x} y$；

（2）L 是完全分配格当且仅当对于任意 $r \in L$，$r = \bigwedge\limits_{x \not\leqslant r} \bigvee\limits_{y \not\geqslant x} y$。

证明 由完全分配律的自对偶性和偏序集的对偶原理，当（1）成立时，（2）也成立。下面只证明（1）。

充分性：只需证 $r \not\leqslant x$ 蕴含 $\bigwedge\limits_{y \not\leqslant x} y \lhd r$，或 $\bigwedge\limits_{y \not\leqslant x} y \not\lhd r$ 蕴含 $r \leqslant x$。事实上，如果 $\bigwedge\limits_{y \not\leqslant x} y \not\lhd r$，则存在 $D \subseteq L$ 使得 $r \leqslant \bigvee D$，但对于任意的 $d \in D$ 都有 $\bigwedge\limits_{y \not\leqslant x} y \not\leqslant d$，这可推出 $d \leqslant x$。由 $d \in D$ 的任意性，有 $r \leqslant \bigvee D \leqslant x$。

必要性：首先，用反证法易证 $r \geqslant \bigvee\limits_{x \not\geqslant r} \bigwedge\limits_{y \not\leqslant x} y$。其次，令 $s = \bigvee\limits_{x \not\geqslant r} \bigwedge\limits_{y \not\leqslant x} y$。如果 $r \not\leqslant s$，则存在 $\lambda \in L$ 使得 $s \lhd^{co} \lambda$ 但 $r \not\leqslant \lambda$。由 $s \lhd^{co} \lambda$ 知 $\bigwedge\limits_{y \not\leqslant \lambda} y \lhd^{co} \lambda$，从而存在 $y_\lambda \not\leqslant \lambda$ 使得 $y_\lambda \leqslant \lambda$，但这是不可能的。因此，$r = \bigvee\limits_{x \not\geqslant r} \bigwedge\limits_{y \not\leqslant x} y$。 □

定理 6.6.5 设 L 是一个完备格，则 L 是完全分配格当且仅当对于任意的 $a, b \in L$，若 $a \not\leqslant b$，则存在 $p, q \in L$ 使得：(i) $a \not\leqslant p$，$b \not\geqslant q$；(ii) $\downarrow p \cup \uparrow q = L$。

证明 必要性：设 $a \not\leqslant b$，则存在 $a_1 \in \beta(a)$，$b_1 \in \alpha(b)$ 使得 $a_1 \not\leqslant b_1$。令 $p = \bigvee L \backslash \uparrow a_1$，$q = \bigwedge L \backslash \downarrow b_1$，则易证 $a \not\leqslant p$，$b \not\geqslant q$；另外，如果有 $x \in L$ 使得 $x \not\leqslant p$，$x \not\geqslant q$，则必有 $a_1 \leqslant x \leqslant b_1$，这与 $a_1 \not\leqslant b_1$ 矛盾。

充分性：只需证 $r \leqslant \bigvee\limits_{x \not\geqslant r} \bigwedge\limits_{y \not\leqslant x} y$。若不然，则存在 $p, q \in L$ 使得 $r \not\leqslant p$，$\bigvee\limits_{x \not\geqslant r} \bigwedge\limits_{y \not\leqslant x} y \not\geqslant q$ 且 $\downarrow p \cup \uparrow q = L$。由 $\bigvee\limits_{x \not\geqslant r} \bigwedge\limits_{y \not\leqslant x} y \not\geqslant q$ 知，$x \not\geqslant r$ 蕴含 $\bigwedge\limits_{y \not\leqslant x} y \not\geqslant q$，则 $\bigwedge\limits_{y \not\leqslant p} y \not\geqslant q$，从而存在 $y \not\leqslant p$ 使得 $y \not\geqslant q$，这与 $\downarrow p \cup \uparrow q = L$ 矛盾。 □

定理 6.6.5 首先是由 G.N. Raney 给出的，有多种不同的证明方法。文献 [91] 中给出了一种简洁的证明方法，这里的方法则又是一种较简洁的新方法。

6.7　拓扑式刻画

本节中，$\mathcal{O}(X)$ 均指集合 X 上的一个**内部系统**（interior systems 或 kernel system），即 $X \in \mathcal{O}(X) \subseteq \mathcal{P}(X)$ 且 $\mathcal{O}(X)$ 对任意并封闭，偶对 $(X, \mathcal{O}(X))$ 称为一个**内部空间**（interior space）。显然，内部空间是一种弱拓扑结构。在本节中，我们仍将 $\mathcal{O}(X)$ 称为 $(X, \mathcal{O}(X))$ 的开集格，仍记 $\mathcal{U}(x) = \{U \in \mathcal{O}(X) \mid x \in X\}$（$\forall x \in X$）。

设 L 是一个完备格，则 $\{L \backslash \downarrow r \mid r \in L\} \cup \{L\}$ 直接构成了 L 上的一个内部系统，称为 L 上的**预上拓扑**（pre-upper topology），记为 $p\nu(L)$。

设 $(X, \mathcal{O}(X))$ 是一个内部空间，L 是一个完备格。记 $[\mathcal{O}(X) \xrightarrow[\wedge]{\vee} L]$ 为从开

集格 $\mathcal{O}(X)$ 到 L 的并-交映射的全体，即 $j \in [\mathcal{O}(X) \xrightarrow[\wedge]{\vee} L]$ 当且仅当 $j(\bigcup\limits_i A_i) = \bigwedge\limits_i j(A_i)$ $(\forall \{A_i \mid i \in I\} \subseteq \mathcal{O}(X))$；记 $[X \longrightarrow L]$ 为从 X 到 L 的下半连续映射的全体，即 $h \in [X \longrightarrow L]$ 当且仅当 $h^{-1}(L \backslash \downarrow r) \in \mathcal{O}(X)$ $(\forall r \in L)$。

设 $j \in [\mathcal{O}(X) \xrightarrow[\wedge]{\vee} L]$，定义 $\gamma(j) : X \longrightarrow L$ 为

$$\gamma(j)(x) = \bigvee_{V \in \mathcal{U}(x)} j(V)。$$

设 $h \in [X \longrightarrow L]$，定义 $\delta(h) : \mathcal{O}(X) \longrightarrow L$ 为

$$\delta(h)(V) = \bigwedge_{x \in V} h(x)。$$

定理 6.7.1　$\gamma \dashv \delta : [\mathcal{O}(X) \xrightarrow[\wedge]{\vee} L] \rightharpoonup [X \longrightarrow L]$，二者的偏序均为映射的逐点序。

证明　首先，γ 和 δ 都是定义好的映射。设 $r \in L$，设 $\{U_i \mid i \in I\} \subseteq \mathcal{O}(X)$，有

$$\delta(h)\Big(\bigcup_{i \in I} U_i\Big) = \bigwedge_{x \in \bigcup\limits_{i \in I} U_i} h(x) = \bigwedge_{i \in I} \bigwedge_{x \in U_i} h(x) = \bigwedge_{i \in I} \delta(h)(U_i),$$

$$(\gamma(j))^{-1}(L \backslash \downarrow r) = \Big\{ x \in X \mid \bigvee_{V \in \mathcal{U}(x)} j(V) \not\leqslant r \Big\}$$

$$= \bigcup \{ V \in \mathcal{O}(X) \mid j(V) \not\leqslant r \} \in \mathcal{O}(X)。$$

因此，$\gamma(j) \in [X \longrightarrow L]$，$\delta(h) \in [\mathcal{O}(X) \xrightarrow[\wedge]{\vee} L]$。其次，易见 γ 和 δ 都是保序映射。一方面，对于任意的 $h \in [X \longrightarrow L]$ 和任意的 $x \in X$，有

$$\gamma \circ \delta(h)(x) = \bigvee_{V \in \mathcal{U}(x)} \bigwedge_{y \in V} h(y) \leqslant h(x)。$$

故 $\gamma \circ \delta \leqslant \mathrm{id}_{[X \longrightarrow L]}$。另一方面，对于任意的 $j \in [\mathcal{O}(X) \xrightarrow[\wedge]{\vee} L]$ 和任意的 $V \in \mathcal{O}(X)$，有

$$\delta \circ \gamma(j)(V) = \bigwedge_{x \in V} \bigvee_{W \in \mathcal{U}(x)} j(W) \geqslant j(V)。$$

故 $\delta \circ \gamma \geqslant \mathrm{id}_{[\mathcal{O}(X)\xrightarrow[\wedge]{\vee} L]}$。因此，$\gamma \dashv \delta : [\mathcal{O}(X)\xrightarrow[\wedge]{\vee} L] \rightarrow [X \longrightarrow L]$。 □

设 $h : X \longrightarrow L$ 是一个映射，$r \in L$。记

$$\iota_r(h) = \{x \in X \mid h(x) \not\leqslant r\},$$

$$\iota_r^\triangleleft(h) = \{x \in X \mid r \triangleleft h(x)\}.$$

称 $\iota_r(h)$ 为 h 的 **r-截集**（r-cut set），称 $\iota_r^\triangleleft(h)$ 为 h 的 **r-强截集**（r-strong cut set）。显然，$h : (X, \mathcal{O}(X)) \longrightarrow (L, p\nu(L))$ 是下半连续映射当且仅当 $\iota_r(h) \in \mathcal{O}(X)$ $(\forall r \in L)$。

定理 6.7.2 设 X 是一个内部空间，L 是一个完全分配格，则 $h \in [X \longrightarrow L]$ 当且仅当 $\iota_r^\triangleleft(h) \in \mathcal{O}(X)$ $(\forall r \in L)$。

证明 必要性：我们将证明对于任意的 $r \in L$ 都有

$$\iota_r^\triangleleft(h) = \bigcup \{\iota_a(h) \mid \iota_a(h) \subseteq \iota_r^\triangleleft(h)\}.$$

事实上，左边包含右边是显然的；另外，设 $x \in \iota_r^\triangleleft(h)$，即 $r \triangleleft h(x)$。由定理 6.6.4 知，$h(x) = \bigvee\limits_{a \not\geqslant h(x)} \bigwedge\limits_{b \not\leqslant a} b$，则存在 $a \not\geqslant h(x)$ 使得 $r \triangleleft \bigwedge\limits_{b \not\leqslant a} b$。故 $x \in \iota_a(h)$ 且 $\iota_a(h) \subseteq \iota_r^\triangleleft(h)$，得证。

充分性：我们将证明对于任意的 $r \in L$ 都有

$$\iota_r(h) = \bigcup \{\iota_a^\triangleleft(h) \mid \iota_a^\triangleleft(h) \subseteq \iota_r(h)\}.$$

事实上，左边包含右边是显然的；另外，设 $x \in \iota_r(h)$，即 $h(x) \not\leqslant r$，则存在 $a \triangleleft h(x)$ 使得 $a \not\leqslant r$。故 $x \in \iota_a^\triangleleft(h)$ 且 $\iota_a^\triangleleft(h) \subseteq \iota_r(h)$，得证。 □

定理 6.7.3 设 L 是一个完备格，则下列条件等价：

（1）L 是完全分配格；

（2）对于任意的内部空间 $(X, \mathcal{O}(X))$ 都有 $[\mathcal{O}(X)\xrightarrow[\wedge]{\vee} L] \cong [X \longrightarrow L]$；

（3）对于 L 上的预上拓扑 $p\nu(L)$ 有 $\gamma(\delta(\mathrm{id}_L)) = \mathrm{id}_L$。

证明 （1）$\Longrightarrow$（2）：对于任意的 $h \in [X \longrightarrow L]$ 和任意的 $j \in [\mathcal{O}(X)\xrightarrow[\wedge]{\vee} L]$，只需证

$$\bigvee_{V \in \mathcal{U}(x)} \bigwedge_{y \in V} h(y) \geqslant h(x), \quad \bigwedge_{x \in V} \bigvee_{W \in \mathcal{U}(x)} j(W) \leqslant j(V).$$

事实上，对于任意的 $t \triangleleft h(x)$，有 $x \in \iota_t^\triangleleft(h) \in \mathcal{O}(X)$ 且 $\bigvee\limits_{V \in \mathcal{U}(x)} \bigwedge\limits_{y \in V} h(y) \geqslant \bigwedge\limits_{y \in \iota_t^\triangleleft(h)} h(y) \geqslant t$。故 $\bigvee\limits_{V \in \mathcal{U}(x)} \bigwedge\limits_{y \in V} h(y) \geqslant h(x)$。对于任意的 $a \triangleleft \bigwedge\limits_{x \in V} \bigvee\limits_{W \in \mathcal{U}(x)} j(W)$，

有 $a \lhd \bigvee\limits_{W \in \mathcal{U}(x)} j(W)$ $(\forall x \in V)$，从而对于每个 $x \in V$ 都存在 $W_x \in \mathcal{U}(x)$ 使得 $a \leqslant j(W_x)$。记 $W = \bigcup\limits_{x \in V} W_x$，则 $V \subseteq W$ 且

$$j(V) \geqslant j(W) = j\Big(\bigcup_{x \in V} W_x \Big) = \bigwedge_{x \in V} j(W_x) \geqslant a。$$

故 $\bigwedge\limits_{x \in V} \bigvee\limits_{W \in \mathcal{U}(x)} j(W) \leqslant j(V)$。

（2）$\Longrightarrow$（3）：这是（2）的特殊情形。

（3）$\Longrightarrow$（1）：对于任意的 $x \in L$，

$$x = \mathrm{id}_L(x) = \gamma(\delta(\mathrm{id}_L))(x) = \bigvee_{U \in \mathcal{U}(x)} \bigwedge_{y \in U} \mathrm{id}_L(y) = \bigvee_{r \not\geqslant x} \bigwedge_{y \not\leqslant r} y。$$

由定理 6.6.4，L 是完全分配格。 □

本节内容摘自文献 [97]，相关内容的研究见文献 [31] 和文献 [96]。文献 [31] 证明了当 L 是连续格时，$[X \longrightarrow L]$ 与 $[\mathcal{O}(X) \multimap L^{op}]^{op}$ 一一对应 (其中 $[M \multimap L]$ 表示从 M 到 L 的全体 Scott 连续映射)；文献 [96] 在研究完备格的模糊化的过程中证明了，当 L 是完全分配格时，$[\mathcal{O}(X) \overset{\vee}{\underset{\wedge}{\longrightarrow}} L]$ 与 $[X \longrightarrow L]$ 一一对应。

习题 6

1. 设 L 是一个完备格，$a \in L$，定义 $\rho(a) = \bigcap\{I \in \mathcal{D}(L) \mid a \leqslant \bigvee I\}$。试证明，$L$ 是完全分配格当且仅当对于任意的 $a \in L$，$\rho(a)$ 是 a 的极小集。

2. 设 L 是一个完全分配格，则

（1）对于任意的 $\{A_i \mid i \in I\} \subseteq \mathcal{D}(L)$，都有 $\bigvee\limits_i (\bigcap A_i) = \bigwedge\limits_i (\bigvee A_i)$；

（2）对于任意的 $\{B_i \mid i \in I\} \subseteq \mathcal{U}(L)$，都有 $\bigwedge\limits_i (\bigcup B_i) = \bigvee\limits_i (\bigwedge B_i)$。

3. 证明定理 6.1.2。

4. 证明强代数格具有自对偶性，即若 L 是一个强代数格，则 L^{op} 也是。

5. 设 L 是一个完备格，p, q 分别是其完全交素元和完全并素元。

（1）证明：$\bigvee(L \backslash {\uparrow}q)$ 和 $\bigwedge(L \backslash {\downarrow}p)$ 分别是其完全交素元和完全并素元[39]；

（2）请模仿定理 1.6.4 证明：完全交素元之集、完全并素元之集和从 L 到 **2** 的完备格同态一一对应[54]。

6. 模仿完全分配格的极小集刻画，利用某种形式的极小集（可称之为定向极小集）给出连续格的刻画。

7. 模仿完全分配律,利用某种形式的分配律(可称之为定向分配律)给出连续格的刻画。

8. 利用 Scott 闭集建立完全分配格和连续 dcpo 之间的范畴对偶等价。

9. 设 X, Y 是两个集合,$\rho \subseteq X \times Y$,证明:

(1) $\rho^{\sharp} = (\rho^{-1} \circ \rho' \circ \rho^{-1})'$;

(2) $\rho^{\sharp} = \{(v, u) \in Y \times X \mid \forall (s, t) \in X \times Y, \ (s, v), (u, t) \in \rho \Longrightarrow (s, t) \in \rho\}$。

第 7 章
CHAPTER 7

剩余格

剩余格是由 M. Ward 和 R.P. Dilworth 在 1939 年为研究交换环的理想格而引入的一种代数结构[86]，它是子结构命题逻辑的语义代数[20,57]。模糊逻辑的语义代数，如 MTL-代数、BL-代数、MV-代数、R_0-代数、Heyting 代数和 Boole 代数等都是特殊的剩余格。关于剩余格的名称在很多文献中不太统一，本书指最狭义的剩余格，即有界的、整的、交换的剩余格，这也是模糊逻辑领域中的普遍叫法。剩余格和完备剩余格因其完善的逻辑背景和丰富的演算能力，被广泛地应用到模糊数学等相关领域的研究中。

本章我们介绍剩余格和完备剩余格的基本概念和结论，介绍 MTL-代数、可除剩余格、正则剩余格和 MV-代数等特殊剩余格结构，相关内容可参见文献 [9, 19, 20, 25, 29, 30, 35, 70, 85, 102]。

7.1 剩余格的基本概念

定义 7.1.1 设 L 是一个有界格，0,1 分别是其最小元和最大元，$\otimes, \to:$ $L \times L \longrightarrow L$ 是两个二元运算。如果

（1）$(L, \otimes, 1)$ 是交换幺半群；

（2）对于任意的 $a, b, c \in L$ 都有

$$a \otimes b \leqslant c \Longleftrightarrow a \leqslant b \to c,$$

则称 $(L, \otimes, \to)$（或仅为 L）为**剩余格**（residuated lattice）。当 L 还是完备格时，称 L 为**完备剩余格**（complete residuated lattice）。

读者可能觉得本章内容在编排上有些奇怪，在定义剩余格及其特殊类型后并没有给出具体例子。在所有内容都讲完后将会统一给出一些例子，以此阐明它们之间的关系。读者也可以在学习剩余格基本定义和性质时，自行查阅 7.3 节中的例子。

定理 7.1.1 设 L 是一个剩余格，则对于任意的 $a, b, c \in L$，有

(R1) $a \otimes b \leqslant a \wedge b$;

(R2) $a \otimes 0 = 0$, $1 \to a = a$;

(R3) $b \leqslant a \to b$;

(R4) $a \leqslant b$ 当且仅当 $a \to b = 1$;

(R5) 若 $a \leqslant b$, 则 $a \otimes c \leqslant b \otimes c$, $c \to a \leqslant c \to b$, $b \to c \leqslant a \to c$;

(R6) $a \otimes (a \to b) \leqslant a \wedge b$;

(R7) $b \leqslant a \to (a \otimes b)$;

(R8) $a \to (b \to c) = (a \otimes b) \to c = b \to (a \to c)$;

(R9) $(a \to b) \otimes (b \to c) \leqslant a \to c$;

(R10) $a \to [a \otimes (a \to b)] = a \to b$;

(R11) $a \vee b \leqslant (a \to b) \to b$;

(R12) $[(a \to b) \to b] \to b = a \to b$;

(R13) $(a \vee b) \to c = (a \to c) \wedge (b \to c)$;

(R14) $a \to (b \wedge c) = (a \to b) \wedge (a \to c)$;

(R15) $b \to c \leqslant (a \wedge b) \to (a \wedge c)$, $b \to c \leqslant (a \vee b) \to (a \vee c)$;

(R16) $b \to c \leqslant (a \to b) \to (a \to c)$, $b \to c \leqslant (c \to a) \to (b \to a)$;

(R17) $(a \vee b) \to b = a \to b = a \to (a \wedge b)$.

如果 L 是完备剩余格, 则对于任意的 $\{b_i \mid i \in I\} \subseteq L$, 有

(R18) $a \to (\bigwedge_i b_i) = \bigwedge_i (a \to b_i)$, $(\bigvee_i b_i) \to a = \bigwedge_i (b_i \to a)$。

证明 可参考定理 3.1.5 展开证明。 □

定理 7.1.2 设 L 是一个有界格, $\otimes, \to: L \times L \longrightarrow L$ 是两个运算, 其中 $\otimes$ 是以 1 为单位元的交换半群运算, 则 $(L, \otimes, \to)$ 构成剩余格当且仅当对于任意的 $a, b, c \in L$, 有

(1) $(a \otimes b) \to c = a \to (b \to c)$;

(2) $(a \otimes (a \to b)) \vee b = b$;

(3) $a \to (a \vee b) = 1$。

证明 必要性由定理 7.1.1 易得。充分性: 只需证 $a \otimes b \leqslant c \Longleftrightarrow a \leqslant b \to c$。首先, 若 $a \leqslant b$, 则 $b = a \vee b$, 从而 $a \to b = a \to (a \vee b) = 1$; 若 $a \to b = 1$, 则 $b = (a \otimes (a \to b)) \vee b = (a \otimes 1) \vee b = a \vee b$, 从而 $a \leqslant b$。故 $a \leqslant b$ 当且仅当 $a \to b = 1$。其次, $a \otimes b \leqslant c \Longleftrightarrow (a \otimes b) \to c = 1 \Longleftrightarrow a \to (b \to c) = 1 \Longleftrightarrow a \leqslant b \to c$。因此, $(L, \otimes, \to)$ 是剩余格。 □

设 L 是一个剩余格, 则对于任意的 $a \in L$, $(a \otimes (\text{-}), a \to (\text{-}))$ 都是 Galois 伴

随；如果将 L 视为范畴，则 $(\otimes, \to)$ 构成范畴意义下的伴随函子。定理 7.1.2 说明剩余格是一种泛代数结构。

定理 7.1.3 在剩余格中，如果 $\otimes$ 是幂等运算，那么 $\otimes = \wedge$。换言之，有界 Heyting 代数是唯一一类乘法运算满足幂等性的剩余格。

证明 对于任意的 $a, b \in L$，有 $a \otimes b \leqslant a \wedge b$，且 $a \wedge b = (a \wedge b) \otimes (a \wedge b) \leqslant a \otimes b$。故 $a \otimes b = a \wedge b$。 $\square$

设 L 是一个剩余格，定义 $(\text{-})' : L \longrightarrow L$ 为 $a' = a \to 0 \ (\forall a \in L)$，称 a' 为 a 的**否定** (negation)。

定理 7.1.4 设 L 是一个剩余格，则

(1) $0' = 1,\ 1' = 0$；

(2) $a \leqslant a''$, $a''' = a'$；

(3) $a \otimes a' = 0$；

(4) $a \to b \leqslant b' \to a' = a'' \to b''$；

(5) $a \to b' = b \to a' = a'' \to b' = b'' \to a'$；

(6) $(a \vee b)' = a' \wedge b'$, $(a \wedge b)' \geqslant a' \vee b'$。

证明 由定理 7.1.1 易得。 $\square$

设 L 是一个剩余格，定义 $\oplus, \ominus : L \times L \longrightarrow L$ 为

$$a \oplus b = (a' \otimes b')',\ a \ominus b = a \otimes b' \ (\forall a, b \in L)。$$

显然，$\oplus$ 是一个交换的半群运算。

定理 7.1.5 设 L 是一个剩余格，则对于任意的 $a, b, c \in L$，有

(1) $a \ominus b \leqslant a \leqslant a \oplus b$；

(2) $a \leqslant b \Longrightarrow a \ominus b = 0$；

(3) $a \ominus 0 = a$, $a \ominus a = 0$, $a \oplus 0 = a''$, $a \oplus a' = 1$, $a \oplus 1 = 1$；

(4) $(a \otimes b) \ominus c = a \otimes (b \ominus c)$；

(5) $a \oplus b = a' \to b'' = b' \to a''$；

(6) $a' \oplus b' = (a \otimes b)'$；

(7) $(a \ominus b)' = b' \to a' = a \to b''$；

(8) $(a \otimes b)' = a \to b' = b \to a' = a'' \to b' = b'' \to a'$；

(9) $a \to b \leqslant (a \otimes c) \to (b \otimes c)$；

(10) $a \to b \leqslant (a \oplus c) \to (b \oplus c)$；

(11) $a \to b \leqslant (a \ominus c) \to (b \ominus c)$；

(12) $a \to b \leqslant (c \ominus b) \to (c \ominus a)$；

(13) $(a \ominus b) \ominus c \leqslant a \ominus (b \oplus c)$;

(14) $(a \to b) \ominus c \leqslant a \to (b \ominus c)$;

(15) $a \ominus (b \ominus c) \leqslant (a \ominus b) \oplus c$;

(16) $(a \oplus b) \ominus c \leqslant a \oplus (b \ominus c)$;

(17) $a \otimes (b \oplus c) \leqslant (a \otimes b) \oplus c$。

证明 （1）～（5），（7）～（12）的证明较直接，这里略去。

（6）由（5），$a' \oplus b' = a'' \to b''' = a'' \to b' = a \to b' = (a \otimes b)'$。

（13）$(a \ominus b) \ominus c = (a \otimes b') \otimes c' = a \otimes (b' \otimes c') \leqslant a \otimes (b' \otimes c')'' = a \otimes (b \oplus c)' = a \ominus (b \oplus c)$。

（14）由 $a \otimes [(a \to b) \ominus c] = [a \otimes (a \to b)] \otimes c' \leqslant b \otimes c' = b \ominus c$ 得，$(a \to b) \ominus c \leqslant a \to (b \ominus c)$。

（15）由 $(b \otimes c')' \otimes (b \otimes c') = 0$ 得，$(b \otimes c')' \otimes c' \leqslant b'$。由定理 7.1.4（4）知，$(b \otimes c')' \leqslant c' \to b' = b'' \to c''$，从而 $a \otimes (a \to b'') \otimes (b \otimes c') \leqslant b'' \otimes (b \otimes c')' \leqslant c''$。由（5）和（7），知

$$a \ominus (b \ominus c) = a \otimes (b \otimes c')' \leqslant (a \to b'') \to c'' = (a \ominus b)' \to c'' = (a \ominus b) \oplus c。$$

（16）由（5）和（7），得

$$(a \oplus b) \ominus c = (a' \to b'') \otimes c',$$
$$a \oplus (b \ominus c) = (b \ominus c)' \to a'' = [(c' \to b') \otimes a'] \to 0。$$

由

$$[(a' \to b'') \otimes c'] \otimes [(c' \to b') \otimes a'] = [(a' \to b'') \otimes a'] \otimes [(c' \to b') \otimes c'] \leqslant b'' \otimes b' = 0,$$

有 $(a \oplus b) \ominus c \leqslant a \oplus (b \ominus c)$。

（17）由定义及（8），知

$$a \otimes (b \oplus c) = a \otimes [(c' \otimes b') \to 0],$$
$$(a \otimes b) \oplus c = [c' \otimes (a \otimes b)'] \to 0 = [c' \otimes (a \to b')] \to 0。$$

由

$$a \otimes [(c' \otimes b') \to 0] \otimes [c' \otimes (a \to b')] = [(c' \otimes b') \to 0] \otimes [c' \otimes a \otimes (a \to b')]$$

$$\leqslant (c' \otimes b') \otimes [(c' \otimes b') \to 0] = 0,$$

有 $a \otimes (b \oplus c) \leqslant (a \otimes b) \oplus c$。 $\square$

注 **7.1.1** Boole 代数是特殊的剩余格,但即使对于四元 Boole 代数 $\{0,a,b,1\}$,定理 7.1.5（14）～（17）中的不等式也无法改成等式。道理如下:

（i）$(a \rightarrow b) \ominus b = b \ominus b = 0$, 但 $a \rightarrow (b \ominus b) = a \rightarrow 0 = b$, 故 $(a \rightarrow b) \ominus b \neq a \rightarrow (b \ominus b)$。

（ii）$a \ominus (b \ominus b) = a$, 但 $(a \ominus b) \oplus b = (a \wedge b') \vee b = a \vee b = 1$。故 $a \ominus (b \ominus b) \neq (a \ominus b) \oplus b$。

（iii）$(a \oplus b) \ominus 1 = 0$, 但 $a \oplus (b \ominus 1) = a \vee 0 = a$。故 $(a \oplus b) \ominus 1 \neq a \oplus (b \ominus 1)$。

（iv）$a \otimes (b \oplus b) = a \wedge b = 0$, 但 $(a \otimes b) \oplus b = (a \wedge b) \vee b = b$。故 $a \otimes (b \oplus b) \neq (a \otimes b) \oplus b$。

7.2 一些特殊的剩余格

7.2.1 MTL-代数

定理 7.2.1 设 L 是一个剩余格，则下列条件等价:

（1）**预线性性**（prelinearity）: $\forall a, b \in L$, $(a \rightarrow b) \vee (b \rightarrow a) = 1$;

（2）$\forall a, b, c \in L$, $a \rightarrow (b \vee c) = (a \rightarrow b) \vee (a \rightarrow c)$;

（3）$\forall a, b, c \in L$, $(a \wedge b) \rightarrow c = (a \rightarrow c) \vee (b \rightarrow c)$。

证明 （2）$\Longrightarrow$（1）:

$$(a \rightarrow b) \vee (b \rightarrow a) = [(a \vee b) \rightarrow b] \vee [(a \vee b) \rightarrow a] = (a \vee b) \rightarrow (a \vee b) = 1。$$

（3）$\Longrightarrow$（1）:

$$(a \rightarrow b) \vee (b \rightarrow a) = [a \rightarrow (a \wedge b)] \vee [b \rightarrow (a \wedge b)] = (a \wedge b) \rightarrow (a \wedge b) = 1。$$

（1）$\Longrightarrow$（2）: 首先，由保序性知，$a \rightarrow (b \vee c) \geqslant (a \rightarrow b) \vee (a \rightarrow c)$。其次

$$a \rightarrow (b \vee c) = [(b \rightarrow c) \vee (c \rightarrow b)] \otimes [a \rightarrow (b \vee c)]$$
$$= [(b \rightarrow c) \otimes (a \rightarrow (b \vee c))] \vee [(c \rightarrow b) \otimes (a \rightarrow (b \vee c))]。$$

由 $b \vee c \leqslant (b \rightarrow c) \rightarrow c$ 得，$a \otimes (b \rightarrow c) \otimes (a \rightarrow (b \vee c)) \leqslant (b \rightarrow c) \otimes (b \vee c) \leqslant c$, 从而 $(b \rightarrow c) \otimes (a \rightarrow (b \vee c)) \leqslant a \rightarrow c$; 同理，$(c \rightarrow b) \otimes (a \rightarrow (b \vee c)) \leqslant a \rightarrow b$。故 $a \rightarrow (b \vee c) \leqslant (a \rightarrow b) \vee (a \rightarrow c)$。因此，$a \rightarrow (b \vee c) = (a \rightarrow b) \vee (a \rightarrow c)$。

（1）$\Longrightarrow$（3）：首先，由保序性知，$(a \wedge b) \to c \geqslant (a \to c) \vee (b \to c)$。其次

$$(a \wedge b) \to c = [(a \wedge b) \to c] \otimes [(a \to b) \vee (b \to a)]$$
$$= [((a \wedge b) \to c) \otimes (a \to b)] \vee [((a \wedge b) \to c) \otimes (b \to a)]。$$

由 $((a \wedge b) \to c) \otimes (a \to b) \otimes a \leqslant ((a \wedge b) \to c) \otimes (a \wedge b) \leqslant c$ 得，$((a \wedge b) \to c) \otimes (a \to b) \leqslant a \to c$；同理，$((a \wedge b) \to c) \otimes (b \to a) \leqslant b \to c$。故 $(a \wedge b) \to c \leqslant (a \to c) \vee (b \to c)$。因此，$(a \wedge b) \to c = (a \to c) \vee (b \to c)$。 $\square$

定义 7.2.1   称满足定理 7.2.1 中条件的剩余格为 **MTL-代数**（MTL-algebra）。

定理 7.2.2   在 MTL-代数 L 中，对于任意的 $a, b, c \in L$，

（1）$(a \otimes a) \wedge (b \otimes b) \leqslant a \otimes b \leqslant (a \otimes a) \vee (b \otimes b)$；

（2）$a \otimes (b \wedge c) = (a \otimes b) \wedge (a \otimes c)$；

（3）$a \wedge (b \vee c) = (a \wedge b) \vee (a \wedge c)$，即 L 是分配格；

（4）$a \vee b = ((a \to b) \to b) \wedge ((b \to a) \to a)$。

证明 （1）事实上

$$(a \otimes a) \wedge (b \otimes b) = [(a \otimes a) \wedge (b \otimes b)] \otimes [(a \to b) \vee (b \to a)]$$
$$\leqslant [(a \otimes a) \otimes (a \to b)] \vee [(b \otimes b) \otimes (b \to a)]$$
$$\leqslant (a \otimes b) \vee (b \otimes a)$$
$$= a \otimes b$$
$$= (a \otimes b) \otimes [(a \to b) \vee (b \to a)]$$
$$= [a \otimes b \otimes (b \to a)] \vee [a \otimes b \otimes (a \to b)]$$
$$\leqslant (a \otimes a) \vee (b \otimes b)。$$

（2）只需证 $a \otimes (b \wedge c) \geqslant (a \otimes b) \wedge (a \otimes c)$。事实上

$$(a \otimes b) \wedge (a \otimes c) = [(a \otimes b) \wedge (a \otimes c)] \otimes [(b \to c) \vee (c \to b)]$$
$$\leqslant [a \otimes b \otimes (b \to c)] \vee [a \otimes c \otimes (c \to b)]$$
$$\leqslant [a \otimes (b \wedge c)] \vee [a \otimes (b \wedge c)]$$
$$= a \otimes (b \wedge c)。$$

（3）只需证 $a \wedge (b \vee c) \leqslant (a \wedge b) \vee (a \wedge c)$。事实上

$$[a \wedge (b \vee c)] \to [(a \wedge b) \vee (a \wedge c)]$$

$$=[(a \wedge (b \vee c)) \to (a \wedge b)] \vee [(a \wedge (b \vee c)) \to (a \wedge c)]$$

$$\geqslant [(b \vee c) \to b] \vee [(b \vee c) \to c]$$

$$=(b \vee c) \to (b \vee c)$$

$$=1。$$

故 $a \wedge (b \vee c) \leqslant (a \wedge b) \vee (a \wedge c)$。

（4）由（R11）知，$a \vee b \leqslant ((a \to b) \to b) \wedge ((b \to a) \to a)$。另外

$$((a \to b) \to b) \wedge ((b \to a) \to a)$$

$$=[((a \to b) \to b) \wedge ((b \to a) \to a)] \otimes [(a \to b) \vee (b \to a)]$$

$$\leqslant [((a \to b) \to b) \otimes (a \to b)] \vee [((b \to a) \to a) \otimes (b \to a)]$$

$$\leqslant a \vee b。\quad \square$$

7.2.2　可除剩余格

定理 7.2.3　设 L 是一个剩余格，则下列条件等价:

（1）$\forall a, b \in L$，如果 $a \leqslant b$，那么 $a = b \otimes (b \to a)$；

（2）$\forall a, b, c \in L$，如果 $a, c \leqslant b$，那么 $a \otimes (b \to c) = c \otimes (b \to a)$；

（3）$\forall a, b \in L$，如果 $a \leqslant b$，那么存在 $x \in L$ 使得 $a = b \otimes x$；

（4）$\forall a, b \in L$，$b \otimes (b \to a) = a \wedge b$。

证明　（1）$\Longrightarrow$（2）: 如果 $a, c \leqslant b$，则

$$a \otimes (b \to c) = (b \otimes (b \to a)) \otimes (b \to c)$$

$$= (b \otimes (b \to c)) \otimes (b \to a) = c \otimes (b \to a)。$$

（2）$\Longrightarrow$（3）: 如果 $a \leqslant b$，则 $a = a \otimes (b \to b) = b \otimes (b \to a)$，令 $x = b \to a$ 即可。

（3）$\Longrightarrow$（4）: 一方面，由 $a \wedge b \leqslant b$ 知存在 $c \in L$ 使得 $a \wedge b = b \otimes c$，于是 $c \leqslant b \to a$，故 $a \wedge b = b \otimes c \leqslant b \otimes (b \to a)$；另一方面，由（R6）有 $b \otimes (b \to a) \leqslant a \wedge b$。因此，$b \otimes (b \to a) = a \wedge b$。

（4）$\Longrightarrow$（1）: 显然。 $\square$

定义 7.2.2 称满足定理 7.2.3 中条件的剩余格为**可除剩余格** (divisible residuated lattice)。

定理 7.2.4 设 L 是一个可除剩余格，则对于任意的 $a, b, c \in L$，有

（1）若 a 是幂等元，则 $a \otimes b = a \wedge b$；

（2）$a \otimes (b \wedge c) = (a \otimes b) \wedge (a \otimes c)$；

（3）$a \wedge (b \vee c) = (a \wedge b) \vee (a \wedge c)$，即 L 是分配格；

（4）若 L 是完备格，则 L 是 frame。

证明 （1）首先，$a \otimes b \leqslant a \wedge b$；其次，$a \wedge b = a \otimes (a \to b) = a \otimes a \otimes (a \to b) \leqslant a \otimes b$。故 $a \otimes b = a \wedge b$。

（2）由 $\otimes$ 的保序性，有 $a \otimes (b \wedge c) \leqslant (a \otimes b) \wedge (a \otimes c)$。另外

$$
\begin{aligned}
(a \otimes b) \wedge (a \otimes c) &= a \otimes b \otimes [b \to (a \to (a \otimes c))] \\
&= a \otimes [b \wedge (a \to (a \otimes c))] \\
&= a \otimes [a \to (a \otimes c)] \otimes [(a \to (a \otimes c)) \to b] \\
&\leqslant a \otimes c \otimes (c \to b) \\
&= a \otimes (b \wedge c)。
\end{aligned}
$$

（3）只需证 $a \wedge (b \vee c) \leqslant (a \wedge b) \vee (a \wedge c)$。事实上

$$
\begin{aligned}
a \wedge (b \vee c) &= (b \vee c) \otimes [(b \vee c) \to a] \\
&= (b \vee c) \otimes [(b \to a) \wedge (c \to a)] \\
&\leqslant [b \otimes (b \to a)] \vee [c \otimes (c \to a)] \\
&= (a \wedge b) \vee (a \wedge c)。
\end{aligned}
$$

（4）设 $a \in L$, $\{b_i | \ i \in I\} \subseteq L$，只需证 $a \wedge (\bigvee_i b_i) \leqslant \bigvee_i (a \wedge b_i)$。事实上

$$
\begin{aligned}
a \wedge \left(\bigvee_i b_i \right) &= \left(\bigvee_i b_i \right) \otimes \left[\left(\bigvee_i b_i \right) \to a \right] \\
&= \bigvee_i \left\{ b_i \otimes \left[\left(\bigvee_{j \in I} b_j \right) \to a \right] \right\} \\
&\leqslant \bigvee_i b_i \otimes (b_i \to a)
\end{aligned}
$$

$$= \bigvee_i (a \wedge b_i)。 \quad \square$$

7.2.3　正则剩余格

定理 7.2.5　设 L 是一个剩余格，则下列条件等价：

（1）$a'' = a \ (\forall a \in L)$；

（2）$a \to b = b' \to a' \ (\forall a, b \in L)$。

证明　（1）$\Longrightarrow$（2）：由定理 7.1.5（7）得，$b' \to a' = a \to b'' = a \to b$。

（2）$\Longrightarrow$（1）：$a'' = a' \to 0 = a' \to 1' = 1 \to a = a$。$\quad \square$

定义 7.2.3 [58]　称满足定理 7.2.5 中条件的剩余格为**正则剩余格** (regular residuated lattice) 或**对合剩余格** (involutive residuated lattice)。

定理 7.2.6　设 L 是一个正则剩余格，则对于任意的 $a, b, c \in L$ 都有

（1）$(a \wedge b)' = a' \vee b'$，$a \oplus 0 = a$；

（2）$a \to b = (a \otimes b')' = a' \oplus b$；

（3）$a \otimes b = (a \to b')' = (a' \oplus b')'$；

（4）$a \oplus b = a' \to b$；

（5）$a \ominus b = (a \to b)'$；

（6）$(a \to b) \oplus c = a \to (b \oplus c)$；

（7）$(a \ominus b) \ominus c = a \ominus (b \oplus c)$；

（8）$c \to (a \oplus b) = (c \ominus a) \to b$，从而 $c \leqslant a \oplus b$ 当且仅当 $c \ominus a \leqslant b$。

证明　（1）$(a \wedge b)' = (a'' \wedge b'')' = (a' \vee b')'' = a' \vee b'$，$a \oplus 0 = a'' = a$。

（2）$a' \oplus b = (a'' \otimes b')' = (a \otimes b')' = (a \otimes b') \to 0 = a \to (b' \to 0) = a \to b'' = a \to b$。

（3）由（2），$(a \to b')' = (a' \oplus b')' = (a'' \otimes b'')'' = a \otimes b$。

（4）由（2），$a' \to b = a'' \oplus b = a \oplus b$。

（5）由（2），$(a \to b)' = (a' \oplus b)' = (a'' \otimes b')'' = a \ominus b$。

（6）由（2），$(a \to b) \oplus c = (a' \oplus b) \oplus c = a' \oplus (b \oplus c) = a \to (b \oplus c)$。

（7）$(a \ominus b) \ominus c = (a \otimes b') \otimes c' = a \otimes (b' \otimes c') = a \otimes (b'' \oplus c'')' = a \ominus (b \oplus c)$。

（8）由（4），$c \to (a \oplus b) = c' \oplus (a \oplus b) = (c' \oplus a) \oplus b = (c \otimes a')' \oplus b = (c \ominus a)' \oplus b = (c \ominus a) \to b$。$\quad \square$

定理 7.2.7　设 L 是一个正则剩余格，则下列条件等价：

（1）L 是 MTL-代数；

（2）$a \otimes (b \wedge c) = (a \otimes b) \wedge (a \otimes c) \ (\forall a, b, c \in L)$。

证明 （1）$\Longrightarrow$（2）：见定理 7.2.2（2）。

（2）$\Longrightarrow$（1）：由定理 7.2.6 得，$a \to (b \vee c) = [a \otimes (b \vee c)']' = [a \otimes (b' \wedge c')]' = [(a \otimes b') \wedge (a \otimes c')]' = (a \otimes b')' \vee (a \otimes c')' = (a \to b) \vee (a \to c)$。 $\square$

推论 7.2.1 正则的可除剩余格是 MTL-代数。

证明 由定理 7.2.4（2），$\otimes$ 对 $\wedge$ 分配；再由定理 7.2.7 知 L 是 MTL-代数。 $\square$

定理 7.2.8 设 L 是正则的可除剩余格，则

$$(a \to b) \to b = a \vee b = (b \to a) \to a \ (\forall a, b \in L)。$$

证明 由 $(a \vee b)' = a' \wedge b' = b' \otimes (b' \to a') = b' \otimes (a \to b)$ 得，$a \vee b = [b' \otimes (a \to b)]' = (a \to b)' \oplus b = (a \to b) \to b$。同理，$a \vee b = (b \to a) \to a$。 $\square$

7.2.4 MV-代数

MV-代数是 C.C. Chang 于 1958 年为证明 Lukasiewicz 命题逻辑的代数完备性而提出的[9]，其原始定义较为烦琐，这里我们引用其简化后的定义[20]。MV-代数有很多不同的等价定义，如 Wajsberg 代数，格蕴含代数等[79,84]。从代数学的角度看，MV-代数是 Boole 代数的一种推广。

定义 7.2.4 设 L 是一个集合，$\oplus : L \times L \longrightarrow L$ 是一个二元运算，$' : L \longrightarrow L$ 是一个一元运算，0 是 L 的某特定元素。如果

（MV1）$(L, \oplus, 0)$ 是一个交换幺半群；

（MV2）$a \oplus 0' = 0' \ (\forall a \in L)$；

（MV3）$a'' = a \ (\forall a \in L)$；

（MV4）$(a' \oplus b)' \oplus b = (b' \oplus a)' \oplus a \ (\forall a, b \in L)$，

则称 $(L, \oplus, 0)$（或仅为 L）为 **MV-代数**（MV-algebra）。

记 $1 = 0'$，$a \otimes b = (a' \oplus b')'$，$a \ominus b = a \otimes b' (\forall a, b \in L)$。容易验证，$(L, \otimes, 1)$ 是一个交换幺半群且 $a \otimes 0 = 0$。对于 Boole 代数 L，令 $\oplus = \vee$，则 $(L, \oplus, 0)$ 是 MV-代数。

定理 7.2.9 设 $(L, \oplus, 0)$ 是一个 MV-代数，则对于任意的 $a, b \in L$ 都有

（1）$a \oplus b = (a' \otimes b')'$；

（2）$a \oplus a' = 1$，$a \otimes a' = 0$。

证明 （1）$(a' \otimes b')' = (a'' \oplus b'')'' = a \oplus b$。

（2）将 $b = 1$ 代入（MV4）得，$a \oplus a' = a \oplus (a \oplus 0)' = (1' \oplus a)' \oplus a = (a' \oplus 1)' \oplus 1 = 1$，$a \otimes a' = (a' \oplus a'')' = 1' = 0$。 $\square$

定理 7.2.10　设 $(L, \oplus, 0)$ 是一个 MV-代数，则对于任意的 $a, b \in L$，下列条件等价：

（1）　$a \otimes b' = 0$；

（2）　$a' \oplus b = 1$；

（3）　$b = a \oplus (b \ominus a)$；

（4）　存在 $c \in L$ 使得 $b = a \oplus c$。

证明　（1）$\Longrightarrow$（2）：$a' \oplus b = (a'' \otimes b')' = (a \otimes b')' = 0' = 1$。

（2）$\Longrightarrow$（3）：$a \oplus (b \ominus a) = a \oplus (b \otimes a') = a \oplus (a \oplus b')' = b \oplus (b \oplus a')' = b \oplus 1' = b \oplus 0 = b$。

（3）$\Longrightarrow$（4）：显然。

（4）$\Longrightarrow$（1）：$a \otimes b' = a \otimes (a \oplus c)' = a \otimes (a' \otimes c') = (a \otimes a') \otimes c' = 0 \otimes c' = 0$。　□

对于任意的 $a, b \in L$，当它们满足定理 7.2.10 中条件时，定义其序关系为 $a \leqslant b$，则易证 $\leqslant$ 是 L 上的偏序。

定理 7.2.11　设 $(L, \oplus, 0)$ 是一个 MV-代数，则 L 是有界格，其中

$$a \vee b = (a \ominus b) \oplus b, \quad a \wedge b = a \otimes (a' \oplus b) \ (\forall a, b \in L)。$$

证明　首先，易见 $1, 0$ 分别是 L 的上下界。其次，由 $b' \oplus [(a \ominus b) \oplus b] = (b' \oplus b) \oplus (a \ominus b) = 1 \oplus (a \ominus b) = 1$ 知，$b \leqslant (a \ominus b) \oplus b$；由 $a' \oplus [(a \ominus b) \oplus b] = (a' \oplus b) \oplus (a \ominus b) = (a' \oplus b) \oplus (a' \oplus b)' = 1$ 知，$a \leqslant (a \ominus b) \oplus b$，这说明 $(a \ominus b) \oplus b$ 是 a, b 的一个上界。设 $a, b \leqslant c$，则 $a' \oplus c = 1$，$c = (c \ominus b) \oplus b$，于是有

$$[(a \ominus b) \oplus b]' \oplus c = [(a \ominus b) \oplus b]' \oplus [(c \ominus b) \oplus b]$$

$$= \{[(a \ominus b) \oplus b]' \oplus b\} \oplus (c \ominus b)$$

$$= \{[b' \oplus (a \ominus b)']' \oplus (a \ominus b)'\} \oplus (c \ominus b)$$

$$= [b \otimes (a \ominus b)] \oplus a' \oplus b \oplus (c \ominus b)$$

$$= [b \otimes (a \ominus b)] \oplus a' \oplus c$$

$$= [b \otimes (a \ominus b)] \oplus 1 = 1。$$

故 $(a \ominus b) \oplus b \leqslant c$。因此，$a \vee b = (a \ominus b) \oplus b$。等式 $a \wedge b = a \otimes (a' \oplus b) \ (\forall a, b \in L)$ 的证明留给读者。　□

定理 7.2.12　设 L 是一个 MV-代数。定义 $a \rightarrow b = a' \oplus b \ (\forall a, b \in L)$，则 $(L, \otimes, \rightarrow)$ 是剩余格。

证明 首先，L 是有界格且 $(L, \otimes, 1)$ 是交换幺半群。其次，对于任意的 $a, b, c \in L$，$a \otimes b \leqslant c$ 当且仅当 $(a' \oplus b')' \leqslant c$，当且仅当 $(a' \oplus b') \oplus c = 1$，当且仅当 $a' \oplus (b' \oplus c) = 1$，当且仅当 $a' \oplus (b \to c) = 1$，当且仅当 $a \leqslant b \to c$。因此，$(L, \otimes, \to)$ 是剩余格。$\square$

设 L 是一个 MV-代数，将其看作剩余格，则其中的 $\otimes$ 是由 $\oplus$ 来定义的；由定理 7.2.9，$\oplus$ 也可以由 $\otimes$ 按照剩余格的方式诱导。也就是说 L 作为 MV-代数或剩余格，运算 $\oplus$ 与 $\otimes$ 的结构都是相互协调的。在下文中，当探讨某剩余格 $(L, \otimes)$ 是否是 MV-代数时，都假定 $a \oplus b = (a' \otimes b')'$，其中 $x' = x \to 0 \ (\forall a, b, x \in L)$。

定理 7.2.13 设 L 是一个剩余格，则下列条件等价：

（1）L 是 MV-代数；

（2）$(a \to b) \to b = (b \to a) \to a \ (\forall a, b \in L)$；

（3）L 是正则的可除剩余格。

证明 （1）$\Longrightarrow$（2）：即为（MV4）。

（2）$\Longrightarrow$（3）：将 $b = 0$ 代入得 $a'' = a$，则 L 是正则的；当 $a \leqslant b$ 时，有 $b' \leqslant a'$，代入得 $a' = (a' \to b') \to b' = (b \to a) \to b' = [b \otimes (b \to a)]'$，故 $a = b \otimes (b \to a)$，则 L 是可除的。

（3）$\Longrightarrow$（1）：由定理 7.2.6（1）可得（MV1），由定理 7.1.5（3）可得（MV2），由 L 的正则性可得（MV3）。由定理 7.2.6（4）和 7.2.8 知，$(a' \oplus b)' \oplus b = (a \to b) \to b = a \vee b = (b \to a) \to a = (b' \oplus a)' \oplus a$，则（MV4）成立。因此，$L$ 是 MV-代数。$\square$

7.3 剩余格的例子

我们对 7.2 节中各种特殊的剩余格之间的关系总结如下：

$$\text{Boole 代数} \Longrightarrow \text{MV-代数} \Longrightarrow \left\{ \begin{array}{c} \text{MTL-代数} \\ \text{可除剩余格} \\ \text{正则剩余格} \end{array} \right\} \Longrightarrow \text{剩余格。}$$

本节我们将列举一些剩余格的例子，并说明以上各蕴含关系反过来都不成立。

例 7.3.1 设 A 是一个有单位元的交换环，令 $\mathrm{Idl}(A)$ 表示 A 的所有理想构成的集合，则 $\mathrm{Idl}(A)$ 在包含序下是完备格。在 $\mathrm{Idl}(A)$ 上定义二元运算 $\otimes, \to$：$\forall S, T \in \mathrm{Idl}(A)$，

$$S \otimes T = \{a_1 b_1 + a_2 b_2 + \cdots + a_n b_n \mid a_i \in S, b_i \in T, \ i = 1, 2, \cdots, n\};$$

$$S \to T = \{r \in A \mid \forall a \in S,\ ar \in T\},$$

则 $(\mathrm{Idl}(A), \otimes, \to)$ 是一个完备剩余格。

例 7.3.2　（1）每个有界 Heyting 代数都是可除的剩余格;

（2）每个 frame 都是可除的完备剩余格;

（3）每一个全序剩余格都是 MTL-代数。

例 7.3.3　设 $\otimes$ 是单位区间 $[0,1]$ 上满足结合律、交换律和单调性的二元运算，且以 1 为单位元，则称 $\otimes$ 为 $[0,1]$ 上的**三角模**或 **t-模**（triangular norm，t-norm）[42]。如果对于任意的 $a \in L$ 都有 $a \otimes (\bigvee_i b_i) = \bigvee_i (a \otimes b_i)$ $(\forall \{b_i \mid i \in I\} \subseteq [0,1])$，则称 $\otimes$ **左连续**（left-continuous）。显然对于 $[0,1]$ 上的每个左连续三角模，$[0,1]$ 构成完备剩余格。

（1）在 $[0,1]$ 上定义运算 $\otimes_L, \to_L$ 为

$$a \otimes_L b = \max\{a + b - 1, 0\},\ a \to_L b = \min\{1 - a + b, 1\},$$

则 $\otimes_L$ 是左连续三角模，$([0,1], \otimes_L, \to_L)$ 是 MV-代数但非 Boole 代数，称 $(\otimes_L, \to_L)$ 为 Lukasiewicz 伴随对。

（2）$[0,1]$ 上的取小运算 min 是一个左连续三角模，其右伴随为

$$a \to_m b = \begin{cases} 1, & a \leqslant b; \\ b, & a > b, \end{cases}$$

则 $([0,1], \min, \to_m)$ 是可除的但非正则的 MTL-代数，称 $(\min, \to_m)$ 为 Gödel 伴随对。

（3）$[0,1]$ 上的普通乘法 $\times$ 是一个左连续三角模，其右伴随为 $a \to_p b = \min\{b/a, 1\}$，则 $([0,1], \times, \to_p)$ 是可除的但非正则的 MTL-代数，称 $(\times, \to_p)$ 为乘积伴随对。

（4）在 $[0,1]$ 上定义运算 $\otimes_w, \to_w$ 为

$$a \otimes_w b = \begin{cases} 0, & a + b \leqslant 1; \\ \min\{a, b\}, & a + b > 1, \end{cases}$$

$$a \to_w b = \begin{cases} 1, & a \leqslant b; \\ \max\{1 - a, b\}, & a > b, \end{cases}$$

则 $\otimes_w$ 是左连续三角模，$([0,1], \otimes_w, \to_w)$ 是不可除的但正则的 MTL-代数，称 $(\otimes_w, \to_w)$ 为 $[0,1]$ 上的 R_0-伴随对 [85]。

例 7.3.4 在 $[0,1]$ 上定义运算 $\otimes$ 为

$$a \otimes b = \begin{cases} 0, & a,b \leqslant \dfrac{1}{2}; \\ a \wedge b, & \text{其他}, \end{cases}$$

$$a \to b = \begin{cases} 1, & a \leqslant b; \\ \dfrac{1}{2}, & b < a \leqslant \dfrac{1}{2}; \\ b, & a > \max\left\{b, \dfrac{1}{2}\right\}, \end{cases}$$

则 $[0,1]$ 是非正则的且不可除的 MTL-代数。

例 7.3.5 设 $H_2 = \{0,a,b,c,1\}$ 如图 3.1 所示，则 H_2 和 H_2^{op} 都是有界 Heyting 代数，H_2 作为剩余格是非正则的 MTL-代数，H_2^{op} 作为剩余格不是 MTL-代数。

定理 7.3.1 M_3 和 N_5 上没有剩余格结构。

证明 对于 $M_3 = \{0,a,b,c,1\}$，设 $\otimes$ 是其上的剩余格运算。由 $x \otimes y \leqslant x \wedge y \ (\forall x,y \in M_3)$ 知，$a \otimes b = 0$，则 $a = a \otimes 1 = a \otimes (a \vee b) = (a \otimes a) \vee (a \otimes b) = (a \otimes a) \vee 0 = a \otimes a$，同理 $b \otimes b = b$，$c \otimes c = c$。这说明，$\otimes$ 是幂等运算，由定理 7.1.3 知，M_3 是 Heyting 代数，这与定理 1.4.2 和定理 3.1.2 矛盾。

对于 $N_5 = \{0,a,b,c,1\}$ $(0 < a < 1,\ 0 < b < c < 1,\ a\|b,\ a\|c)$，设 $\otimes$ 是其上的剩余格运算。由 $x \otimes y \leqslant x \wedge y \ (\forall x,y \in N_5)$ 知，$a \otimes b = a \otimes c = 0$，则 $a = a \otimes 1 = a \otimes (a \vee b) = (a \otimes a) \vee (a \otimes b) = (a \otimes a) \vee 0 = a \otimes a$，同理 $b \otimes b = b$，$c \otimes c = c$。这说明，$\otimes$ 是幂等运算，由定理 7.1.3 知，N_5 是 Heyting 代数，这与定理 1.4.2 和定理 3.1.2 矛盾。 $\square$

7.4 滤子和剩余格同余关系

本节我们将 3.3 节中 Heyting 代数的滤子和同余关系之间的一一对应性推广到剩余格框架下，证明过程除了一些小细节外其他基本类似，不再大量重复。

定理 7.4.1 设 F 是 L 的一个非空集，则下列条件等价：

（1）F 是一个 MP 滤子，即 $1 \in F$，且 $x \to y$，$x \in F$ 蕴含 $y \in F$；

（2）F 是对 $\otimes$ 封闭的上集。

证明 可模仿定理 3.2.1 证明。□

请读者自行举例说明对于剩余格，MP 滤子与格滤子不必等价。

定义 7.4.1 设 L 是一个剩余格，θ 是 L 的一个等价关系。如果对于任意的 $x, y, z \in L$，都有

$$(x, y) \in \theta \Longrightarrow (x \wedge z, y \wedge z),\ (x \to z, y \to z) \in \theta,$$

则称 θ 为 L 的一个**同余关系**。

这种描述方式来自习题 3 中的第 6 题，是定义 3.2.2 的简化版。注意到它在表面上并不涉及运算 $\otimes$，我们仍将证明它等价于剩余格在泛代数意义下的同余关系。

定理 7.4.2 设 θ 是 L 的一个同余关系，则 $F_\theta = \{x \in H \mid (x, 1) \in \theta\}$ 是 L 的 MP 滤子。

证明 由 $(1, 1) \in \theta$ 知，$1 \in F_\theta$。设 $x, x \to y \in F_\theta$，即 $(x, 1), (x \to y, 1) \in \theta$，则 $(x \to y, y) = (x \to y, 1 \to y) \in \theta$。由 θ 的传递性和对称性有，$(y, 1) \in \theta$，即 $y \in F_\theta$。因此，F_θ 是 L 的 MP 滤子。□

定理 7.4.3 设 F 是 L 的一个 MP 滤子，定义

$$\theta_F = \{(x, y) \in L \times L \mid x \to y,\ y \to x \in F\},$$

则 θ_F 是 L 的同余关系。

证明 易证 θ_F 是一个等价关系。设 $(x, y) \in \theta_F, z \in L$，则 $x \to y,\ y \to x \in F$。首先，$(x \wedge z) \to (y \wedge z) \geqslant x \to y \in F$，从而 $(x \wedge z) \to (y \wedge z) \in F$；同理，$(y \wedge z) \to (x \wedge z) \in F$。其次，$(x \to z) \to (y \to z) \geqslant y \to x \in F$，从而 $(x \to z) \to (y \to z) \in F$；同理，$(y \to z) \to (x \to z) \in F$。因此，$\theta_F$ 是 L 的同余关系。□

分别记 $\mathrm{MPF}(L)$ 和 $\mathrm{Con}(L)$ 为 L 上的全体 MP 滤子之集和全体同余关系之集。由定理 7.4.2 和定理 7.4.3，我们得到映射

$$\alpha : \mathrm{Con}(L) \longrightarrow \mathrm{MPF}(L),\ \alpha(\theta) = F_\theta\ (\forall \theta \in \mathrm{Con}(L)),$$

$$\beta : \mathrm{MPF}(L) \longrightarrow \mathrm{Con}(L),\ \beta(F) = \theta_F\ (\forall F \in \mathrm{MPF}(L))。$$

定理 7.4.4 设 L 是一个剩余格，则 $\mathrm{Con}(L)$ 和 $\mathrm{MPF}(L)$ 一一对应。

证明 对于任意的 $F \in \mathrm{MPF}(L)$，有

$$(\alpha \circ \beta)(F) = \alpha(\beta(F)) = \{x \in L \mid (x, 1) \in \beta(F)\} = \{x \in L \mid x \in F\} = F。$$

故 $\alpha \circ \beta = \mathrm{id}_{\mathrm{MPF}(L)}$。对于任意的 $\theta \in \mathrm{Con}(L)$，有

$$(\beta \circ \alpha)(\theta) = \beta(\alpha(\theta)) = \{(x,y) \in L \times L \mid x \to y,\ y \to x \in \alpha(\theta)\}$$

$$= \{(x,y) \in L \times L \mid (x \to y, 1), (y \to x, 1) \in \theta\}.$$

如果 $(x \to y, 1),\ (y \to x, 1) \in \theta$，那么

$$((x \to y) \to y, y) = ((x \to y) \to y, 1 \to y) \in \theta,$$

从而

$$(x, y \wedge x) = (((x \to y) \to y) \wedge x, y \wedge x) \in \theta。$$

同理，$(y, y \wedge x) \in \theta$。由 θ 的传递性知，$(x,y) \in \theta$。反过来，如果 $(x,y) \in \theta$，那么

$$(x \to y, 1) = (x \to y, y \to y) \in \theta,$$

$$(y \to x, 1) = (y \to x, x \to x) \in \theta。$$

故 $(\beta \circ \alpha)(\theta) = \theta$。因此，$\beta \circ \alpha = \mathrm{id}_{\mathrm{Con}(L)}$。 $\square$

注 7.4.1 可模仿注 3.2.2 证明定义 7.4.1 中的同余关系等价于剩余格在泛代数意义下的同余关系，这里我们补充证明每个 MP 滤子诱导的同余关系都保持运算 $\otimes$。设 $(a,b),\ (c,d) \in \theta_F$。由 $(a \otimes c) \to (b \otimes c) \geqslant a \to b \in F$ 得，$(a \otimes c) \to (b \otimes c) \in F$；同理，$(b \otimes c) \to (a \otimes c) \in F$，故 $(a \otimes c, b \otimes c) \in \theta_F$。同理，$(c \otimes b, d \otimes b) \in \theta_F$。由传递性得 $(a \otimes c,\ b \otimes d) \in \theta_F$。

习题 7

1. 证明定理 7.1.1。

2. 设 L 是一个完备剩余格，$\{(a_i, b_i) \mid i \in I\} \subseteq L \times L$，则 $(\bigwedge\limits_i a_i \oplus b_i) \oplus 0 = \bigwedge\limits_i a_i \oplus b_i$。

3. 设 L 是一个剩余格，则下列条件等价：

（1）L 是 MTL-代数；

（2）$\forall a,b,c \in L,\ a \to c \leqslant (a \to b) \vee (b \to c)$；

（3）$\forall a,b,c \in L,\ (a \to b) \to c \leqslant ((b \to a) \to c) \to c$。

4. 设 L 是一个 MTL-代数，则 $(a \vee b) \otimes (a \vee b) = (a \otimes a) \vee (b \otimes b)\ (\forall a,b \in L)$。

5. 设 L 是一个剩余格，则 L 是可除的当且仅当 $a \to (b \wedge c) = (a \to b) \otimes [(a \wedge b) \to c]$ $(\forall a, b, c \in L)$。

6. 设 L 是一个可除剩余格，则 $a \otimes b \leqslant (a \otimes a) \vee (b \otimes b)$ $(\forall a, b \in L)$。

7. 设 L 是一个正则剩余格，$a, b \in L$。如果 $a = a'$，$b = b'$，那么 $a = b$。

8. 设 L 是一个正则的完备剩余格，则对于任意的 $\{a_i \mid i \in I\} \subseteq L$，$b \in L$，有

（1） $(\bigvee\limits_{i \in I} a_i)' = \bigwedge\limits_{i \in I} a_i'$，$(\bigwedge\limits_{i \in I} a_i)' = \bigvee\limits_{i \in I} a_i'$；

（2） $b \ominus (\bigwedge\limits_{i \in I} a_i) = \bigvee\limits_{i \in I} (b \ominus a_i)$，$b \oplus (\bigwedge\limits_{i \in I} a_i) = \bigwedge\limits_{i \in I} (b \oplus a_i)$。

9. 设 $\otimes : [0,1] \times [0,1] \longrightarrow [0,1]$ 是一个 t-模，则 $\otimes$ 左连续当且仅当 $(\text{-}) \otimes \lambda$，$\lambda \otimes (\text{-}) : [0,1] \longrightarrow [0,1]$ 都是左连续函数。

10. 设 $(L, \oplus, 0)$ 是一个 MV-代数，则 $(a \ominus b) \wedge (b \ominus a) = 0$ $(\forall a, b \in L)$。

11. 完成定理 7.2.11 的证明 (包括偏序关系): 设 $(L, \oplus, 0)$ 是一个 MV-代数，则 L 是有界格，其中

$$a \wedge b = a \otimes (a' \oplus b) \quad (\forall a, b \in L)。$$

附录 |
APPENDIX

A. 集合论与拓扑学

本书不打算重复集合论中大量的定义，这里本着一切从简的原则罗列一些正文中用到的概念、符号和记号。

数集:

（1）自然数集 $\mathbb{N} = \{1, 2, 3, \cdots\}$;

（2）扩展的自然数集 $\mathbb{N}^* = \{0, 1, 2, 3, \cdots\}$;

（3）扩展的实数集 $\mathbb{R}^* = [-\infty, +\infty]$。

点集: 设 X 是全集。

（1）幂集 $\mathcal{P}(X) = \{A \mid A \subseteq X\}$;

（2）子集 A 的补集 $A' = \{x \in X \mid x \notin A\}$;

（3）子集 A, B 的差集 $A \backslash B = \{x \in A \mid x \notin B\}$;

（4）集合 X 到 Y 的全体映射 $Y^X = \{f : X \longrightarrow Y\}$;

（5）设 $A \subseteq X$，特征函数 $\chi_A : X \longrightarrow \{0, 1\}$，$\chi_A(x) = 1$ 当且仅当 $x \in A$。

设 $f : X \longrightarrow Y$ 是一个映射，$A \subseteq X$。

（1）令 $f|_A : A \longrightarrow Y$ 为 $f|_A(x) = f(x)$ $(\forall x \in A)$，称 $f|_A$ 为 f 在 A 上的**限制**（restriction）;

（2）令 $f^\circ : X \longrightarrow f(X)$ 为 $f^\circ(x) = f(x)$ $(\forall x \in X)$，称 f° 为 f 的**余限制**（co-restriction）。

（3）如果 f 是双射，则称 X 与 Y **一一对应**（one-to-one corresponding），记作 $X \approx Y$。

定义 A1 设 X 是一个非空集合，$\mathcal{O}(X) \subseteq \mathcal{P}(X)$。若

（T1） $\varnothing, X \in \mathcal{O}(X)$;

（T2） $A, B \in \mathcal{O}(X)$ 蕴含 $A \cap B \in \mathcal{O}(X)$;

（T3） $\{A_i \mid i \in I\} \subseteq \mathcal{O}(X)$ 蕴含 $\bigcup_i A_i \in \mathcal{O}(X)$,

则称 $\mathcal{O}(X)$ 为 X 上的一个**拓扑**（topology），称偶对 $(X, \mathcal{O}(X))$ 为**拓扑空间**（topological space）。

若 $\mathcal{O}(X)$ 还满足

(AT) $\{A_i \mid i \in I\} \subseteq \mathcal{O}(X)$ 蕴含 $\bigcap\limits_i A_i \in \mathcal{O}(X)$,

则称 $\mathcal{O}(X)$ 为 X 上的一个 **Alexandrov 拓扑**（Alexandrov topology），称偶对 $(X, \mathcal{O}(X))$ 为 **Alexandrov 空间**（Alexandrov space）。

例 A1 设 X 是一个非空集合。

（1）$\{\varnothing, X\}$ 是 X 上开集最少的拓扑，称为 X 上的**平庸拓扑**(indiscrete topology)；$\mathcal{P}(X)$ 是 X 上开集最多的拓扑，称为 X 上的**离散拓扑**（discrete topology）。二者都是 X 上的 Alexandrov 拓扑。

（2）设 X 是一个非空集合。集族

$$\{A \subseteq X \mid A' \text{有限}\} \cup \{\varnothing\}$$

是 X 上的一个拓扑，称为 X 上的**有限补拓扑**（finite-complement topology）。

（3）若映射 $\rho : X \times X \longrightarrow [0, +\infty)$ 满足

（M1）$\forall x, y \in X$, $\rho(x,y) = 0$ 当且仅当 $x = y$;

（M2）$\forall x, y \in X$, $\rho(x,y) = \rho(y,x)$;

（M3）$\forall x, y, z \in X$, $\rho(x,z) \leqslant \rho(x,y) + \rho(y,z)$,

则称 ρ 为 X 上的一个**度量**（metric），称偶对 (X, ρ) 为**度量空间**（metric space）。

设 $x \in X$, $r > 0$, 令 $B_r(x) = \{y \in X \mid \rho(x,y) < r\}$, 称为 x 的 r-**球形邻域**（spherical neighborhood）。集族

$$\{A \subseteq X \mid \forall x \in A, \exists r > 0 \text{ s.t. } B_r(x) \subseteq A\}$$

是 X 上的一个拓扑，称为 (X, ρ) 诱导的**度量拓扑**（metric topology）。

一般情况下，如果在上下文中集合 X 上只涉及一个拓扑时，我们总是将该拓扑记为 $\mathcal{O}(X)$，将拓扑空间 $(X, \mathcal{O}(X))$ 简记为 X。

定义 A2 设 $(X, \mathcal{O}(X))$ 是一个拓扑空间，称 $\mathcal{O}(X)$ 的成员为该空间的**开集**（open set），称其补集为该空间的**闭集**（closed set）。集合 X 的子集在 $(X, \mathcal{O}(X))$ 中有四种可能的情形：只开不闭，只闭不开，既开又闭，不开不闭。当 $A \subseteq X$ 在 $(X, \mathcal{O}(X))$ 中既开又闭时，称 A 为 $(X, \mathcal{O}(X))$ 的一个**开闭集**（clopen set）。

设 X 是一个拓扑空间，$x \in X$。令

$$\mathcal{N}(x) = \{V \subseteq X \mid \exists U \in \mathcal{O}(X) \text{ s.t. } x \in U \subseteq V\},$$

称为 x 的**邻域系**（neighborhood system）；令

$$\mathcal{U}(x) = \{U \in \mathcal{O}(X) \mid x \in U\},$$

称为 x 的**开邻域系**（open neighborhood system）。

定义 A3 设 $(X, \mathcal{O}(X))$ 是一个拓扑空间，$\mathcal{B} \subseteq \mathcal{O}(X)$。如果对于任意的 $A \in \mathcal{O}(X)$ 都存在 $\mathcal{B}_1 \subseteq \mathcal{B}$ 使得 $A = \bigcup\limits_{B \in \mathcal{B}_1} B$，则称 $\mathcal{B}$ 为 X 的一个**基**（base）。设 $\mathcal{S} \subseteq \mathcal{O}(X)$，如果

$$\{S_1 \cap S_2 \cap \cdots S_n \mid S_i \in \mathcal{S},\ i = 1, 2, \cdots, n;\ n \in \mathbb{N}\}$$

构成 X 的基，则称 $\mathcal{S}$ 是 X 的一个**子基**（subbase）。

如在实数集 $\mathbb{R}$ 上，集族 $\{(a, b) \mid a, b \in \mathbb{R},\ a < b\}$ 是其上的通常拓扑 (由欧式距离函数作为度量诱导的拓扑) 的一个基，集族 $\{(-\infty, b),\ (a, +\infty) \mid a, b \in \mathbb{R}\}$ 是它的一个子基。

设 X 是一个拓扑空间，定义映射 $(\text{-})^\circ : \mathcal{P}(X) \longrightarrow \mathcal{P}(X)$ 为

$$A^\circ = \bigcup \{U \in \mathcal{O}(X) \mid U \subseteq A\} \ (\forall A \subseteq X),$$

称 $(\text{-})^\circ : \mathcal{P}(X) \longrightarrow \mathcal{P}(X)$ 为 X 上的**内部运算**（interior operation）。

定理 A1 设 X 是一个拓扑空间，则

（1） $X^\circ = X$；

（2） $\forall A \subseteq X,\ A^\circ \subseteq A$；

（3） $\forall A, B \subseteq X,\ (A \cap B)^\circ = A^\circ \cap B^\circ$；

（3'） $\forall A, B \subseteq X,\ A \subseteq B \Longrightarrow A^\circ \subseteq B^\circ$；

（4） $\forall A \subseteq X,\ A^{\circ\circ} = A^\circ$。

定义映射 $(\text{-})^- : \mathcal{P}(X) \longrightarrow \mathcal{P}(X)$ 为

$$A^- = \bigcap \{U' \mid U \in \mathcal{O}(X),\ A \subseteq U'\} \ (\forall A \subseteq X),$$

称 $(\text{-})^- : \mathcal{P}(X) \longrightarrow \mathcal{P}(X)$ 为 X 上的**闭包运算**（closure operation）。

定理 A2 设 X 是一个拓扑空间，则

（1） $\varnothing^- = \varnothing$；

（2） $\forall A \subseteq X,\ A^- \subseteq A$；

（3） $\forall A, B \subseteq X,\ (A \cup B)^- = A^- \cup B^-$；

（3'） $\forall A, B \subseteq X,\ A \subseteq B \Longrightarrow A^- \subseteq B^-$；

（4） $\forall A \subseteq X,\ A^{--} = A^-$。

定义 A4 设 $f : X \longrightarrow Y$ 是拓扑空间之间的一个映射。

(1) 如果开集的原像是开集，即对于任意的 $V \in \mathcal{O}(Y)$ 都有 $f^{-1}(V) \in \mathcal{O}(X)$，则称 f 为从 X 到 Y 的**连续映射**（continuous mapping）；

(2) 如果 $f: X \longrightarrow Y$ 是双射，且 f 和 f^{-1} 都是连续映射，则称 f 为**同胚映射**（homeomorphism），或称 X 与 Y **同胚**（be homeomorphic to）；

(3) 如果对于任意的 $A \in \mathcal{O}(X)$ 都有 $f(A) \in \mathcal{O}(Y)$，则称 f 为**开映射**（open mapping）。

显然，$f: X \longrightarrow Y$ 是同胚映射当且仅当 f 是双射且是连续的开映射。

定理 A3 设 $f: X \longrightarrow Y$ 是拓扑空间之间的一个映射，$\mathcal{B}$ 是 Y 的一个基，则下列条件等价：

(1) f 是连续映射；

(2) 闭集的原像是闭集；

(3) $\forall A \subseteq X$，$f(A^-) \subseteq (f(A))^-$；

(4) $\forall B \subseteq Y$，$f^{-1}(B^-) \supseteq (f^{-1}(B))^-$；

(5) $\forall B \in \mathcal{B}$，$f^{-1}(B) \in \mathcal{O}(X)$。

定义 A5 设 X 是一个拓扑空间，$K \subseteq X$。如果 $\mathcal{C} \subseteq \mathcal{O}(X)$ 满足 $K \subseteq \bigcup \mathcal{C}$，则称 $\mathcal{C}$ 为 K 的**开覆盖**（open cover）。如果 K 的开覆盖 $\mathcal{C}$ 在集合的包含序下是一个定向集，则称 $\mathcal{C}$ 为**定向开覆盖**（directed open cover）。

定义 A6 设 X 是一个拓扑空间，$K \subseteq X$。如果对于 K 的任意开覆盖 $\mathcal{C}$ 都存在 $C_1, C_2, \cdots, C_n \in \mathcal{C}$ $(n \in \mathbb{N})$ 使得 $K \subseteq \bigcup_{k=1}^{n} C_k$，则称 K 为 X 的一个**紧 (子) 集**（compact subset）。如果 X 本身是紧集，则称 X 为**紧空间**（compact space）。

定理 A4 设 X 是一个拓扑空间，$K \subseteq X$，则 K 是紧集当且仅当 K 的任意定向开覆盖 $\mathcal{C}$ 都存在某个 $C \in \mathcal{C}$ 使得 $K \subseteq C$。

定义 A7 设 X 是一个拓扑空间。如果对于任意的 $x \in X$ 及任意的 $U \in \mathcal{U}(x)$，存在紧子集 K 使得 $x \in K^\circ \subseteq K \subseteq U$，则称 X 为**局部紧空间**（locally compact space）。

请注意，这里的局部紧性和一般拓扑学中的局部紧性不一样。

定义 A8 设 X 的一个非空集，$\mathcal{F} \subseteq \mathcal{P}(X)$。如果

(1) $X \in \mathcal{F}$，$\varnothing \notin \mathcal{F}$；

(2) $\forall A, B \subseteq X$，$A \subseteq B$ 和 $A \in \mathcal{F}$ 蕴含 $B \in \mathcal{F}$；

(3) $\forall A, B \subseteq X$，$A, B \in \mathcal{F}$ 蕴含 $A \cap B \in \mathcal{F}$，

则称 $\mathcal{F}$ 为 X 上的一个**（集）滤子**（(set-theoretic) filter）。

定义 A9　如果 $(\Delta, \preccurlyeq)$ 是一个定向集，X 是一个非空集合，则称每个映射 $\xi: \Delta \longrightarrow X$ 为 X 上的**网**（net），有时也记作 $\{x_\delta\}_{\delta \in \Delta}$。

任意拓扑空间 X 中的任意点的邻域系都是 X 上的集滤子。设 $x \in X$，则 $\{A \subseteq X \mid x \in A\}$ 是一个滤子，称为关于点 x 的**点滤子**（pointed filter），记作 $\dot{x}$。设 $x \in X$，从一个定向集 Δ 出发取值恒为 x 的网称为 X 上的（相对于 Δ 的）**常值网**（constant net），记作 $\overline{x}$。

设 $\xi: \Delta \longrightarrow X$ 的一个网，$A \subseteq X$。如果存在 $\delta_0 \in \Delta$ 使得 $\{\xi(\delta) \mid \delta_0 \preccurlyeq \delta\} \subseteq A$，则称 ξ **终在**（be eventually in）A 中；如果对于任意的 $\delta_0 \in \Delta$ 使得 $\{\xi(\delta) \mid \delta_0 \preccurlyeq \delta\} \cap A \neq \varnothing$，则称 ξ **常在**（be frequently in）A 中。

定义 A10　设 X 是一个非空集合，ξ 是 X 的一个网，$\mathcal{F}$ 是 X 的一个集滤子。

（1）令
$$\mathcal{F}_\xi = \{A \subseteq X \mid \xi \text{终在} A \text{中}\},$$
则 $\mathcal{F}_\xi$ 是一个集滤子，称为 ξ 的**导出滤子**（induced filter）。

（2）令 $\Delta_\mathcal{F} = \{(x, A) \mid x \in A \in \mathcal{F}\}$，规定
$$(x, A) \preccurlyeq (y, B) \Longleftrightarrow B \subseteq A,$$
则 $(\Delta_\mathcal{F}, \preccurlyeq)$ 是一个定向集。定义网 $\xi_\mathcal{F}: \Delta_\mathcal{F} \longrightarrow X$ 为 $\xi_\mathcal{F}(x, A) = x$，称为 ξ 的**导出网**（induced net）。

定义 A11　设 X 是一个拓扑空间，$\mathcal{F}$ 是 X 的一个集滤子，ξ 是 X 的一个网，$x \in X$。

（1）如果 $\mathcal{U}(x) \subseteq \mathcal{F}$，则称 $\mathcal{F}$ **（拓扑）收敛于** x（be topologically convergent to），记作 $\mathcal{F} \to x$；

（2）如果对于任意的 $A \in \mathcal{U}(x)$，ξ 都终在 A 中，则称 ξ **（拓扑）收敛于** x（be topologically convergent to），记作 $\xi \to x$。

定理 A5　设 X 是一个拓扑空间，$\mathcal{F}$ 是 X 的一个集滤子，ξ 是 X 的一个网，$x \in X$，则

（1）$\dot{x} \to x$，$\overline{x} \to x$；

（2）$\mathcal{F} \to x \Longleftrightarrow \xi_\mathcal{F} \to x$；

（3）$\xi \to x \Longleftrightarrow \mathcal{F}_\xi \to x$。

定理 A6　设 $f: X \longrightarrow Y$ 是拓扑空间之间的一个映射，则下列条件等价：

（1）f 是连续映射；

（2）对于 X 的任意的集滤子 $\mathcal{F}$ 和任意的 $x \in X$，$\mathcal{F} \to x$ 蕴含 $f(\mathcal{F}) \to f(x)$，其中 $f(\mathcal{F}) = \{B \subseteq Y | f^{-1}(B) \in \mathcal{F}\}$；

（3）对于 X 的任意的网 ξ 和任意的 $x \in X$，$\xi \to x$ 蕴含 $f(\xi) \to f(x)$，其中 $f(\xi) = f \circ \xi$。

定义 A12 设 X 是一个拓扑空间。

（1）如果对于任意互异的两个点 $x, y \in X$，都存在 $A \in \mathcal{U}(x) \backslash \mathcal{U}(y)$ 或 $B \in \mathcal{U}(y) \backslash \mathcal{U}(x)$，则称 X 为 T_0 **空间**（T_0 space）。

（2）如果对于任意互异的两个点 $x, y \in X$，都存在 $A \in \mathcal{U}(x) \backslash \mathcal{U}(y)$ 且 $B \in \mathcal{U}(y) \backslash \mathcal{U}(x)$，则称 X 为 T_1 **空间**（T_1 space）。

（3）如果对于任意互异的两个点 $x, y \in X$，都存在 $A \in \mathcal{U}(x)$，$B \in \mathcal{U}(y)$ 都有 $A \cap B = \varnothing$，则称 X 为 T_2 **空间**（T_2 space）或 **Hausdorff 空间**（Hausdorff space）。

显然，$T_2 \Longrightarrow T_1 \Longrightarrow T_0$，但反过来都不成立。

定理 A7 设 X 是一个拓扑空间。

（1）X 是 T_0 空间当且仅当对于任意的 $x, y \in X$，$\mathcal{U}(x) = \mathcal{U}(y)$ 蕴含 $x = y$。

（2）X 是 T_1 空间当且仅当对于任意的 $x, y \in X$，$\mathcal{U}(x) \subseteq \mathcal{U}(y)$ 蕴含 $x = y$。

定理 A8 设 X 是一个拓扑空间，则下列条件等价：

（1）X 是 T_2 空间；

（2）对于任意 X 的集滤子 $\mathcal{F}$，都有 $\mathcal{F} \to x, y$ 蕴含 $x = y$；

（3）对于任意 X 的网 ξ，都有 $\xi \to x, y$ 蕴含 $x = y$。

定理 A9 T_2 空间中的紧子集是闭的，紧空间中的闭子集是紧的，从而紧 T_2 空间中紧子集等价于闭子集。

本节中各定义和结论中的 $\mathcal{U}(x)$ 均可等价地替换成 $\mathcal{N}(x)$。

B. 范畴论

定义 B1 一个**范畴**（category）**C** 由下列成分组成：

（1）对象类 $\mathrm{ob}(\mathbf{C})$，其元素称为 **C** 中的**对象**（object），或 **C**-对象，通常用 $A, B, C, \cdots$ 等来表示。

（2）态射类 $\mathrm{mor}(\mathbf{C})$，其元素称为 **C** 中的**态射**（morphism），或 **C**-态射，通常用 $f, g, h, \cdots$ 等表示。对于 **C**-对象构成的序对 (A, B)，存在唯一的集合 $\mathrm{hom}_{\mathbf{C}}(A, B)$，简记为 $\mathrm{hom}(A, B)$，它的每一个元素 f 称为以 A 为论域以 B 为余论域的态射。有时也将 $f \in \mathrm{hom}(A, B)$ 记作 $f : A \longrightarrow B$ 或 $A \xrightarrow{f} B$。

（3）对于 **C**-对象构成的每个有序三元组 (A, B, C) 都对应一个映射

$$\circ : \hom(A, B) \times \hom(B, C) \longrightarrow \hom(A, C), \ (f, g) \mapsto g \circ f,$$

其中 $g \circ f$ 称为 f 和 g 的**复合**（composition）。

要求 **C** 中的对象和态射满足下列公理：

（i）若 $(A, B) \neq (C, D)$，则 $\hom(A, B) \cap \hom(C, D) = \varnothing$；

（ii）若 $f \in \hom(A, B)$，$g \in \hom(B, C)$，$h \in \hom(C, D)$，则 $(h \circ g) \circ f = h \circ (g \circ f)$；

（iii）对于任意的 $A \in \mathrm{ob}(\mathbf{C})$，存在 $\mathrm{id}_A \in \hom(A, A)$ 使得 $f \circ \mathrm{id}_A = f$, $\mathrm{id}_A \circ g = g$ $(\forall f \in \hom(A, B), \ g \in \hom(C, A))$，其中 id_A 称为 A 上的恒同态射。

容易验证范畴 **C** 中的每个对象上的恒同态射具有唯一性，因此有时也将 $\{\mathrm{id}_A \mid A \in \mathrm{ob}(\mathbf{C})\}$ 和 $\mathrm{ob}(\mathbf{C})$ 看成同一个类。

例 B1 （1）集合范畴 **Set**：由全体集合和映射构成的范畴。

（2）拓扑空间范畴 **Top**：由全体拓扑空间和连续映射构成的范畴。

Alexandrov 空间范畴 **ATop**：由全体 Alexandrov 空间和连续映射构成的范畴。

T_0 拓扑空间范畴 **Top**$_0$：由全体 T_0 拓扑空间和连续映射构成的范畴。

（3）群范畴 **Grp**：由全体群和群同态构成的范畴。

以上三个范畴中，态射的复合都是相应映射的复合，恒同态射都是相应结构上的恒同映射。

（4）每个预序集 $(P, \leqslant)$ 都可以看成一个范畴 **P**，其中 $\mathrm{ob}(\mathbf{P}) = P$, $\mathrm{mor}(\mathbf{P}) = \leqslant$，恒同态射即为 $\leqslant$ 的自反性，态射的复合即为 $\leqslant$ 的传递性。

定义 B2 设 **B**, **C** 是两个范畴，如果

（1） $\mathrm{ob}(\mathbf{B}) \subseteq \mathrm{ob}(\mathbf{C})$；

（2） $\mathrm{mor}(\mathbf{B}) \subseteq \mathrm{mor}(\mathbf{C})$；

（3） **B** 中恒同态射和态射的复合均与 **C** 中的相同，

则称 **B** 为 **C** 的**子范畴**（subcategory）。

如果对于任意 $A, B \in \mathrm{ob}(\mathbf{B})$, $\hom_{\mathbf{B}}(A, B) = \hom_{\mathbf{C}}(A, B)$，则称 **B** 为 **C** 的**满子范畴**（full subcategory）。

定义 B3 集范畴 **Set** 上的**具体范畴**（concrete category）是指一个范畴 **C**，满足

（1）每一个 **C**-对象都是带有结构的集合，如拓扑空间、偏序集和群等；

（2）每一个 **C**-态射都是保结构的映射，如连续映射、保序映射和群同态等；

（3）**C** 中恒同态射是相应集合上的恒同映射，**C** 中态射的复合是相应映射的复合。

定义 B4 设 **C** 是一个范畴，构造范畴 $\mathbf{C}^{op}$ 如下：

（1）对象类 $\mathrm{ob}(\mathbf{C}^{op}) = \mathrm{ob}(\mathbf{C})$；

（2）对于 $\mathbf{C}^{op}$ 中的任意对象 A, B，态射集 $\hom_{\mathbf{C}^{op}}(B, A) = \hom_{\mathbf{C}}(A, B)$，即每个 $f \in \hom_{\mathbf{C}}(A, B)$ 一一对应为一个 $f^{op} \in \hom_{\mathbf{C}^{op}}(B, A)$[①]；

（3）对于任意的 $f \in \hom_{\mathbf{C}^{op}}(C, B)$，$g \in \hom_{\mathbf{C}^{op}}(B, A)$，有 $(g \circ f)^{op} = f^{op} \circ g^{op}$，则称范畴 $\mathbf{C}^{op}$ 为 **C** 的**对偶范畴**（dual category 或 opposite category）。

定义 B5 设 **C** 是一个范畴，$f : A \longrightarrow B$ 是一个 **C**-态射，如果存在 **C**-态射 $g : B \longrightarrow A$ 使得 $g \circ f = \mathrm{id}_A$，$f \circ g = \mathrm{id}_B$，则称 f 为**同构态射**（isomorphism），此时称 A 与 B 同构，记为 $A \cong B$。

定义 B6 设 **C** 是一个范畴，$f : A \longrightarrow B$ 是一个 **C**-态射。

（1）如果对于任意 **C**-态射 $h, k : C \longrightarrow A$ 都有 $f \circ h = f \circ k$ 蕴含 $h = k$，则称 f 为**单态射**（monomorphism）；

（2）如果对于任意 **C**-态射 $h, k : B \longrightarrow C$ 都有 $h \circ f = k \circ f$ 蕴含 $h = k$，则称 f 为**满态射**（epimorphism）；

（3）如果 f 既是单态射又是满态射，则称 f 为**双态射**（bimorphism）。

定义 B7 设 **C** 是一个范畴，$A \in \mathrm{ob}(\mathbf{C})$。

（1）若对于任意对象 B, C，任意态射 $h \in \hom(A, C)$ 和任意满态射 $g \in \hom(B, C)$，存在态射 $f \in \hom(A, B)$ 使得图 B1 可交换，即 $h = g \circ f$，则称 A 为 **C** 的**投射对象**（projective object）。

（2）若对于任意对象 B, C，任意态射 $h \in \hom(C, A)$ 和任意单态射 $g \in \hom(C, B)$，存在态射 $f \in \hom(B, A)$ 使得图 B2 可交换，即 $h = f \circ g$，则称 A 为 **C** 的**入射对象**（injective object）。

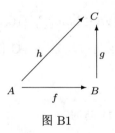

图 B1

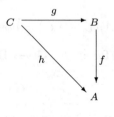

图 B2

---

① 即使在具体范畴 **C** 中，$\hom_{\mathbf{C}^{op}}(B, A)$ 中的元素 $f^{op} : B \longrightarrow A$ 也只是和 $f : A \longrightarrow B$ 对应的态射，不能将它看作从 $B \sim A$ 的映射。

在范畴 **Top** 中，入射对象可以等价地描述为：拓扑空间 Z 是入射的，当且仅当"对于任意的拓扑空间 Y 及其子空间 X，每一个连续映射 $f: X \longrightarrow Z$ 都可以扩张为连续映射 $g: Y \longrightarrow Z$"。注意，这种扩张不要求唯一性。

定义 B8 设 **C** 是一个范畴，A, B 是两个 **C**-对象。

（1）若存在单态射 $f: A \longrightarrow B$，则称 A 为 B 的**子对象**（subobject）；

（2）若存在满态射 $f: B \longrightarrow A$，则称 A 为 B 的**商对象**（quotient object）。

定义 B9 设 **C** 和 **D** 是范畴，一个从 **C** 到 **D** 的 **(共变) 函子** (covariant functor) 是一个三元组 $(\mathbf{C}, F, \mathbf{D})$，其中 F 是一个从 $\mathrm{mor}(\mathbf{C})$ 到 $\mathrm{mor}(\mathbf{D})$ 的映射，且 F 保单位元和复合运算。如果 F 是从 **C** 到 $\mathbf{D}^{op}$ 的共变函子，则称 F 为从 **C** 到 **D** 的**反变函子**（contravariant functor）。

如果没有特别说明，一般情况下函子均指共变函子。函子也经常写成 $F: \mathbf{C} \longrightarrow \mathbf{D}$ 或 $\mathbf{C} \xrightarrow{F} \mathbf{D}$ 形式。由于范畴中的单位和对象能建立一一对应关系，因此，范畴之间的函子 F 诱导一个从 $\mathrm{ob}(\mathbf{C})$ 到 $\mathrm{ob}(\mathbf{D})$ 的映射使得 $F(\mathrm{id}_A) = \mathrm{id}_{F(A)}$。

例 B2 （1）设 **B** 是 **C** 的子范畴，则含入映射 $I: \mathbf{B} \longrightarrow \mathbf{C}$ 是函子。

（1）对于任意范畴 **C**，存在**单位函子** (identity functor) $\mathrm{id}_\mathbf{C}: \mathbf{C} \longrightarrow \mathbf{C}$，其中 $\mathrm{id}_\mathbf{C}(A \xrightarrow{f} B) = A \xrightarrow{f} B$。

（2）设 **C** 是范畴，则对于任意的 $A \in \mathrm{ob}(\mathbf{C})$，存在共变函子 $\hom(A, \text{-}): \mathbf{A} \longrightarrow$ **Set**:

$$\hom(A, \text{-})(B) = \hom(A, B),$$

$$\hom(A, \text{-})(B \xrightarrow{f} C) = \hom(A, B) \xrightarrow{f \circ g} \hom(A, C) \ (\forall g \in \hom(A, B)).$$

（3）设 **C** 是范畴，则对于任意的 $A \in \mathrm{ob}(\mathbf{C})$，存在反变函子 $\hom(\text{-}, A): \mathbf{A} \longrightarrow$ **Set**:

$$\hom(\text{-}, A)(B) = \hom(B, A),$$

$$\hom(\text{-}, A)(B \xrightarrow{f} C) = \hom(C, A) \xrightarrow{h \circ f} \hom(B, A) \ (\forall h \in \hom(C, A)).$$

定义 B10 设 $F: \mathbf{C} \longrightarrow \mathbf{D}$ 是一个函子。如果存在函子 $G: \mathbf{D} \longrightarrow \mathbf{C}$ 使得

$$G \circ F = \mathrm{id}_\mathbf{C}, F \circ G = \mathrm{id}_\mathbf{D},$$

则称 F 为**同构函子** (isomorphic functor)，称范畴 **C** 与 **D** 同构。

定义 B11 设 $F: \mathbf{C} \longrightarrow \mathbf{D}$ 是一个函子。

（1）F 是**满的**（full），如果 F 在任意 hom 集上的限制 $F\big|_{\hom_\mathbf{C}(A,B)}^{\hom_\mathbf{D}(F(A),F(B))}$ 是满射；

（2）F 是**忠实的**（faithful），如果 F 在任意 hom 集上的限制 $F\mid_{\mathrm{hom_C}(A,B)}^{\mathrm{hom_D}(F(A),F(B))}$ 是单射；

（3）F 是**稠密的**（dense），如果每个 $D \in \mathrm{ob}(\mathbf{D})$ 都有相应的 $C \in \mathrm{ob}(\mathbf{C})$ 使得 $F(C) \cong D$；

（4）F 是一个**嵌入**（embedding），如果 $F : \mathrm{mor}(\mathbf{C}) \longrightarrow \mathrm{mor}(\mathbf{D})$ 是一个单射；

（5）F 是**等价函子**，如果 F 是满的、忠实的和稠密的。如果存在等价函子 $F : \mathbf{C} \longrightarrow \mathbf{D}$，则称范畴 $\mathbf{C}$ 与 $\mathbf{D}$ **等价**；如果 $\mathbf{C}$ 与 $\mathbf{D}^{op}$ 等价，则称 $\mathbf{C}$ 与 $\mathbf{D}$ **对偶等价**（dual equivalence）。

注 B1 设 $F : \mathbf{C} \longrightarrow \mathbf{D}$ 是函子，则

（1）F 是嵌入 $\Longleftrightarrow$ F 是忠实的，且 $F : \mathrm{ob}(\mathbf{C}) \longrightarrow \mathrm{ob}(\mathbf{D})$ 是单射；

（2）F 是同构 $\Longleftrightarrow$ $F : \mathrm{mor}(\mathbf{C}) \longrightarrow \mathrm{mor}(\mathbf{D})$ 是双射 $\Longleftrightarrow$ F 是满的、忠实的，且 $F : \mathrm{ob}(\mathbf{C}) \longrightarrow \mathrm{ob}(\mathbf{D})$ 是双射。

定义 B12 设 $F, G : \mathbf{C} \longrightarrow \mathbf{D}$ 是两个函子。从 F 到 G 的**自然变换**（natural transformation）$\lambda : F \longrightarrow G$ 是指一个对应关系，它将每个 $\mathbf{C}$-对象 A 作用为一个 $\mathbf{D}$-态射 $\lambda_A : F(A) \longrightarrow G(A)$，使得对于任意的 $\mathbf{C}$-态射 $f : A \longrightarrow B$，图 B3 可交换。

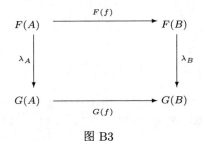

图 B3

定义 B13 设 $F : \mathbf{C} \longrightarrow \mathbf{D}$ 和 $G : \mathbf{D} \longrightarrow \mathbf{C}$ 是两个函子，则下列条件等价：

（1）如果存在自然变换 $\eta : \mathrm{id}_{\mathbf{C}} \longrightarrow GF$ 使得对于任意的 $A \in \mathrm{ob}(\mathbf{C})$，任意的 $B \in \mathrm{ob}(\mathbf{D})$ 和任意的 $\mathbf{C}$-态射 $f : A \longrightarrow G(B)$，存在唯一的 $\mathbf{D}$-态射 $g : F(A) \longrightarrow B$ 使得 $G(g) \circ \eta_A = f$，即图 B4 可交换。

（2）如果存在自然变换 $\varepsilon : FG \longrightarrow \mathrm{id}_{\mathbf{D}}$ 使得对于任意的 $B \in \mathrm{ob}(\mathbf{D})$，任意的 $\mathbf{C}$-对象 A 和任意的 $\mathbf{D}$-态射 $f : F(A) \longrightarrow B$，存在唯一的 $\mathbf{C}$-态射 $g : A \longrightarrow G(B)$ 使得 $\varepsilon_B \circ F(g) = f$，即图 B5 可交换。

此时，称 (F, G) 构成从 $\mathbf{C}$ 到 $\mathbf{D}$ 的**伴随**（adjunction），记作 $F \dashv G : \mathbf{C} \rightharpoonup \mathbf{D}$。

定义 B14 设 $\mathbf{C}$ 是一个范畴。一族 $\mathbf{C}$-对象 $\{A_i \mid i \in I\}$ 的**乘积**（product）

是一个二元组 $(\prod\limits_{i \in I} A_i, \{p_i\}_{i \in I})$，满足如下条件:

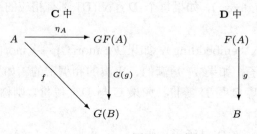

图 B4

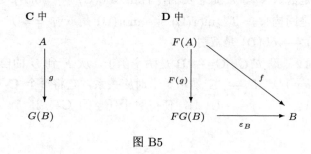

图 B5

（1）$\prod\limits_{i \in I} A_i$ 是 **C**-对象；

（2）$\forall k \in I$，$p_k : \prod\limits_{i \in I} A_i \longrightarrow A_k$ 是 **C**-态射；

（3）对于任意的二元组 $(C, \{f_i\}_{i \in I})$，其中 $C \in \mathrm{ob}(\mathbf{C})$，$f_i : C \longrightarrow A_i \in \mathrm{mor}(\mathbf{C})$ $(\forall i \in I)$，存在唯一的 **C**-态射 $h : C \longrightarrow \prod\limits_{i \in I} A_i$ 使得图 B6 可交换。

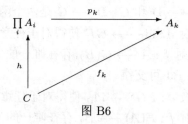

图 B6

定义 B15 设 **C** 是一个范畴，如果态射 $d : X \longrightarrow Y$ 和 $r : Y \longrightarrow X$ 满足 $r \circ d = \mathrm{id}_X$，则称 X 为 Y 的经由 (d, r) 的**收缩**（retract）或**收缩对象**（retract object），称 (d, r) 为 X 和 Y 之间的**收缩对**（retract pair）。

定理 B1 （1）函子保持收缩对象；

（2）入射对象的收缩是入射的；

（3）入射对象的乘积是入射的。

定义 B16 范畴 $\mathbf{X}$ 上的一个 **monad** 是指一个三元组 (T, η, μ)，其中 $T:$ $\mathbf{X} \longrightarrow \mathbf{X}$ 是一个函子，$\eta : \mathrm{id}_{\mathbf{X}} \longrightarrow T$ 和 $\mu : T \circ T \longrightarrow T$ 是两个自然变换使得 $\mu \circ T\mu = \mu \circ \mu T$ 和 $\mu \circ \eta T = id_T = \mu \circ T\eta$，即图 B7 和图 B8 可交换。

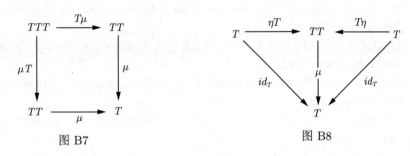

图 B7 图 B8

定义 B17 设 (T, η, μ) 是范畴 $\mathbf{X}$ 上的一个 monad，一个 T-**代数**（T-algebra）（或称 **Eilenberg-Moore 代数**（Eilenberg-Moore algebra））是一个序对 (X, r)，其中 X 是一个 $\mathbf{X}$-对象，$r : T(X) \longrightarrow X$ 是一个构造态射，满足 $r \circ Tr = r \circ \mu_X$，$\mathrm{id}_X = r \circ \eta_X$，即图 B9 和图 B10 可交换。

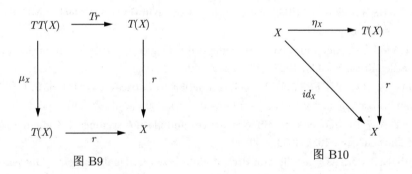

图 B9 图 B10

参 考 文 献

[1] ABRAMSKY S, JUNG A. Domain Theory[C]. In: MAIBAUM T S E, ABRAMSKY S, GABBAY D M (eds.). Handbook of Logic in Computer Science (Vol. 3)[M]. Oxford: Oxford University Press, 1994.

[2] ADÁMEK J, HERRLICH H, STRECKER G E. Abstract and Concrete Categories[M]. New York: Wiley, 1990.

[3] BALBES R, DWINGER P. Distributive Lattices[M]. Columbia: University of Missouri Press, 1974.

[4] BANDELT H J. Regularity and complete distributivity[J]. Semigroup Forum, 1980, 19(1): 123–126.

[5] BIRKHOFF G. Lattice Theory[M]. Providence: American Mathematical Society, 1940 (1st edition), 1948 (2nd edition), 1967 (3rd edition).

[6] BLYTH T S. Lattices and Ordered Algebraic Structures[M]. London: Springer-Verlag, 2005.

[7] BLYTH T S, JANOWITZ M F. Residuation Theory[M]. Oxford: Pergamon Press, 1972.

[8] BURRIS S N, SANKAPPANAVAR H P. A Course in Universal Algebra[M]. New York: Springer-Verlag, 1981.

[9] CHANG C C. Algebraic analysis of many-valued logics[J]. Transactions of the American Mathematical Society, 1958, 88(2): 476–490.

[10] DAVEY B A, PRIESTLEY H A. Introduction to Lattices and Order[M]. Cambridge: Cambridge University Press, 1990 (1st edition), 2002 (2nd edition).

[11] DAY A. Filter monads, continuous lattices and closure systems[J]. Canadian Journal of Mathematics, 1975, 27(1): 50–59.

[12] DEDEKIND R. Ueber die von drei Moduln erzeugte Dualgruppe[J]. Mathematische Annalen, 1900, 53(3): 371–403.

[13] DENECKE K, ERNÉ M, WISMATH S L. Galois Connections and Applications[M]. Dordrecht: Kluwer Academic Publishers, 2004.

[14] DICKMANN M, SCHWARTZ N, TRESSL M. Spectral Spaces[M]. Cambridge: Cambridge University Press, 2019.

[15] EHRESMANN C. Gattungen von lokalen strukturen[J], Jahresbericht der Deutschen Mathematiker-Vereinigung, 1957, 60(1): 59–77.

[16] ERNÉ M. Scott convergence and Scott topology on partially ordered sets II[J]. Lecture Notes in Mathematics, 1981, 871: 61–96.

[17] ERNÉ M, ZHAO D S. Z-join spectra of Z-supercompactly generated lattices[J]. Applied Categorical Structures, 2001, 9(1): 41–63.

[18] 方捷. 格论导引 [M]. 北京: 高等教育出版社, 2014.

[19] 方进明. 剩余格与模糊集 [M]. 北京: 科学出版社, 2012.

[20] GALATOS N, JIPSEN P, KOWALSKI T, ONO H. Residuated Lattices: An Algebraic Glimpse at Substructural Logics[M]. Amsterdam: Elsevier, 2007.

[21] GANTER B, WILLE R. Formal Concept Analysis: Mathematical Foundations[M]. New York: Springer-Verlag, 1999.

[22] GEDIGA G, DÜNTSCH I. Modal-style operators in qualitative data analysis[C]. Proceedings of the 2002 IEEE International Conference on Data Mining, Dec., 2002, Maebashi, Japan, pp. 155–162.

[23] GIERZ G, HOFMANN K H, KEIMEL K, LAWSON J D, MISLOVE M, SCOTT D S. A Compendium on Continuous Lattices[M]. New York: Springer-Verlag, 1980.

[24] GIERZ G, HOFMANN K H, KEIMEL K, LAWSON J D, MISLOVE M, SCOTT D S. Continuous Lattices and Domains[M]. Cambridge: Cambridge University Press, 2003.

[25] GOTTWALD S. Treatise on Many-Valued Logics[M]. Baldock: Research Studies Press, 2001.

[26] GOUBAULT-LARRECQ J. Non-Hausdorff Topology and Domain Theory[M]. Cambridge: Cambridge University Press, 2013.

[27] GRÄTZER G. General Lattice Theory[M]. New York: Academic Press, 1978 (1st edition), Birkhäuser Verlag, 1998 (2nd edition).

[28] GRÄTZER G. Lattice Theory: First Concepts and Distributive Lattices[M]. San Francisco: W.H. Freeman and Company, 1971.

[29] HÁJEK P. Matamathematics of Fuzzy Logic[M]. Dordrecht: Kluwer Academic Publishers, 1998.

[30] 韩胜伟, 赵彬. Quantale 理论基础 [M]. 北京: 科学出版社, 2016.

[31] HECKMANN R, HUTH M. A duality theory for quantitative semantics[C]. Lecture Notes in Computer Science, 1998, 1414: 255–274.

[32] HEYTING A. Die formalen Regeln der intuitionistischen Logik (I, II, III)[C]. Sitzungsberichte Akad, Berlin, 1930, pp. 42–56, 57–71, 158–169.

[33] HOFFMANN R.-E. Continuous posets, prime spectra of completely distributive complete lattices, and Hausdorff compactifications[C]. Lecture Notes in Mathematics, 1981, 871: 159–208.

[34] HOFMANN K H, STRALKA A R. The algebraic theory of compact Lawson semilattices: applications of Galois connections to compact semilattices[M]. Warszawa: Instytut Matematyczny Polskiej Akademi Nauk, 1976.

[35] HÖHLE U. Commutative, residuated ℓ-monoids[C]. In: Höhle U., Klement E.P. (eds.), Non-classical Logics and Their Applications to Fuzzy Subsets, Dordrecht: Kluwer Academic Publishers, 1995, pp. 53–106.

[36] 胡长流, 宋振明. 格论基础 [M]. 开封: 河南大学出版社, 1990.

[37] HUTTON B. Uniformities on fuzzy topological spaces[J]. Journal of Mathematical Analysis and Applications, 1977, 58(3): 557–571.

[38] ISBELL J. Atomless parts of spaces[J]. Mathematica Scandinavica, 1972, 31: 5–32.

[39] JANOWITZ M F, POWERS R C, RIEDEL T. Primes, coprimes and multiplicative elements[J]. Commentationes Mathematicae Universitatis Carolinae, 1999, 40(4): 607–615.

[40] JOHNSTONE P T. Stone Spaces[M]. Cambridge: Cambridge University Press, 1982.

[41] KAN D M, Adjoint functors[J]. Transactions of the American Mathematical Society, 1958, 87(2): 294–329.

[42] KLEMENT E P, MESIAR R, PAP E. Triangular Norms[M]. Dordrecht: Kluwer Academic Publishers, 2000.

[43] KONG T Y, ROSENFELD A. Digital topology: introduction and survey[J]. Computer Vision, Graphics and Image Processing, 1989, 48(3): 357–393.

[44] KUSRAEV A G, KUTATELADZE S S. Boolean Valued Analysis[M]. Dordrecht: Kluwer Academic Publishers, 1999.

[45] LAWSON J D. Topological semilattices with small semilattices[J]. Journal of the London Mathematical Society, 1969, 1(2): 719–724.

[46] LAWSON J D. The duality of continuous posets[J]. Houston Journal of Mathematics, 1979, 5(3): 357–386.

[47] 李海洋. 一般格论基础 [M]. 西安: 西北工业大学出版社, 2012.

[48] LIU Y M, LUO M K. Fuzzy Topology[M]. Singapore: World Scientific Publishing, 1997.

[49] 路玲霞, 王群. 条件交半格中的相对极大滤子 [J]. 模糊系统与数学, 2011, 25(2): 66–70.

[50] 路玲霞, 姚卫. 分配格的滤子格是空间式 frame 的新证明 [J]. 模糊系统与模糊数学, 2009, 21(4): 43–46.

[51] 路玲霞, 姚卫, 李生刚. 内部算子及闭包算子与伴随的一些关系 [J]. 河北师范大学学报, 2004, 28(5): 452–454, 469.

[52] MACLANE S. Categories for the Working Mathematician[M]. New York: Springer-Verlag, 1971 (1st edition)，1998 (2nd edition).

[53] MACNEILLE H M. Partially ordered sets[J]. Transactions of the American Mathematical Society, 1937, 42(3): 416–460.

[54] MARKOWSKY G. Primes, irreducibles and extremal lattices[J]. Order, 1992, 9(3): 265–290.

[55] ORE O. Galois connexions[J]. Transactions of the American Mathematical Society, 1944, 55: 493–513.

[56] PAPERT D, PAPERT S. Sur les treillis des ouverts et les paratopologies[J]. Séminaire Ehresmann Topologie et Géométrie Différentielle, 1957/1958, 1: 1–9.

[57] PAVELKA J. On fuzzy logic I, II, III[J]. Zeitschrift für Mathematische Logik und Grundlagen der Mathematik, 1979, 25: 45–52, 119–134, 447–464.

[58] 裴道武. 剩余格与正则剩余格的特征定理 [J]. 数学学报, 2002, 45(2): 271–278.

[59] 彭育威. 完全分配格的并既约元的性质及分子格的代数结构 [J]. 工程数学学报, 1985, 2(2): 114-117.

[60] PICADO J. The quantale of Galois connections[J]. Algebra Universalis, 2005, 52(4): 527–540.

[61] PICADO J, PULTR A. Frames and Locales: Topology Without Points[M]. Cambridge: Birkhäuser, 2012.

[62] PRIESTLEY H A. Representation of distributive lattices by means of ordered Stone spaces[J]. Bulletin of the London Mathematical Society, 1970, 2(2): 186–190.

[63] PRIESTLEY H A. Ordered topological spaces and the representation of distributive lattices[J]. Proceedings of the London Mathematical Society, 1972, 24(3): 507–530.

[64] RANEY G N. Completely distributive complete lattices[J]. Proceedings of the American Mathematical Society, 1952, 3(5): 677–680.

[65] RANEY G N. A subdirect-union representation for completely distributive complete lattices[J]. Proceedings of the American Mathematical Society, 1953, 4(4): 518–522.

[66] RANEY G N. Tight Galois connections and complete distributivity[J]. Transactions of the American Mathematical Society, 1960, 97(3): 418–426.

[67] RODABAUGH S E. Categorical frameworks for Stone representation theories[C]. Chapter 7 in: RODABAUGH S E, KLEMENT E P (eds.). Applications of Category Theory to Fuzzy Subsets[M]. Dordrecht: Kluwer Academic Publishers, 1992, pp. 177–231.

[68] ROMAN S. Lattices and Ordered Sets[M]. New York: Springer, 2008.

[69] ROSENFELD A. Digital topology[J]. The American Mathematical Monthly, 1979, 86(8): 621–630.

[70] ROSENTHAL R I. Quantales and Their Applications[M]. New York: Addison Wesley Longman, 1990.

[71] SCHMIDT J. Beiträge zur filtertheorie II[J]. Mathematische Nachrichten, 1953, 10(3–4): 197–232.

[72] SCOTT D S. Outline of a mathematical theory of computation[C]. In: The 4th Annual Princeton Conference on Information Sciences and Systems[M]. Princeton: Princeton University Press, 1970, pp. 169–176.

[73] SCOTT D S. Continuous lattices, topos, algebraic geometry and logic[J]. Lecture Notes in Mathematics, 1972, 274: 97–136.

[74] SHMUELY Z. The structure of Galois connections[J]. Pacific Journal of Mathematics, 1974, 54(2): 209–225.

[75] STONE M H. The theory of representations for Boolean algebras[J]. Transactions of the American Mathematical Society, 1936, 40(1): 37–111.

[76] STONE M H. Applications of the theory of Boolean rings to general topology[J]. Transactions of the American Mathematical Society, 1937, 41(3): 375–481.

[77] STONE M H. Topological representation of distributive lattices and Brouwerian logics[J]. Časopis pro Pěstování Matematiky a Fysiky, 1937, 67(1): 1–25.

[78] TARSKI A. Une contribution à la théorie de la mesure[J]. Fundamenta Mathematicae, 1930, 15(1): 42–50.

[79] TURUNEN E. Mathematics Behind Fuzzy Logic[M]. Heidelberg: Springer-Verlag, 1999.

[80] WALLMAN H. Lattices and topological spaces[J]. Annals of Mathematics, 1938, 39(1): 112–126.

[81] 王国俊. 论 Fuzzy 格之构造 [J]. 数学学报, 1986, 29(4): 539–543.

[82] 王国俊. L-fuzzy 拓扑空间论 [M]. 西安: 陕西师范大学出版社, 1988.

[83] 王国俊. 拓扑分子格理论 [M]. 西安: 陕西师范大学出版社, 1990.

[84] 王国俊. MV-代数、BL-代数、R_0-代数与多值逻辑 [J]. 模糊系统与数学, 2002, 16(2): 1–15.

[85] 王国俊. 数理逻辑引论和归结原理 [M]. 北京: 科学出版社, 2003(第一版), 2009(第二版).

[86] WARD M, DILWORTH R P. Residuated lattices[J]. Transactions of the American Mathematical Society, 1939, 45(3): 335–354.

[87] WILLE R. Restructuring lattice theory: an approach based on hierarchies of concepts[C]. In: RIVAL I (eds.). Ordered Sets, NATO Advanced Study Institutes Series (Vol. 83)[M]. Dordrecht: Springer, 1982, pp. 445–470.

[88] WYLER O. Algebraic theories of continuous lattice[C]. In: BANASCHEWSKI B and HOFMANN R -E (eds.). Categorical Topology[M]. Heldermann Verlag, Berlin, 1984, pp. 618–635.

[89] 徐晓泉. 完备格的关系表示理论及其应用 [D]. 成都: 四川大学博士学位论文, 2004.

[90] 徐晓泉. 序与拓扑 [M]. 北京: 科学出版社, 2016.

[91] 徐晓泉, 甘筱青. 极小集和极大集理论的一个应用 [C]. 中国系统工程学会模糊数学与模糊系统委员会第五届年会论文集 [M]. 成都: 西南交通大学出版社, 1990, pp. 435–437.

[92] 杨闻起. 环的次极大理想 [J]. 纯粹数学与应用数学, 2003, 19(1): 89–90.

[93] 杨闻起. BCK-代数的次极大理想 [J]. 西南师范大学学报, 2004, 29(1): 38–40.

[94] 姚卫. Heyting 代数中滤子与同构定理及其范畴 **Heyt**[D]. 西安: 陕西师范大学硕士学位论文, 2005.

[95] YAO W. A survey of fuzzifications of frames, the Papert-Papert-Isbell adjunction and sobriety[J]. Fuzzy Sets and Systems, 2012, 190: 63–81.

[96] YAO W. An approach to the fuzzification of complete lattices[J]. Journal of Intelligent and Fuzzy Systems, 2014, 26(5): 2239–2249.

[97] YAO W, WU H Y. Dualities for lower semicontinuous maps in the framework of interior spaces[J]. Houston Journal of Mathematics, 2017, 43(3): 975–991.

[98] YAO Y Y. A comparative study of formal concept analysis and rough set theory in data analysis[J]. Lecture Notes in Computer Science, 2004, 3066: 59–68.

[99] 张杰. 格论初步 [M]. 呼和浩特: 内蒙古大学出版社, 1990.

[100] 郑崇友, 樊磊, 崔宏斌. Frame 与连续格 [M]. 北京: 首都师范大学出版社, 1994(第一版), 2000(第二版).

[101] 中山正. 格论: 格的代数理论 [M]. 董克诚, 译. 上海: 上海科学技术出版社, 1964.

[102] 周红军. 概率计量逻辑及其应用 [M]. 北京: 科学出版社, 2015.

索　引